Das Märchen vom Urknall

Frau Dr. Irmgard Elsholz
gewidmet.

Herwig Schmidt

Das Märchen vom Urknall

oder

Der Kosmos, ein unsterblicher Organismus

Warnung
Der Inhalt dieses Buches steht im krassen Widerspruch zur geltenden Lehrmeinung. Dafür sind die Ausführungen realistisch und beruhen nicht auf verbotenen mathematischen Extrapolationen, die über das gesicherte Maß ihrer Aussage hinausgehen, kommen ohne Zusatzhypothesen aus und sprechen den Zeitgenossen nicht ihren gesunden Menschenverstand ab.
Weiß doch jeder vernünftige Mensch auf Grund seiner Lebenserfahrung, dass sich das Große aus dem Kleinen aufbaut und dass schon deshalb alle Gesetze und Funktionsabläufe für den gesamten Kosmos gelten müssen, gleichgültig ob es sich um den subatomaren Bereich des Mikrokosmos oder um Sterne und Galaxien im Makrokosmos handelt. Wie sonst sollten alle Wechselwirkungen im Universum so gesetzmäßig ablaufen? Das ist nur möglich, wenn alle Teile aus dem gleichen Stoff bestehen, sich deshalb auch erkennen und den gleichen Gesetzen folgen.
Man muss eben nur die Dinge so tief sehen, dass die Zusammenhänge einfach werden. Das mathematische Märchen vom Urknall und die Fehlinterpretation von Experimenten, die den schizophrenen Wellen-Teilchen-Dualismus verkünden, sollten wir ebenso vergessen wie die einstige Lehre, dass die Erde eine Scheibe und der Mittelpunkt des Universums ist.
Cicero (Philipp. 12, 2) stellte schon fest: „Jeder Mensch kann irren, aber nur der Dumme verharrt im Irrtum." Und allen, die die Menschheit für dumm verkaufen wollen, seien die Worte Bismarcks ins Stammbuch geschrieben: „Eine Wahrheit kann nicht auf Dauer niedergelogen werden!"

Bibliografische Information Der Deutschen Bibliothek:
Die Deutsche Bibliothek verzeichnet diese Publikation in der Deutschen Nationalbibliografie; detaillierte bibliografische Daten sind im Internet über http://dnb.ddb.de abrufbar.

Alle Rechte beim Autor
Herstellung und Verlag: Books on Demand GmbH, Norderstedt
ISBN 3-8334-0016-1

Inhalt

Vorwort	7
Die Ausgangssituation	11
Was man im Altertum schon wusste und was man heute zu wissen glaubt.	46
Der Stoff der Schöpfung	63
Quasare und Galaxien	97
Quarks und Antiquarks	115
Die Konsequenzen aus dem neuen Weltbild	189
Schlussbetrachtung	202
Philosophische Betrachtungen	222
Wirkungsmechanismen der Homöopathie	239
Zusammenfassung	290
Literatur	291

Vorwort

In einer Zeit, in der der Einzelne nicht jeden Cent umdrehen muss, werden viele Dinge hingenommen, die in Zeiten knapper Kassen, also wenn es um Einnahmequellen geht, zu heftigen Kontroversen führen. Ein solcher Fall ist zur Zeit für unser angeschlagenes Gesundheitswesen eingetreten. Plötzlich erkennt die Schulmedizin, dass die sogenannte Außenseitermedizin aus ihren Nischen hervortritt und von einer immer breiteren Öffentlichkeit nicht nur zur Kenntnis genommen wird, sondern auch immer stärker gefragt ist. Eine kontroverse Auseinandersetzung zwischen diesen unterschiedlichen Therapierichtungen ist damit vorprogrammiert. Die Schulmedizin hat die anerkannte Lehrmeinung auf ihrer Seite. Sie kann sich auf die Erkenntnisse der Physik und der Chemie sowie den Wirksamkeitsnachweis der angewendeten Medikamente durch umfangreiche Testverfahren einschließlich der Doppelblindversuche berufen und sie ist unstrittig sehr erfolgreich. Man versteht aber immer noch nicht, was Krankheit eigentlich ist. Deswegen behandelt man zumeist nur die einzelnen Krankheitssymptome, nicht aber die das Krankheitsgeschehen auslösenden Ursachen. Die Außenseitermedizin, wie z. B. die Homöopathie, hat ein völlig anderes Krankheitsverständnis und sieht in dem kranken Menschen eine Ganzheit, ein Lebewesen, dessen physiologische Vorgänge nicht mehr harmonisch ablaufen. Als Ursache werden durch innere oder äußere Einwirkungen bedingte Störschwingungen angesehen, die den gesamten Organismus belasten und sekundär die unterschiedlichsten Krankheitssymptome auf der Körper-, Geist- und Gemütsebene provozieren können. Die homöopathischen Heilerfolge werden jedoch von der Schulmedizin als Placeboeffekte abgetan, da sie mit der geltenden Lehrmeinung nicht zu erklären sind oder sogar im Widerspruch zu anscheinend wissenschaftlich gesicherten Erkenntnissen stehen. Bei dieser Ausgangssituation hilft es den Homöopathen auch nicht, sich auf das Argument zurückzuziehen:

„Wer heilt hat Recht!" Andererseits darf man Generationen von erfolgreichen Therapeuten nicht unterstellen, sie seien allesamt Scharlatane, weil man ihre nachgewiesenen Heilerfolge nicht mit unserem heutigen Wissensstand erklären kann. Es muss deshalb die Frage erlaubt sein, ob die offizielle Lehrmeinung vielleicht doch nicht der Weisheit letzter Schluss ist?

In der folgenden Arbeit werde ich sowohl auf ganz offensichtliche Trugschlüsse und Fehlinterpretationen von Experimenten, als auch auf falsche Interpretationen genialer mathematischer Operationen hinweisen. Das wird zwar so manchen echten und auch selbsternannten Experten auf besagte Palme treiben, aber wer „ex cathedra" den Menschen abspricht, dass sie nicht ihren Sinnen trauen dürfen, der sollte erst einmal tief durchatmen und dann versuchen, darüber nachzudenken, was er da mit welcher Arroganz so von sich gibt.

Viele heute vertretene Ansichten sind zu einer Zeit entstanden, als noch ein anderer Kenntnisstand das Denken beherrschte. Diese Interpretationen von „damals" wurden einfach unkritisch übernommen oder lediglich abgeschrieben, weil man ja aus der Gemeinschaft der „Wissenden" nicht ausgeschlossen werden wollte. Wenn irgendwelche Probleme auftraten, so erfand man entsprechende Zusatzhypothesen und schon entfernte man sich immer weiter von der Realität. Was aber wichtiger war, die von den einflussreichen Kreisen favorisierte Theorie passte wieder. Die Freiheit der Lehre und Forschung gilt eben nur für die, die am „Drücker" sind und wem der liebe Gott eben nicht so eine Position gegeben hat, der muss zwangsläufig ein Wirrkopf sein. Aus welchem Grunde hätte er, der Allwissende, ausgerechnet einem intelligenten und kritischen Kopf daran hindern sollen, der Menschheit seine Schöpfung zu erklären? So zumindest das Selbstverständnis dieser Gurus.

Es geht hier also nicht nur um die ehrfürchtige Scheu vor der Rätselhaftigkeit des Kosmos. Es geht schlicht und einfach um die gezielte Einflussnahme und Macht tonangebender Interessengruppen. Hinzu kommt, dass hinter diesem ganzen Theater neben menschlichen Eitelkeiten auch handfeste finanzielle Interessen stecken. Kurz gesagt, das Ganze hat System und ist darauf ausgerichtet, ein breites, weil zahlendes Publikum vor Ehrfurcht erschauern zu lassen. Die fachwissenschaftliche Lobby wacht aufmerksam darüber, dass niemand ihre Lehre in Frage stellt. Lehrinstitutionen und Ausbildungsstätten sichern sich ihre Einflussnahme ebenso wie ihre Anerkennung, indem sie nur diejenigen einen akademischen Abschluss erreichen lassen, die sich der Lehre besagter Gurus kritiklos unterwerfen. Manuskripte werden in Fachzeitschriften nur veröffentlicht, wenn anonymbleibende Experten dies nicht verbieten. Bei einer derartigen Zensur ist es nur konsequent, dass von der offiziellen Lehre abweichende Arbeiten nicht bekannt werden. So bescheinigt ein Inhaber allen Wissens dem anderen in der Öffentlichkeit, wie gut er ist und wie sehr er Recht hat. Diese Einrichtungen und ihre Träger übernehmen nahtlos die altbewährte Funktion der Inquisition. Wer darf es unter solchen Voraussetzungen wagen, die Dinge zu hinterfragen, ohne gleich ins Abseits zu gelangen und seine berufliche Karriere zu gefährden?

Mich erinnert die Vorgehensweise der Elementarteilchenphysiker und Kosmologen erschreckend an die Rolle, die Vertreter aller Religionen zu allen Zeiten ein- und angenommen haben. Nicht ohne Grund wird die Physik als die Naturwissenschaft definiert, die sich mit der Erforschung aller experimentell und messend erfassbaren Vorgänge in der Natur sowie deren mathematischer Beschreibung befasst. Mit anderen Worten: „Was nicht gemessen und/oder gewogen werden kann, darf für einen Physiker nicht existieren, ist reine Spekulation und entspricht nicht wissenschaftlicher Vorgehensweise." Der bekannte englische Physiker, Lord Kelvin (1824 – 1907), brachte schon sehr früh den Sachverhalt auf den Punkt:

„Ich bin erst zufrieden, wenn ich von dem zu untersuchenden Gegenstand ein mechanisches Modell entworfen habe. Gelingt

mir das, habe ich die betreffende Erscheinung verstanden, sonst nicht. Deshalb vermag ich auch die elektromagnetische Lichttheorie nicht zu begreifen. Ich möchte das Licht so vollständig wie möglich verstehen, ohne Dinge einführen zu müssen, die ich noch viel weniger begreife." Ende des Zitates.

Die Ausgangssituation

Vor einiger Zeit stellte die „New York Times" in ihrem Wissenschaftsteil folgende Fragen: „Was verleiht aller Materie des Universums ihre Masse? Gibt es eine bisher verborgene Verbindung zwischen der Schwerkraft und anderen Kräften der Natur? Könnte diese Verbindung die grundlegenden und bisher getrennten Theorien der Physik endlich zu einem geschlossenen Weltbild verhelfen? Besitzen Teilchen wie Quarks und Leptonen eine innere Struktur?"

Diese Fragen lassen sich durchaus beantworten. Man muss nur die bisher bekannten und gesicherten Erkenntnisse neu sichten und in die richtigen Zusammenhänge bringen. Dies ist allerdings bei der heutigen Spezialisierung aller Experten, von denen die eine Fachrichtung nicht weiß, was die andere tut, äußerst problematisch. Unser heutiges Weltbild ist das Ergebnis der Erkenntnisse einer äußerst erfolgreichen Ingenieurwissenschaft und dem Verständnis einer auf Gewinn ausgerichteten Industriegesellschaft. Das hatte zwangsläufig zur Folge, dass die Forschungsergebnisse der unterschiedlichsten Fachrichtungen dieser Wissenschaft zu unterschiedlichsten Fragestellungen und zu unterschiedlichsten Zeiten bei unterschiedlichem Erkenntnis- und Wissensstand sowie unterschiedlichster Interessenlagen in einer ganz gezielten Weise gewichtet und interpretiert wurden. So entstand unser heutiges Weltbild, das die Realität teils verzerrt erscheinen lässt, teils völlig falsch beschreibt, da ausschließlich bewusst gelenkter Versuchsaufbau und lineares Denken die Interpretation von Beobachtungen und Experimenten beherrschen. Dies ist aber ebenso wenig ein Bild von der Realität, wie es die Behauptung war, dass die Erde eine Scheibe sei und den Mittelpunkt des Universums bilde. Wie im tiefsten Mittelalter wird deshalb der Kosmos auch heute noch als ein mechanisch ablaufendes Geschehen verstanden. Oszillationen, die alle Vorgänge in und um uns herum ebenso beherrschen wie im gesamten Kosmos, werden einfach ignoriert. Wie

sonst ließe sich erklären, dass man allen Ernstes der Menschheit einreden will, dass das gesamte Universum sein Entstehen und Aussehen einem fiktiven Urknall verdanke.
Um diese Theorie zu beweisen, werden willkürlich angenommene Werte in unzulässiger Weise durch Astrophysiker extrapoliert. Das ist alles und alle glauben es auch ernsthaft. Unwillkürlich wird man an Andersens Märchen „Des Kaisers neue Kleider" erinnert. Schließlich gilt nach wie vor der Spruch: „Der Physiker misst das Gleichgewicht, kurz bevor's zusammenbricht." Diese Spruchweisheit findet man übrigens bei allen Versuchen bestätigt, gleichgültig, ob es sich um tote Materie, biochemische Untersuchungen oder Versuche an Lebewesen handelt. Sobald Versuche nicht unter genau gleichen Bedingungen durchgeführt werden, können beschriebene Ergebnisse nicht reproduziert werden. Das wussten zwar schon Generationen von Schülern, die spotteten: „Chemie ist das was kracht und stinkt; Physik nennt man, was nie gelingt!"

Dieses elementare Verständnis von oszillierenden Vorgängen in der Natur wird dann aber wieder während des Studiums erfolgreich verdrängt. Physiker sind stets auf der Suche nach Regelmäßigkeit. Sie gehen einfach davon aus, dass alles, was sie als regelhaft beobachtet haben und messen konnten, stabil ist. Geringfügige Änderungen in realen Systemen sind nach Überzeugung dieser Experten die unvermeidbaren Folgen von Stör- und Messfaktoren. Ist diese Regelmäßigkeit nicht zu erkennen, so handelt es sich nach ihrer Meinung um Ausnahmen, die vernachlässigt werden können. Das Gegenteil ist aber der Fall, wie der Schmetterlingseffekt zeigt, den man zwischenzeitlich in der Chaosforschung nachgewiesen hat. Der Schmetterlinseffekt besagt, dass sich kleinste Abweichungen zu systembeherrschenden Größe aufschaukeln können.
Bezeichnender Weise beklagten sich vor einigen Jahren mehrere Professoren der theoretischen Physik in einer Sendung von Radio Bremen, dass es gut zwei Jahre dauere, bis man den Studenten

physikalisches Denken beigebracht habe. Diese Ausführungen lassen in erschreckender Weise erkennen, wie das auf dem gesunden Menschenverstand beruhende Denken junger Menschen an den Ausbildungsstätten kanalisiert wird.

Ralph Abraham, Professor für Mathematik an der University of California in Santa Cruz, beschreibt in dem Buch: „Chaos – die Ordnung im Universum" (1, S.81), welche Kämpfe im wahrsten Sinne des Wortes bis in die 70ger Jahre des vorigen Jahrhunderts zwischen Physikern und Mathematikern ausgefochten wurden. Er schildert, wie in den 30ger Jahren eine derartige Feindschaft zwischen den beiden Disziplinen entstanden war, dass die Fachleute nicht mehr miteinander sprachen und den Studenten der jeweiligen Fachrichtungen verboten wurde, Vorlesungen der anderen Fakultät zu besuchen, da jede Disziplin für sich in Anspruch nahm, den Studenten schon das beizubringen, was sie wissen müssten. Alles, was Mathematiker unmittelbar nach Einsteins Veröffentlichungen an neuen Erkenntnissen erarbeitet hatten, wurde von den Physikern strikt abgelehnt. Erst in den 80ger Jahren fingen immer mehr Physiker und Astronomen an, sich mit den neuen Erkenntnissen der Mathematiker auseinander zusetzen. Besonders weit scheinen sie jedoch noch nicht gekommen zu sein, wie das oben angeführte Professorengespräch zeigt.

Man muss sich darüber im Klaren sein, dass es sehr verschiedene Wissenschaften gibt, die sich hinsichtlich ihrer Methoden und ihrer z.T. sehr speziellen und spezifischen Erkenntnisziele deutlich unterscheiden. Jede Wissenschaft untersucht bekanntlich einen bestimmten Gegenstandsbereich, was zwangsläufig zur Spezialisierung der einzelnen Disziplinen geführt hat. Das hat zur Folge, dass jede einzelne wissenschaftliche Disziplin einen bestimmten Ausschnitt aus der Gesamtwirklichkeit durch Theorien, Modelle usw. zu erklären versucht. Allerdings gibt es auch Wissenschaften, die sich nicht mit der realen Welt, sondern mit bestimmten „Strukturzusammenhängen" auf abstraktem Niveau beschäftigen und hierzu gehört nun mal auch die theoretische Physik. Dieser

Sachverhalt führte zur Unterteilung in Realwissenschaften und Struktur- und/oder Formalwissenschaften. Die Realwissenschaften erforschen die erkennbaren Phänomene der anorganischen und organischen Natur. Sie bewegen sich also auf dem Boden der Tatsachen. Die Struktur- und/oder Formalwissenschaften werden vor allem von den Disziplinen Mathematik und Logik dominiert. Die Mathematik befasst sich nicht ausschließlich mit Phänomenen der realen Welt, sondern auch mit möglichen (formalen) Beziehungen. Deshalb ist die Mathematik für die modernen Wissenschaften eine wichtige Anwendungsdisziplin, ein entscheidendes Hilfsmittel zur präzisen Beschreibung von Prozessen, Relationen und Vorgängen, die sich unserer Wahrnehmung entziehen, z.B. der Atomphysik. Die Logik enthält die Anweisungen, nach denen man Schlussfolgerungen ziehen kann und nicht konstruieren muss, wie dies leider in den theoretischen Wissenschaften viel zu oft geschieht. Diese unglückliche Verknüpfung von Realwissenschaften und Struktur- und/oder Formalwissenschaften führte zu einer Sicht der Dinge, die ideal ist für ein technisches und mathematisch ausgerichtetes Weltbild. Sie hat sich auch deshalb in unserer Industriegesellschaft hervorragend bewährt. Die Sache hat nur einen entscheidenden Haken: Diese Vorgehensweise setzt Linearität voraus. Die Linearität ist aber, wie bereits erwähnt, ein Sonderfall bzw. die Ausnahme in einer aus oszillierenden Systemen bestehenden Welt, in der der gleichgewichtsferne Zustand der Systeme die Norm ist und unseren gesamten Kosmos so funktionieren lässt, wie er funktioniert. Aus einer derartigen Sicht der Dinge und mit den oben angeführten Argumenten kann man auf dem Gebiet der Mechanik erfolgreich arbeiten, Funktionsabläufe erklären und auch trefflich diskutieren. Diese Art des Denkens scheitert aber zwangsläufig, wenn es sich um nichtlinear ablaufende Vorgänge handelt. Die Quantenphysik bedient sich einer Logik und eines Naturverständnisses, das mit der täglichen Erfahrung, dem logischen Denken und der logischen Vorgehensweise eines gewöhnlich Sterblichen nichts zu tun hat. So wirklich ist also die

Realität, auf der sich unser Weltbild aufbaut. Dabei ist es unstrittig und allgemeiner Erfahrungswert, dass sich das Große aus dem Kleinen aufbaut. Wie soll aber das Große funktionieren, wenn sich schon das Kleine nach Ansicht der Teilchenphysiker nicht so verhält, wie es sich aufgrund unserer Erfahrung zu verhalten hat? Unwillkürlich wird man an Mephisto in Goethes Faust erinnert. Dort belehrt der Teufel den wissensdurstigen Scholar wie folgt:

„Ich wünschte nicht, Euch irre zu führen.
Was diese Wissenschaft betrifft,
Es ist so schwer, den falschen Weg zu meiden,
Es liegt in ihr so viel verborg'nes Gift,
Und von der Arzenei ist's kaum zu unterscheiden.
Am besten ist's auch hier, wenn Ihr nur einem hört
Und auf des Meisters Worte schwört.
Im Ganzen - haltet Euch an Worte!
Dann geht Ihr durch die sich're Pforte
Zum Tempel der Gewissheit ein."

Und als der Schüler einwendet: „Doch ein Begriff muss bei dem Worte sein", erwidert ihm Mephisto:

„Schon gut! Nur muss man sich nicht allzu ängstlich quälen;
Denn eben wo Begriffe fehlen,
Da stellt ein Wort zur Rechten Zeit sich ein.
Mit Worten lässt sich trefflich streiten,
Mit Worten ein System bereiten,
An Worte lässt sich trefflich glauben,
Von einem Wort lässt sich kein Jota rauben."

Im gesamten Kosmos sind alle Vorgänge und Veränderungen letztendlich das Ergebnis unterschiedlicher Bewegungen von Teilchen und Objekten, die unterschiedlich schnell in unterschiedlichsten Bewegungsabläufen unterschiedlich stark miteinander wechselwirken. Der gesamte Kosmos funktioniert ebenso wie wir und unser unmittelbares Umfeld ausschließlich auf Grund von Oszillationen. Wir haben es also mit pendelartigen Schwankungen um Idealwerte zu tun, die komplex ineinander greifen und untereinander wechselwirken. Was unterscheidet z.B. aus materieller Sicht ein totes Lebewesen von einem lebenden Organismus der gleichen Art? Nichts - außer der Tatsache, dass ein geregelt ablaufendes dynamisches Gefälle in einem polyphasischen System unterbrochen wurde, sobald der Energiefluss zum Stillstand kam. Aus einem offenen System ist ein geschlossenes System geworden, obwohl der Aufbau und die Zusammensetzung des jeweiligen Organismus völlig unverändert blieben. Die Abweichungen von bestimmten Idealwerten wurden, aus welchen Gründen auch immer, schließlich so gering, dass das System nicht mehr oszillieren konnte. Der Energiedurchsatz kam zum Stillstand. Das System „lebender Organismus" starb, weil der Stoffwechsel nicht mehr funktionierte.

Bis zum Beginn des 20. Jahrhunderts war es unstrittig, dass das Universum mit seinen Gestirnen ebenso unabhängig von uns existiert, wie es die materiellen Objekte, Pflanzen und Lebewesen auf unserem Planeten tun. Die Alltagserfahrung und der gesunde Menschenverstand bestätigten diese Überzeugung. Auch von Newton und der klassischen Physik wurde diese Erkenntnis untermauert.

Die Relativitäts- und Quantentheorie warfen jedoch diese Vorstellung vom All, den Dingen und der Zeit über den Haufen. Plötzlich wurde gelehrt, dass die Welt im ganz Großen und im ganz Kleinen, also die Makrowelt ferner Galaxien und die Mikrowelt der Atome, durch „nicht-newtonsche Effekte" in einer Art und Weise beherrscht wird, die dem gesunden Menschenverstand widersprechen. Auf einmal gab es eine vierdimensionale Raumzeit und raumzeitliche Fluktuationen innerhalb einer absoluten Leere, denn der sog. Äther wurde als nicht existent erklärt. Besagte Fluktuationen des Nichts sollen sog. „Wurmlöcher" erzeugen, die wiederum eine Region der Raumzeit mit einer anderen, sehr weit entfernten Region bzw. mit „Baby-Universen" verbinden können. In einem unendlichdimensionalen Superraum sollen eindimensionale Superstrings schwingen, aus denen alles entsteht und bestehen soll und andere abstrakte Vorstellungen mehr. Vorstellungen, die fern jeder menschlichen Erfahrung liegen, keinen Bezug zur konkreten Wirklichkeit haben und sich jeder empirischen Überprüfung entziehen.

1915 hatte Albert Einstein ein mathematisches Modell von Raum und Zeit vorgelegt, das sich auf seine allgemeine Relativitätstheorie gründete. Er definierte die Zeit in seinen Rechenoperationen als eine vierte Dimension und die Ergebnisse dieses mathematischen Vorgehens ließen theoretisch eine Interpretation zu, die die Gravitation mit einer Krümmung des daraus resultierenden vierdimensionalen Raum-Zeit-Kontinuums gleichsetzte. Diese vierdimensionale Raum-Zeit widerspricht nicht nur unserer Lebenserfahrung, sie steht auch im Widerspruch zu den Gravitationsgesetzen. In unserer realen Welt nimmt nämlich die Schwerkraft unstrittig und von jedem überprüfbar mit dem Quadrat der Entfernung ab. In einem vierdimensionalen Raum-Zeit-Kontinuum aber müsste die Gravitation mit der dritten Potenz abnehmen. Das ist nachweislich nicht der Fall. Außerdem würde es uns unter diesen Bedingungen nicht geben.

Dass ein Stoff wie der postulierte Äther real existiert, wurde durch den Casimir-Effekt bewiesen. Allerdings wollten die Physiker etwas ganz anderes demonstrieren. Ihnen ging es um den Nachweis von Grundzustandsfluktuationen. Wenn man zwei dünne Metallplatten parallel und sehr nahe zueinander anordnet, dann bewegen sie sich ohne erkennbaren Einfluss wie von selbst aufeinander zu. Stephen Hawking erklärt das Phänomen in seinem Buch *„Das Universum in der Nussschale"* damit, dass zwischen den beiden Platten die Anzahl sehr kurzer Wellen geringer ist, als die Anzahl der unterschiedlichsten Wellenlängen, die in der Umgebung der beiden Plättchen vorhanden sind. Somit würde der Überdruck der Wellen von außen die Plättchen aufeinander zuschieben. Dieser Erklärung scheint er aber selber nicht zu trauen, denn im Anhang seines Buches erklärt er unter dem Stichwort Casimir-Effekt, dass der Unterdruck zwischen den beiden Platten gewissermaßen auf eine Verringerung der üblichen Zahl von virtuellen Teilchen zwischen den Platten gegenüber den virtuellen Teilchen, die sich außerhalb der Platten befinden zurückzuführen ist. Virtuelle Teilchen werden von ihm als nicht direkt nachweisbare Teilchen definiert, deren Existenz aber indirekte Effekte hat. In diesem Zusammenhang verweist er auf den Casimir-Effekt. Physikern gelang es das oben beschriebene Experiment auch im Bereich des absoluten Nullpunktes zu reproduzieren. Nach Überzeugung der Quantenphysiker können sich Teilchen wie Wellen verhalten. Da jede Welle eine endliche Grundzustandsenergie hat, gibt es im Bereich des absoluten Nullpunktes keine Photonen oder etwas, das von Teilchendetektoren nachgewiesen werden könnte. Trotzdem bewegen sich diese Metallplättchen auch unter diesen Versuchsbedingungen aufeinander zu und zwar mit der gleichen Geschwindigkeit, wie bei höheren Temperaturen, bei denen also das Verhältnis der Anzahl der Wellen zwischen den Metallplättchen und deren Umgebung ungleich ungünstiger ist. In diesem Falle währe ja der Außendruck durch die Wellen deutlich größer. Des Rätsels Lösung ist der Äther (Urstoffteilchen) bzw. die von der Quantentheorie postulierten Gravitonen. Gravitonen sind hypothetische Teilchen in der Physik und werden als Träger der Gravitationswechselwirkung (Schwerkraft) angesehen. Wenn die Metallplättchen nahe genug beieinander sind, befinden sich außerhalb der Plättchen mehr Gravitonen, als zwischen den Plättchen. Da ein Teil dieser Gravitonen von den Quarks der Metallatome reflektiert wird, also zwischen den Plättchen ein Gravitonenunterdruck herrscht, werden die Plättchen als Folge des Druckausgleiches aufeinander zu geschoben. Es handelt sich also bei diesem Vorgang keineswegs um eine Anziehungskraft, sondern um die Folgen eines Druckausgleiches. Die Körper ziehen sich gar nicht gegenseitig an, wie gelehrt wird, sondern werden aneinander gedrückt, sobald durch die gegenseitige „Abschattung" der Gravitonen durch die Quarks der Atomkerne ein Unterdruck im Vergleich zum Umgebungsdruck entsteht. So stellen sich die Ausführungen

im Anhang von Hawkings Universum in der Nussschale letztlich als Bestätigung meiner Theorie dar. Vergleichbare Erfahrungen wie oben beschrieben, machen wir ja täglich, wenn in unserer Umgebung Luftdruckunterschiede bestehen. Wer eine Vakuumpumpe manuell bedient, der kann sich im wahrsten Sinne des Wortes eigenhändig von der Wirkung von Druckunterschieden überzeugen. Die Faulen können einfach ein Barometer abklopfen, um zu sehen, ob der Luftdruck steigt oder fällt. An diesem Beispiel erkennt man übrigens sehr schön das Selbstähnlichkeitsprinzip, das die Chaosforschung lehrt und das man überall in der Natur wiederfindet. Aus oben dargelegten Gründen wird ein Gegenstand, im Norden, Süden, Westen oder Osten unseres Planeten immer der Schwerkraft folgend dem Erdmittelpunkt zustreben, weil in dieser Richtung der Teilchendruck am geringsten ist. Aus diesem Grunde fallen auch nicht unsere Antipoden von dem Planeten Erde in das unendlich All. Die jeweilige Person bzw. der jeweilige Gegenstand wird einfach in Richtung Erdmittelpunkt gepresst und nicht von dort angezogen. Der Gravitationstrichter, den die Relativitätstheorie beschreibt, ist nichts anderes, als das Unterdruckprofil innerhalb des geleugneten Äthers, denn durch den Erdradius gelangen natürlich zwangsläufig weniger Gravitonen (Urstoffteilchen) als am Rande der Erdkugel.
Einen weiteren Beweis für die Existenz des Äthers bzw. der Gravitonen lieferten Raumsonden, die weit in das All vorstießen. Zum großen Erstaunen der Experten musste man feststellen, dass sie nicht so weit von der Erde entfernt waren, wie man berechnet hatte. Man stehe vor einem Rätsel, wurde von den Gurus aus dem Elfenbeinturm verkündet. Das tut man natürlich nur, wenn man den Äther mit allen Mitteln leugnet. In der Realität werden die Sonden schlicht und einfach durch den Äther abgebremst, so wie das die Luft auch tut, wenn Raumschiffe auf die Erde zurückkehren. Lediglich die Intensität der Abbremsung ist unterschiedlich stark. Das ist eigentlich schon alles.

Vor Einstein war man der Ansicht, dass die Zeit ewig und der Raum unendlich seien. Mit seiner Formel versuchte Einstein mathematisch nachzuweisen, dass durch Energie und Masse die Raumzeit geformt wird. Energie und Masse sind aber nichts anderes als die Beschreibung von Eigenschaften. Eigenschaften oder Kräfte kann nur etwas Stoffliches haben. Sie benötigen also wie auch immer geartete Teilchen als Träger. Diese Eigenschaften sind das Ergebnis von Bewegungen und Dichteschwankungen der Urstoffteilchen, also des geleugneten Äthers. Sie sind es, welche die Materie durch Phasenübergänge entstehen lassen - vergleichbar den Wassermolekülen, die gasförmig, flüssig oder als Eis erscheinen können - und die Strukturen im Kosmos bilden aber nicht der fiktive Raum und auch nicht die vom Menschen erfundene Zeit. Auf diesen Sachverhalt werde ich später genauer eingehen.

Die allgemeine Relativitätstheorie, befasst sich mit den gegenseitigen Relativbewegungen von Körpern, die eine Beschleunigung erfahren. Einsteins Problem bestand darin, dass z.B. eine Person in einem geschlossenen Fahrzeug, das auf einer absolut glatten und ebenen Oberfläche rollt, durch kein denkbares Experiment feststellen kann, ob sie sich im Zustand der Ruhe befindet oder gleichförmig bewegt wird. Die spezielle Relativitätstheorie besagt für das selbe Fahrzeug, wenn es um eine Kurve gelenkt, beschleunigt oder abgebremst wird, dass der Insasse keine Möglichkeit hat zu sagen, ob die spürbaren Kräfte durch die Gravitation oder infolge der bei Beschleunigung, Abbremsung oder Kurvenfahrt auftretenden Beschleunigungen hervorgerufen werden. Die Testperson kann also nicht zwischen Beschleunigungskraft und Gravitationskraft unterscheiden. Aus diesem Sachverhalt folgerte Einstein, dass Newtons Gravitationsgesetz keine notwendige Annahme ist. Im dreidimensionalen Raum ist das Fahrzeug in Ruhe und wird nicht beschleunigt. In der vierdimensionalen Raum-Zeit bewegt es sich aber entlang seiner sogenannten Weltenlinie. Nach Einstein ergibt sich eine Beschleunigung, weil die Weltenlinie gekrümmt ist. Diese Krümmung ergibt sich aus der Krümmung des fiktiven Raum-Zeit-Kontinuums in der Nähe der Erde, weil Einstein in seine Berechnungen den Riemann-Tensor eingebaut hat und der bildet abstrakt die innere Krümmung eines gekrümmten Raumes ab. Die mathematische Vorgehensweise erwies sich als erfolgreich. Die Interpretation dieses Ergebnisses stimmt aber mit der Realität nicht überein und ist deshalb falsch. Einstein unterliegt bei seiner Relativitätstheorie dem gleichen gedanklichen Trugschluss, dem man auch in der Quantenphysik unterlegen ist.

Die Teilchenphysiker behaupten, dass der Beobachter, das Messgerät und das zu messende System ein Ganzes bilden, das nicht geteilt werden kann. Das bedeutet aber, dass mikrophysikalische Vorgänge nie voll objektivierbar sind, da bereits jede Beobachtung ein Eingriff in den Ablauf des Geschehens ist. Diese Lehrmeinung ist auch eine der Gründe, warum das Problem der Kausalität diskutiert wird und warum man der Ansicht ist, dass Kausalität im mikrophysikalischen Bereich durch statistische Wahrscheinlichkeit ersetzt werden müsse. Bleibt festzuhalten, dass spätestens hier die moderne Physik mit ihren derzeitigen Methoden und Lehren die Bodenhaftung verliert und die Grenzen zwischen Realität und „Absurdistan" verwischt bzw. sogar überschreitet.

So ist die Selbstorganisation der Materie, um ein Beispiel zu nennen, nur möglich, wenn jedes Teilchen „weiß" wo es sich befindet, wie seine Lage und Position ist und mit wem oder was es wie wechselwirken kann. Es findet folglich ein exakter Informationsaustausch zwischen den Teilchen im Mikrokosmos statt. Er kann nur von den Physikern zur Zeit nicht nachvollzogen werden, weil sie Probleme mit dem Messen haben. Das aber ist ein Problem der Teilchenphysiker und nicht der Natur und deshalb darf nicht einfach etwas bestritten oder geleugnet werden, nur weil man es nicht messen kann. Hier müssen sich die Experten eingestehen, dass gewisse Dinge zur Zeit eben nicht mathematisch beschrieben werden können, obwohl sie existent sind. Ein außenstehender Beobachter würde sehr schnell erkennen, ob Gravitation oder

Beschleunigung bei einer bestimmten Situation die Ursachen für all die Probleme sind, die Einsteins fiktive Person in dem oben beschriebenen Fahrzeug hat.

Das Zitat, dass höchstens zehn Menschen auf der Welt Einsteins Theorien verstehen, bezieht sich auf die komplizierte Tensoralgebra und Riemann-Geometrie der allgemeinen Relativitätstheorie. Der Tensor ist eine Art von geometrischer Größe. In der Physik wird der Begriff des Tensor auf unterschiedlichem Abstraktionsniveau definiert. So stellt der Riemann-Tensor einen Tensor vierter Stufe dar, der die innere Krümmung eines gekrümmten Raumes abbildet. In der Mathematik sind derartige Überlegungen und Vorgehensweisen legal und durchaus bewährt. So erweiterte und verallgemeinerte Riemann die euklidische Geometrie und die Geometrie von Oberflächen zu einer Differentialgeometrie, die eine geometrische Darstellung höherer Bereiche der Tensoranalysis ermöglicht. Diese Art von Geometrie ist z.B. auch für die Darstellungen von Problemen der Elektrizität und des Magnetismus im Rahmen der Allgemeinen Relativitätstheorie wichtig und erfolgreich. Ein anderes Beispiel bewährter mathematischer Operationen sind die imaginären Zahlen. Hier handelt es sich um eine Klasse von Zahlen, die sich von den reellen Zahlen unterscheidet. Diese imaginären Zahlen erhält man aus den Quadratwurzeln negativer, reeller Zahlen z.B. $\sqrt{-1}$. Imaginäre Zahlen sind u. a. für die Lösung von kubischen Gleichungen wichtig. Außerdem sind sie zur Darstellung periodischer Phänomene von unschätzbarem Wert. Was in der operativen Mathematik angewandt wird, bedarf aber grundsätzlich eines Abgleichs mit der Realität. Und in der Realität kann man weder weniger als „nichts" haben, noch kann man sich in einem vierdimensionalen Raum-Zeit-Kontinuum tummeln. Wenn man das doch glaubt tun zu können, dann hat man entweder falsch gerechnet, ist von falschen Voraussetzungen ausgegangen oder man hat die Ergebnisse falsch interpretiert. Jedenfalls ist man nicht berechtigt

den Mitmenschen ihre Lebenserfahrung und ihren gesunden Menschenverstand abzusprechen.
Kritiker werden anmerken, dass hier Äpfel mit Birnen verglichen werden, wenn man die Geometrie von Euklid mit der nichteuklidischen Geometrie vergleicht. Diesen Experten sei in das Stammbuch geschrieben, dass Mathematik letztlich nichts anderes ist als ein Zählen und entweder man zählt richtig oder falsch. Die dritte Möglichkeit ist, dass man sich oder dritte bewusst oder unbewusst täuscht.
Die Arithmetik umfasst die Kenntnisse der Zahlen und des Rechnens. Die Menge der Zahlen, mit denen man arbeitet, nennt man in der Mathematik natürliche ganze Zahlen. Verschiedene Kulturen haben im Lauf der Geschichte unterschiedliche Zahlensysteme entwickelt. Vermutlich hat die Tatsache, dass wir 10 Finger haben, dazu geführt, dass sich heute das sog. Dezimalsystem durchgesetzt hat. Schließlich haben wir als Kinder ebenfalls unsere Finger zum Lösen von Rechenproblemen herangezogen. Da unsere Welt dualistisch aufgebaut ist, lässt sie sich auch mittels des Binärsystem mit der Basis 2 durch unsere Computer mathematisch beschreiben. Auch die kompliziertesten Rechnungen lassen sich auf diese elementare Stufe mathematischen Vorgehens reduzieren. Das Gleiche gilt übrigens auch für unsere Schrift. Das Morsealphabet setzt sich ebenfalls nur aus zwei Zeichen, (.) und (–) zusammen und trotzdem kann man mit diesem Code alles beschreiben, was man kennt. Allgemein bekannt ist der internationale Notruf „ ... --- ... „ = „S O S" = "Save our souls".
Zur **Arithmetik** gehören die vier Grundrechenarten: Addition, Subtraktion, Multiplikation und Division.
Bei der **Addition** handelt es sich um eine Rechenoperation, die aus dem Zählen hervorgegangen ist, was im Prinzip nichts anderes als eine Folge von Additionen mit dem Wert 1 darstellt.
Die **Subtraktion** ist die entgegengesetzte Rechenoperation. Durch das Minuszeichen (-) wird angezeigt, dass nun die entsprechenden Zahlen von einer vorgegebenen Zahl abzuziehen sind.

Die **Multiplikation** zweier natürlicher Zahlen, z. B. 4 und 5 entsteht aus der Addition, indem 4 mal die Zahl 5 addiert (4x5=20) = (5+5+5+5=20) wird. Die Rechenoperation der Multiplikation wird durch das Malzeichen (x) angezeigt.

Die **Division** ist die entgegengesetzte Rechenoperation zur Multiplikation. (20:4=5) = (20=5+5+5+5). Man zählt also, wie oft eine Zahl in der zu teilenden Zahl enthalten ist. In diesem Falle ist die Zahl 5 vier mal in 20 enthalten. Die Division wird durch das Divisionszeichen (:) angezeigt.

So segensreich ein Skalpell in der Hand des geübten Chirurgen ist, so gefährlich kann es in der Hand eines Ungeübten oder krankhaft Ehrgeizigen sein. Vergleichsweise verhält es sich mit der Mathematik. Wie trügerisch und gefährlich zugleich mathematische Beweisführungen sein können, demonstrierte schon vor fast 2500 Jahren Zenon von Elea seinen erstaunten Landsleuten. Der griechische Philosoph Parmenides aus Elea (540 - 470 v. Chr.) lehrte die Einheit, Ewigkeit und Unveränderlichkeit des Seins. Für ihn waren Denken und Sein identisch. Die Vielheit und das Werden der Dinge beruhten nach seiner Überzeugung auf Sinnestäuschung. Zenon von Elea versuchte die Ansichten seines Lehrmeisters und Freundes mathematisch zu beweisen, obwohl sie der täglichen Erfahrung widersprechen, und somit die Vielheit des Seienden ebenso wie die Möglichkeit von Bewegung zu widerlegen. „Zenons Paradoxien", die eine logische Begründung der Lehre des Parmenides versuchen, wurden berühmt und so mancher Gelehrte beschäftigte sich ernsthaft mit der Lösung dieser Paradoxien. Ich greife Zenons Paradoxien deshalb auf, weil sowohl Parmenides wie die moderne Physik, die sich sowohl mit der Relativitätstheorie wie mit den mikrophysikalischen Erscheinungen befasst, den Menschen schlichtweg absprechen, dass sie ihrer Alltagserfahrung und ihren unmittelbaren Sinneswahrnehmungen trauen dürfen, da sie nicht der Realität entsprechen. Ich möchte eine Veröffentlichung des anerkannten und sehr erfolgreichen Mathematikers William I. McLaughlin in

„Spektrum der Wissenschaft" vom Januar 1995, Seite 66 bis 71, mit dem Titel: „Eine Lösung für Zenons Paradoxien", zum Anlass nehmen, um die Vorgehensweise eines Mathematikers zur Lösung eines Problems zu zeigen und welchen Denkfehlern er aufsitzen kann. Die entscheidenden Stellen seiner Ausführungen zitiere ich wörtlich, um mich nicht dem Vorwurf auszusetzen, ich hätte seine Argumentation falsch widergegeben. McLaughlin schreibt: „Seit der altgriechische Philosoph zu beweisen suchte, dass jegliche Bewegung logisch unmöglich sei, grübeln Denker über seinen Rätseln. Nun bietet die mathematische Logik eine Lösung an, indem sie das unmessbar Kleine in strenge Begriffe fasst." Dann wird Zenons erstes Paradoxon geschildert, das behauptet, dass es bei einem Wettlauf Achilles unmöglich ist, eine Schildkröte zu überholen, wenn er ihr zuvor einen kleinen Vorsprung gegeben hat. Anschließend erläutert McLaughlin Zenons Beweisführung: „Jede Entfernung, die ein bewegtes Objekt zurückzulegen hat, lässt sich durch fortgesetztes Halbieren (1/2; 1/4; 1/8 und so weiter) in unendlich viele Teilabstände zerlegen, wobei immer ein Abstand übrigbleibt, der noch zu überwinden ist. Darum behauptet Zenon, keine Bewegung lasse sich je vollständig ausführen, weil stets noch ein Wegstück fehle, wie klein es auch immer sei." Nachdem McLaughlin angeführt hat, wer sich schon alles mit diesem Problem befasst hat, fährt er fort: „Als meine Mitarbeiterin Sylvia Miller und ich mit der Untersuchung der Zenonschen Paradoxien begannen, hatten wir den Vorteil, dass die Infinitesimalen bereits mathematisch respektiert wurden. Wir fanden sie attraktiv, weil sie eine mikroskopisch scharfe Sicht auf Details der Bewegung versprachen. Edward Nelson von der Universität Princeton (New Jersey) hatte das für unsere Zwecke ideale Werkzeug geschaffen - eine Spielart der Nichtstandart-Analysis mit dem recht trockenen Namen interne Mengenlehre (internal set theory, kurz IST). Nelsons Methode erzeugt überraschende Deutungen scheinbar vertrauter mathematischer Strukturen. In ihrer Seltsamkeit ähneln die Ergebnisse gewissen Zügen der Quantentheorie und der all-

gemeinen Relativitätstheorie. Da es Jahrzehnte gedauert hat, bis diese beiden Theorien allgemein anerkannt wurden, können wir Nelsons gedankliche Leistung nur bewundern." Nun wird erklärt, wie IST funktioniert und schließlich folgt das Resümee des Mathematikers: „Da in IST gilt, dass jede unendliche Zahlenmenge eine Nichtstandard-Zahl enthält, muss auch die unendliche Folge von Kontrollpunkten, mit denen Zenon in seinem ersten Paradoxon die Bewegung festhält, eine gemischte Nichtstandard-Zahl enthalten. Wenn Zenons unendliche Zahlenfolge sich immer mehr der Zahl eins nähert, werden die Glieder der Folge schließlich innerhalb einer infinitesimalen Entfernung von eins liegen. Alle nachfolgenden Glieder werden zu der Nichtstandard-Ansammlung um eins gehören, und weder Zenon noch jemand anderer wird imstande sein, die Fortbewegung eines Gegenstands in diesem unzugänglichen Terrain zu verfolgen. Es liegt eine Gewisse Ironie darin, dass just Zenons vermeintliche Waffe, das aberwitzige Kleine, zur Entkräftung seiner Behauptung dient. *Um Zenons erstes Paradoxon zu widerlegen, müssen wir nur den erkenntnistheoretischen Grundsatz aufstellen, dass wir nicht für die Erklärung von Vorgängen zuständig sind, die wir nicht zu beobachten vermögen.* Zenon beruft sich auf eine unendliche Folge von Kontrollpunkten; doch sie enthält unweigerlich Nichtstandard-Zahlen, die keine zahlenmäßige Bedeutung haben - und darum weisen wir seine Beweisführung zurück. Weil es prinzipiell unmöglich ist, jemals den Gesamtbereich aller Kontrollpunkte, auf dem Zenons Einwand beruht, zu beobachten, bleibt strittig, ob das bewegte Objekt sich tatsächlich so paradox verhält, wie er behauptet. Als mikroskopische Beschreibung der Bewegung könnten außer einer, welche die komplette Folge der Kontrollpunkte enthält, auch ganz andere in Frage kommen - und dass Zenons spezielles Szenario begriffliche Probleme verursacht, ist noch lange kein Grund, die Idee der Bewegung zu verdammen." Ende des Zitates.
Nach meiner Überzeugung kann man das Problem ganz anders angehen. Die Lösung ist so einfach wie verblüffend zugleich.

Die Mathematiker teilen die immer kleiner werdende Strecke zwischen Achilles und der Schildkröte unendlich oft. Sie bilden also eine konvergierende Reihe, die über einen gewissen Punkt nicht hinausgehen kann. Die Realität ist aber, dass eine Strecke nicht beliebig oft teilbar ist. Dieser Fall tritt spätestens dann ein, wenn der Durchmesser eines Atoms erreicht ist. Nebenbei lässt sich auf so einfache Art auch auf die Unteilbarkeit von Atomen schließen; zumindest unter allgemeinen Umweltbedingungen. Die Konsequenzen des geschilderten mathematischen Beispieles vom Wettlauf des Achilles bis zur Quantentheorie sind, dass man sich darüber im Klaren sein muss, dass die jeweilige Fragestellung nicht nur die Art des mathematischen Vorgehens bestimmt, sondern u.U. auch eine Reihe von Fakten vernachlässigt, die für die betreffende Problemlösung aus mathematischer Sicht zwar bedeutungslos sind, aber in der Realität grundsätzlich nicht abstrahiert bzw. ignoriert werden dürfen. Bei dem Wettlauf zwischen Achilles und der Schildkröte geht es zwar vordergründig um Längenunterschiede. Tatsächlich handelt es sich aber um ein Problem, dessen Lösung auch die drei Dimensionen unseres Raumes betreffen. In Wirklichkeit, also der Realität, geht es um die kleinste, nicht mehr teilbare Einheit. Diese kleinste Einheit ist das Atom und das Atom ist dreidimensional. Der Punkt aber ist per definitionem dimensionslos. Während Zenon seine Argumente aus dem Wissensstand seiner Zeit begründete, unterliegt der Mathematiker McLaughlin dem Fehler, dass er die Thesen von Zenon kritiklos übernimmt. Er musste wissen, dass es heute unstrittig ist, dass Atome unteilbar sind und dass die Quantenphysik eine Kontinuität, wie sie der Begriff des Infinitesimalen beinhaltet, verbietet. Selbst Hawking (2, S.197) bemängelt, dass viele Teiltheorien absurde Unendlichkeiten enthalten und dass man in diesen Fällen die unendlichen Größen durch ein ziemlich zweifelhaftes mathematisches Verfahren, das man als Renormierung bezeichnet, aufhebt. Bei der Renormierung wird eine unendliche Größe durch die Einführung anderer unendlicher Größen aufgehoben. Die zwingende Konsequenz ist, dass die traditionellen Feldtheorien für Elementarteilchen und Kräfte an dem Auftreten unendlicher Terme und an der Existenz sog. Anomalien leiden. Dies führt wiederum bei der Quantisierung der Theorien zu unerwünschten Symmetriebrechungen. Derartige Probleme machen aber die Theorien auch mathematisch inkonsistent. Ein weiterer schwerwiegender Nachteil besteht in der Tatsache, dass sich bei der Renormierung die Werte der Massen und Kräfte nicht aus der Theorie vorhersagen lassen, sondern so gewählt werden müssen, dass sie den Beobachtungsdaten genügen. Entsprechend „realistisch" wurde das Weltbild, das uns die moderne Physik vorgaukelt. Es ist deshalb zwingend notwendig die Interpretationen mathematischer Ergebnisse durch die Physiker zu hinterfragen. (Eigentlich sollte man bei den mit dieser Problematik beschäftigten Personen gar nicht von Physikern, sondern von Ingenieuren sprechen, denn das Vorgehen dieser Fachleute entspricht dem, das man aus der Ingenieurwissenschaft kennt und nicht dem, was man unter Physik zu verstehen hat.)

Da Achilles in der Realität die Schildkröte selbstverständlich überholt, muss Zenon von einer falschen Voraussetzung ausgegangen sein. Wenn aber die Voraussetzung falsch ist, kann das Ergebnis nicht richtig sein. Dieses Beispiel zeigt, wie wichtig es ist, alles zu hinterfragen und nicht kritiklos unter Verwendung unbewiesener Sätze oder Behauptungen neue Behauptungen aufzustellen und Theorien zu entwickeln. Ein solches Vorgehen ist erst recht zu verurteilen, wenn sich Widersprüche mit der alltäglichen Erfahrung ergeben. Verwerflich wird dieses Vorgehen aber, wenn man anhand solcher pseudowissenschaftlicher Methoden den Menschen ihre Wahrnehmungs- und Urteilsfähigkeit abspricht.

In seinem dritten Paradoxon behauptet Zenon, dass schon der Begriff Bewegung inhaltsleer ist. Zenon behauptet, dass ein abgeschossener Pfeil niemals in Bewegung ist, weil er in jedem Augenblick wie festgenagelt in einem Punkt verharrt. Darüber hinaus behauptet Zenon, dass der Pfeil niemals sein Ziel erreichen kann. Bevor er nämlich das Ziel erreicht, muss er zunächst die Hälfte des Abstandes zwischen Bogensehne und Ziel zurücklegen. Danach muss er die Hälfte der verbliebenen Wegstrecke zurücklegen und dann davon wieder die Hälfte und so weiter. Anscheinend bleibt immer ein Abstand zwischen Pfeilspitze und Ziel bestehen, so dass das Ziel nie erreicht werden kann. Bei diesem Paradoxon haben wir es mit zwei Problemen zu tun. Ein Problem haben wir schon beim Wettlauf des Achilles mit der Schildkröte kennen und lösen gelernt. Das zweite Problem ist die Frage, ob der Pfeil wirklich bei seinem Flug Punkt für Punkt wie festgenagelt erscheinen kann. Das kann er natürlich nicht, denn sonst würde seine Bewegung ein für allemal unterbrochen. Der Pfeil würde sich bereits am ersten Punkt im Zustand absoluter Bewegungslosigkeit befinden, die erst durch einen erneuten Impuls aufgehoben werden kann. Der völlig neue Impuls würde ihn aber nur bis zum nächsten Punkt beschleunigen. Danach befände sich der Pfeil wieder im Zustand völliger Ruhe. So wiederholt sich der Vorgang von Punkt zu Punkt. Das heißt, man kann ein Kontinuum, wie es nun einmal eine Bewegung darstellt, nicht digitalisieren. Die Voraussetzung des Zenon von Elea ist also falsch. Sein angebliches Paradoxon ist gar kein Paradoxon, da die Voraussetzung bereits falsch ist. In Wirklichkeit handelt es sich um eine abstrakte gedankliche Annahme, die nichts mit der Realität zu tun hat. In der Realität ist die Bewegung eines fliegenden Pfeils ein Kontinuum und ein Kontinuum kann man nicht unterbrechen, also nicht in beliebig viele Punkte unterteilen. Um es noch einmal zu betonen: Würde der Pfeil Punkt für Punkt festgenagelt, so würde es auch Punkt für Punkt eines neuen Impulses bedürfen, um weiter zu fliegen. Das wäre aber jedes Mal ein neuer Bewegungsvorgang und kein Kontinuum seines Fluges. Es handelt sich folglich bei diesem Problem schlicht und einfach um ein Analogon zu Heisenbergs Unschärferelation. Tatsache ist, dass wir Informationen über Aussehen, Lage und Position des Pfeils nur über Photonen

(Licht, elektromagnetische Wellen) erhalten. Diese Photonen werden in Quanten (kleinen Paketen, Portionen) abgestrahlt. Das bedeutet, dass wir alle Informationen portionsweise (digitalisiert) und nicht als Kontinuum erhalten. Ebenso erfolgt die Bearbeitung der Informationen im Gehirn digitalisiert. Das hat zur Folge, dass ein Lebewesen, gleichgültig über welches Sinnesorgan es eine Information erhält, zwar einen Vorgang subjektiv kontinuierlich wahrnehmen und verarbeiten kann, objektiv aber einer Sinnestäuschung unterliegt. Da die Sinneseindrücke ausreichend lange bestehen bleiben, erscheinen ihm alle Bewegungen fließend und ununterbrochen, wie es ja auch der Realität entspricht. So paradox es klingt, es ist gerade eine Sinnestäuschung, die uns die Realität richtig erkennen lässt. In Wahrheit gaukelt der „Nachhall", die Unschärfe der Information (informare = prägen), ein Kontinuum vor. Durch diesen „Trick der Natur" führt eine Sinnestäuschung zu einer realen Wiedergabe eines realen Vorganges. Diesen Sachverhalt kann jeder an Filmbändern überprüfen, indem er sie unterschiedlich schnell ablaufen lässt. Zeichentrickfilme oder die sog. „lebenden Bilder" beruhen auf dem gleichen Prinzip. Zenon geht also von der falschen Voraussetzungen aus, dass man eine kontinuierliche Bewegung wie eine Strecke in einzelne Teilstücke zerlegen kann. Der abgeschossene Pfeil bleibt aber nicht Punkt für Punkt wie festgenagelt, sondern befindet sich während seines Fluges Punkt für Punkt stets in einem durch seine kontinuierliche Bewegung bedingten Unschärfebereich. Dieser Sachverhalt widerlegt auch Heisenbergs Argument, dass die Unschärfe zur Folge hat, dass man auf Grund der Ungenauigkeit aller Wahrnehmungen ausschließen kann, dass neben oder hinter einer statistischen Welt, wie in der Quantentheorie, auch noch eine „wirkliche" Welt existiert, in der das Kausalgesetz gilt.

Es bleibt also festzuhalten: Die Geometrie behandelt räumliche Verhältnisse. Die Arithmetik rechnet. Rechnen ist aber nichts anderes als zählen. Es beruht auf dem zusammenzählen von Zahlen, die für etwas stehen, z. B. Früchte, Behältnisse und anderes oder

der Aufeinanderfolge von Ereignissen in der Zeit. So ist es zwar eine richtige Vorgehensweise, wenn man errechneten Zahlen Punkte zuordnet, also sozusagen Algebra in Geometrie transformiert, doch muss man sich auch jederzeit darüber im Klaren sein, was mathematisch möglich ist, um mit entsprechenden Werten sinnvoll operieren zu können und was der Realität entspricht. Die Praxis hat gezeigt, dass man trotz scheinbar abstrakter Rechenoperationen äußerst erfolgreich Arbeiten kann. Man darf nur nicht dem Fehler unterliegen, diese „mathematischen Kunstgriffe" als etwas Reales zu betrachten. Die nichteuklidische Geometrie mit ihren Vorstellungen von mehr als drei Dimensionen ist offensichtlich physikalisch unmöglich und geistig unvorstellbar, findet aber trotzdem erfolgreich in den Naturwissenschaften eine ganze Anzahl von Anwendungen. Dies gilt besonders in der Entwicklung der beiden Relativitätstheorien.

Wir müssen uns aber erfolgreich im dreidimensionalen Raum und der Zeit bewegen. Wir müssen Entfernungen richtig einschätzen und die Zeit zu ihrer Bewältigung richtig kalkulieren. Das erfordert genau die eben beschriebenen Rechenprozesse, die unbewusst ablaufen, die aber vom Säuglingsalter an erlernt werden müssen, bis sie automatisch ablaufen. Nichts anderes machen auch Computerprogramme und nichts anderes machen die Nervenzellen der einzelnen Tierarten, wenn sich diese Lebewesen bewegen, Nahrung aufnehmen, flüchten oder angreifen. Ihnen bleibt aber das Denken über abstrakte Begriffe wie Raum und Zeit erspart. Sie agieren sinnvoll und zielgerichtet in Raum und Zeit. Haben sie es nicht gelernt oder unterlassen sie es, aus welchen Gründen auch immer, werden sie nicht alt. Der angelsächsische Begriff „timing" erfasst und beschreibt den gesamten Sachverhalt treffend in einem einzigen Wort. Bleibt festzuhalten, das Raum- und Zeitgefühl muss allmählich durch Erfahrung, Erfolg und Misserfolg, erlernt und stets geübt werden. Dies gilt für den Alltag ebenso, wie z. B. für den Sport und die Musik. Oder wie glauben Sie, dass

ein Klavierkonzert klingen würde, wenn der Virtuose Tasten, Notenzeichen und Takt durcheinanderbringen würde?
Einstein beschreibt die Raum-Zeit als ein relatives, dynamisches Gefüge, das sich je nach Verteilung von Masse oder Energie in seiner Umgebung verändert. Er bricht damit in einer äußerst gewagten Abkehr mit Newtons Auffassung, dass die Gravitation eine unabhängige Kraft ist und Raum und Zeit zwei absolute, unveränderliche Größen sind. Als sich herausstellte, dass Einsteins Berechnungen die beobachteten Anomalien der Merkurbahn bestätigten, war er überzeugt, die Grenzen der Newtonschen Physik überwunden zu haben und das glaubt man auch noch heute. Aber was war passiert?
Um die Ergebnisse, die durch die mathematischen Operationen der Relativitätstheorie erlangt wurden, in einem Diagramm optisch darzustellen, entwickelte Minkowski, ein früherer Mathematikprofessor von Einstein, ein Scheinmodell. Ein Raumereignis, wie z. B. die Bahn eines Planeten um die Sonne perspektivisch in einem Koordinatensystem mit den drei Achsen x, y und z darzustellen, ist kein Problem. Soll aber das gleiche Ereignis in der Zeit widergegeben werden, ist eine vierte Koordinate t erforderlich, was mathematisch kein Problem darstellt, aber sich zeichnerisch als unmöglich erweist. Kurz entschlossen verzichtete deshalb Minkowski auf die Höhe und ersetzte sie durch die Zeit t. So konnten die jeweiligen Ereignisse, je nach Dauer, als Punkt oder Linie dargestellt werden. Da bekanntlich die meisten Planeten die Sonne im Bereich der Äquatorialebene umkreisen, wurde diese Vorgehensweise allgemein akzeptiert. So wurde die dreidimensionale Form des Orbits zeichnerisch zu einer zweidimensionalen Fläche „verformt" und die Zeit t in der dritten Dimension dargestellt. Minkowski hat durch diese für einen Mathematiker keineswegs unübliche und auch nicht zu beanstandende Abstraktion ein Scheinmodell entwickelt, um den Lauf von Planeten bildlich darzustellen. Wenn ein Ereignis nur kurzfristig war, erschien es auf dem Diagramm als Punkt, während ein Ereignis von einer

gewissen Dauer als Linie eingetragen wurde. Da die einflussreichen Experten jener Zeit für den Ort, der alle Raum-Zeit-Ereignisse umschließt, den Begriff „Welt" proklamiert hatten, sprach Minkowski schlicht von „Weltpunkten" und „Weltlinien". Mit einer stofflichen Realität einer vierdimensionalen Raumzeit hat das alles aber nichts zu tun. Seit dieser Zeit werden die Planetenbahnen um die Sonne als Minkowski-Diagramm auf einer Fläche abgebildet und ein fiktives Tuch, dessen Konturen durch das Einwirken von Massen, also Himmelskörpern, entsprechend verzerrt wird, soll die vierdimensionale Raumzeit darstellen. Bleibt die Frage, aus was diese „Tücher" bestehen sollen und wie man die jeweiligen „Tücher" spannen und verformen will, wenn unterschiedliche Himmelskörper auf verschiedenen Ebenen sich gegenseitig anziehen, sich also nicht auf einer Ebene befinden?
So sind die verschiedenen Dimensionen, die von einigen meinungsbildenden Physikern erfolgreich einer gläubigen und kritiklosen Menschheit eingeredet werden, schlicht Fehlinterpretationen mathematischer Operationen. Nach der allgemeinen Erfahrung, und die sollten wir uns nicht ausreden lassen, sind die Körper in dieser Welt dreidimensional. Man benötigt drei Maße (Länge, Breite und Höhe), um das Volumen eines Raumes oder Körpers zu definieren oder durch willkürlich oder gezielt gewählte entsprechende Punkte bzw. Objekte einen Raum willkürlich mathematisch zu beschreiben. Man benutzt also ein geeichtes Längenmaß für dieses mathematische Vorgehen. Aufgrund dieses Sachverhaltes kann jeder Architekt die unterschiedlichsten Konstruktionen und einen Zeitplan für deren Verwirklichung planen und berechnen, bevor irgend eine fiktive Kraft einwirkt und seine Räume verbiegt. Schließlich handelt es sich um virtuelle Konstruktionen, die sich auch nicht verformen werden, wenn künftig enorme Massen auf den tragenden Wänden und Stützen ruhen werden. Die Zeit ist das Maß des Vor- und Nacheinanders von Ereignissen in Bezug auf die Anzahl gleichmäßig und gleichförmig immer wiederkehrender Erscheinungen (Sonne, Mond, Planeten, Gestirne) oder

von Schwingungen (Pendel, Atome). Es gibt keinen vernünftigen Grund, warum der Raum-Zeit-Begriff nach der stofflichen Seite hin aufgelöst werden sollte. Man konstruiert lediglich gedanklich oder praktisch Verbindungen zwischen vorgegebenen Punkten bzw. Objekten, um Positionen, Lage oder Volumina mathematisch zu beschreiben oder zu planen, wie künftige Projekte aussehen sollen. Mit der Zeit wird lediglich die Geschwindigkeit einer Veränderung eben im Vergleich zu einer der oben erwähnten Eichgrößen beschrieben bzw. vergangene und künftige Ereignisse im Vergleich zum Jetzt geordnet. Wer Karl May gelesen hat weiß, dass der Rote Mann mit seinem Weißen Bruder feste Termine vereinbarte, indem er ihm erklärte, dass man sich z.B. nach drei Monden an einer vereinbarten Stelle wieder treffen werde oder dass die Sonne z.B. zweimal hinter den Bergen aufgehen wird, bevor dies oder jenes Ereignis eintreten wird.

Das vierdimensionale Raum-Zeit-Kontinuum ist also lediglich eine Deutung der Relativitätstheorie durch Mathematiker und einer verhängnisvollen Interpretation mathematischer Berechnungen durch einflussreiche Astrophysiker. Schon vor 2500 fragte der griechische Philosoph Zenon von Elea zu Recht: „Wenn der Raum wirklich etwas ist, worin wird er denn sein?"

In der Mathematik benutzt man Maßeinheiten in der Form von Dimensionen in einer abstrakten Weise. So wird jede Größe, die von Interesse ist, z.B. Länge, Höhe, Breite, Zeit, als eine neue Dimension betrachtet und in die Berechnung einbezogen. Als Beispiel soll das sog. Dreikugelproblem dienen. In einem dreidimensionalen Raum, z.B. einem hinreichend großen Würfel, sind schwerelos drei vollkommen elastische Kugeln so positioniert, dass nach Anstoß einer Kugel diese gleichzeitig die beiden anderen, nebeneinander angeordneten Kugeln treffen soll. Es ergibt sich also folgender Tatbestand. Die Position jeder Kugel ist durch 3 Koordinaten festgelegt, da sich die Kugeln in einem dreidimensionalen Raum befinden. Ferner sind je 3 Koordinaten für die Berechnung der Geschwindigkeit in einem dreidimensionalen Raum notwendig. Das bedeutet, dass es sich um ein mathematisches Problem mit 18 verschiedenen Größen handelt. Folglich muss man sich in diesem dreidimensionalen Würfel einen Raum mit 18 Dimensionen denken, wenn man der Argumentation besagter Physiker folgt. Dagegen ist die Zeit als vierte Dimension „just a peanut", um es mit dem Unwort des Jahres 1994 zu formulieren. Stellen Sie sich nur einmal vor, wie ein Familienvater morgens seine dreidimensionale Wohnung verlässt und abends bei seiner Rückkehr zu seinem großen Entsetzen ein vieldimensionales Zuhause vorfindet, nur weil seine Gattin für die lieben Kleinen ein Mobile aufgehängt hat. Entsprechend viele Dimensionen kann man aber auch bei der Kalkulation über die Rentabilität eines Unternehmens erhalten, ohne dass dieses dadurch optisch eine andere Form einnimmt.

Man muss sich also immer wieder bewusst machen, dass es sich bei der vierdimensionalen Raumzeit um kein reales vierdimensionales Gebilde handelt, sondern lediglich um ein Scheinbild, also ein gedankliches Modell der Mathematiker, das offensichtlich kritiklos von den Kosmologen übernommen wurde. Virtuelle Räume sind aber weder existent, noch können sie Gestirne beeinflussen oder durch Gestirne beeinflusst werden. Die Mathematik fordert zu Recht, dass die Ergebnisse aller mathematischen Operationen immer mit der Realität abzugleichen sind. Auch mathematische Märchen von dem finsteren Schlund eines Schwarzen Loches, der die Raumzeit mit sich reißt und verdrillt, sollte man deshalb ebenso wie die „Wurmlöcher" lieber Sciencefictionschreibern überlassen. Obwohl ich nicht bezweifele, dass in derartigen Theorien der Wurm steckt, sollte man Wurmlöcher, Baby-Universen und mehrdimensionale Räume ebenso wie den Urknall nicht ernst nehmen, denn diese Theorien sind völlig absurd. Auch Schwarze Löcher mit milliarden Sonnenmassen im Zentrum von Galaxien als materiefressende Monster darzustellen, sollte nachdenklich stimmen.

Zusammenfassend lässt sich feststellen, dass die mathematischen Operationen jeden Laien vor Ehrfurcht erschauern lassen, dass es aber erhebliche Probleme gibt, wenn einzelne Ergebnisse der Realität entsprechend einer breiten Öffentlichkeit nachvollziehbar vermittelt werden sollen. Bei Aussagen über derart elementare Vorgänge von solcher grundlegender Bedeutung darf man den interessierten Laien nicht mit Scheinmodellen abspeisen und sie als Realität „verkaufen". Dies ist um so schlimmer, wenn man gleichzeitig einer skeptischen aber interessierten Öffentlichkeit den gesunden Menschenverstand abspricht, sobald Zweifel geäußert werden. In solchen Fällen ist es seriöser, von vorläufigen Modellen zu sprechen, weil man es zur Zeit nicht besser weiß und weil diese mathematischen Operationen wichtige Hilfen sind, die sich bei speziellen Problemlösungen bewährt haben, die aber nicht verallgemeinert werden dürfen. Interessant ist in diesem Zusammenhang auch die Tatsache, dass die Experten lieber der Menschheit ihren gesunden Verstand und im Alltag bewährte Anschauung absprechen, als sich selber die Frage zu stellen, ob man nicht doch einer falschen Interpretation aufgesessen ist.

Gehen wir also lieber zu unseren Altvordern zurück. Die trauten noch dem, was sie sahen, wenn auch einzelne profilierte Vertreter (wie z.B. Platon mit seinem berühmten „Höhlengleichnis") schon damals Probleme mit ihrer Vorstellung von der Realität hatten. Zeigt nicht das heutige Waldsterben, dass da etwas Reales und nicht nur ein Schattenbild stirbt? Oder glaubt wirklich irgend jemand ernsthaft, es schütze vom Aussterben bedrohte Tierarten, wenn wir einmal annehmen, diese Spezies würde dann, wenn sie von uns ausgerottet und deshalb ausgestorben ist, als ihre eigene Idee weiterleben? So viel zu Platon.

Unsere Vorfahren waren zwar nicht in der Lage, derart verwegene Rechenmodelle zu entwerfen und durchzuführen, wie sie heute in der theoretischen Physik üblich geworden sind, dafür blieben sie aber auch mit beiden Beinen auf dem Boden der Realität und waren damit gut beraten, denn sonst hätten sie keine

Überlebenschance gehabt. Erst nachdem sich der Mensch Raum und Zeit, seinen Erfahrungen entsprechend, geschaffen hatte und definierte, ergab sich für ihn die Möglichkeit, mathematische Operationen vorzunehmen und sich auf unser heutiges Niveau hochzudenken.

Ein Mathematiker wird auf alle Fragen erst einmal antworten: „Sage mir, was du unter diesem oder jenem verstehst, dann kann ich dir sagen, ob das Problem mathematisch zu lösen ist oder nicht." Wenn man also einem Mathematiker sagt, was man unter Raum und Zeit versteht und wie man durch Messen mit welchen Instrumenten bestimmte physikalischen Größen erhalten hat, dann wird er mit den vorgegebenen Werten und Definitionen, unter Berücksichtigung der jeweiligen Rahmenbedingungen, anfangen zu rechnen. Wenn aber die Voraussetzungen oder die Werte oder beides falsch sind, wird er trotz exakter mathematischer Vorgehensweise zu keinem richtigen Ergebnissen kommen. Ein solcher Fall tritt z.B. ein, wenn Mathematiker nichtlinear ablaufende Vorgänge behandeln, als würden sie sich linear verhalten. So ist der Urknall keineswegs, wie heute kritiklos gelehrt und geglaubt wird, eine wissenschaftliche Tatsache, sondern Gegenstand einer durchaus fragwürdigen Hypothese und einer mathematisch unerlaubten Extrapolation. Die Astrophysiker nehmen das aber bewusst stillschweigend hin und begründen dies mit der sogenannten Rotverschiebung der Spektren von weit entfernten Galaxien sowie der Hintergrundstrahlung. Kein Experte erwähnt, dass diese Rotverschiebung nicht nur durch den Doppler-Effekt sondern auch durch „Ermüden" der Photonen entstehen kann, obwohl dies durch Experimente mittels des Mössbauer-Effektes nachgewiesen wurde. Aber das hätte weitreichende Konsequenzen und würde das gesamte virtuelle Weltbild, das man der Menschheit vorgespiegelt hat, zerstören. Also: Schwamm drüber!

Der Merkur ist der Planet, der die geringste Entfernung zur Sonne hat. Er „eiert" um die Sonne wie der Teller auf dem Stab eines Jongleurs und widersetzte sich standhaft den Berechnungen nach den Newtonschen Gesetzen. Die Raumzeit wird nach den Vorstellungen Einsteins durch die Sonnenmasse so verzerrt, dass die Entfernungen nicht mehr mit denen des ebenen Raumes übereinstimmen. Da ein Planet, nach den Vorstellungen Einsteins, auf dem Weg um die Sonne den Konturen ihres Gravitationstrichters folgt, muss sich seine Bahn im Laufe der Zeit verschieben. Einstein beschreibt hier völlig richtig, wie sich die Umlaufbahn eines Planeten um die Sonne erklären lässt. Nur die Erklärung ist falsch. Die Sonne verformt eben nicht eine virtuelle Raumzeit, sondern der Planet zeichnet exakt das trichterförmige Unterdruckgebiet nach, dass durch die „Abschattung" der Gravitonen (Äther, Urstoffteilchen) durch die Dichteverteilung der Atome und deren Quarks verursacht wird. Es ist unstrittig, dass der Merkur der sonnennächste Planet ist. Es ist ferner bekannt, dass die Gravitationskraft mit dem Quadrat der Entfernung abnimmt und man weiß heute, dass alle Planeten im Sonnensystem, vor allem die inneren Planeten, Merkur, Venus und Erde, trotz ihrer scheinbar stabilen Umlaufbahn, chaotisch und nicht quasiperiodisch verlaufen (3, S.57). Das heißt aber nichts anderes, als dass die Sonne weder eine ideale Kugelform, noch eine ideale gleichmäßige Dichteverteilung der Atome in ihrem Inneren besitzt. Mit der unterschiedlich starken Krümmung einer fiktiven Raumzeit hat das nichts zu tun. Vielmehr werden Dichteunterschiede der Urstoffteilchen, des geleugneten Äthers, durch die Planeten im Umfeld der Sonne nachgezeichnet. Je dichter der Planet an der Sonne, um so gravierender werden die Abweichungen des inneren Aufbaues der Sonne von den Idealwerten einer Kugel erkennbar. Das Gravitationsfeld der Sonne spiegelt sozusagen ihren Aufbau und ihre innere Struktur wider und die Planeten „zeichnen" diese „anatomischen Gegebenheiten" der Sonne mit ihren Bahnen nach. Dabei nimmt die Exaktheit nach dem Gravitationsgesetz mit dem Quadrat der Entfernung ab. Allerdings verformt sich nicht die Raumzeit, sondern es werden Dichteschwankungen des angeblich nicht existenten „Äthers" in der Zeit von den Planeten im Raum nachvollzogen. Newton ging jedoch bei seinen Berechnungen davon aus, dass die Sonne und die Planeten eine ideale Form haben und ihre Masseverteilung gleichmäßig ist. Da dies aber nicht der Realität entspricht, konnte er zwangsläufig nicht die Bahn des Merkur um die Sonne richtig berechnen, denn die Voraussetzungen waren falsch.

So genial das Michelson-Experiment zum Nachweis bzw. zum Ausschluss des „Äthers" auch angelegt ist, man ging von falschen Voraussetzungen aus und deshalb war auch das Ergebnis falsch. Zum damaligen Zeitpunkt wusste man noch nicht, dass die Lichtgeschwindigkeit absolut ist. Deshalb wurde das Experiment falsch interpretiert. Dieser Sachverhalt hat sich ganz offensichtlich bis heute noch nicht in den Expertenkreisen herumgesprochen. Das Experiment von Michelson beweist nämlich, dass die Lichtgeschwindigkeit absolut ist. Einen wie auch immer gearteten Äther schließt es keineswegs aus. Deshalb ging auch Einstein von falschen Voraussetzungen aus. Er kompensierte aber diesen Fehler unbewusst dadurch, indem er die Lorentzsche Hilfshypothese übernahm, die besagt, dass sich ein System um einen entsprechenden Betrag, als Folge seiner Stellung zum Ätherwind, verkürzt, in seine Berechnungen einbezog und so der widerspruchsvolle Begriff des Äthers erst gar nicht auftauchte, aber indirekt in der Formel berücksichtigt wurde. In diesem Zusammenhang sei noch einmal an das Paradoxon vom Wettlauf des Achilles mit der Schildkröte erinnert, bei dem es vordergründig um Längenunterschiede, in Wirklichkeit aber um die Unteilbarkeit eines Atoms ging. (Vogel, Physik, Seite782,783). Lorentz glaubte also trotz des Michelson-Experimentes nicht nur weiterhin an die Existenz des Äthers, er konnte auch nachweisen, dass sich ein elektrisches System unter bestimmten Voraussetzungen in Bewegungsrichtung entsprechend verkürzt. Der „Äther" bzw. die Urstoffteilchen übten auf das System einen umso größeren Widerstand aus, je schneller das System bewegt wurde. Wenn man bedenkt, dass ein Atomkern von einem riesigen elektromagnetischen Feld, der Atomhülle, umgeben ist, dann wird auch verständlich, warum sich Objekte um so stärker in Beschleunigungsrichtung verkürzen, je schneller sie sich bewegen. Vergleichbare Vorgänge sind aus der Aerodynamik bekannt. Auch hier wird bei Beschleunigungen unterhalb der Schallgeschwindigkeit eine Änderung der Frequenz von Schallwellen beobachtet, wenn deren Quelle sich dem Beobachter nähert oder sich von ihm entfernt. Ein Vorgang, den man sich auch bei der sog. Rotverschiebung des Lichtes in den Spektren der Sterne, Galaxien und Quasare in der Astronomie zu Nutze machte. Aber dieser Äther, der den gesamten Kosmos erfüllt, wie schon die alten Kulturen wussten, ist nicht passiv, sondern er bildet die unterschiedlichsten Felder und strukturiert mit den Atomen den Raum. Auf diesen Sachverhalt werde ich später näher eingehen. Schließlich nimmt ja auch die Lichtintensität, die durch die Anzahl der Photonen im jeweiligen Bereich und somit von der Teilchendichte der Photonen abhängt, mit dem Quadrat der Entfernung ab. Eine Leere kann keinen Raum strukturieren. So weit sollten wir schon unserem logischen Denken und unserer täglichen Erfahrung vertrauen. Schließlich besagt die Relativitätstheorie ebenfalls, dass es ohne Masse auch keinen Raum und keine Zeit gibt. Masse ist aber nur die Bezeichnung für eine Eigenschaft. Eine Eigenschaft kann aber nur etwas Stoffliches haben. Ersetzt man Masse durch Materie und Zeit durch unterschiedlich schnelle Beschleunigungen von etwas Körperlichen, den Urstoffteilchen, dann meinen zwar alle dasselbe, sie sagen aber nicht das Gleiche.

Aus Einsteins Theorie ließ sich darüber hinaus die Schlussfolgerung ziehen, dass sich das Universum entweder ausdehnt oder zusammenzieht. Einstein erklärte seine Ergebnisse mit einer Abstoßungskraft zwischen den Galaxien, die der Gravitationskraft entgegenwirke. Da man zum damaligen Zeitpunkt davon überzeugt war, dass das Universum statisch sei, baute er in seine Gleichungen die sog. „kosmologische Konstante" λ ein, um das Modell eines stationären Universums beizubehalten. Ein Musterbeispiel dafür, wie man unerwünschte mathematische Ergebnisse nachbessern kann, um das zu beweisen, was man gerne beweisen möchte. Auf diese Weise beschrieb er ein Universum, das statisch war. Später bezeichnete Einstein das als „den größten Fehler meines Lebens", denn spätere Untersuchungen und Überlegungen schienen auf eine dynamische Entwicklung des Universums hinzuweisen. So wurde die Rotverschiebung der Spektrallinien von Himmelskörpern und Galaxien zu größeren Wellenlängen, also in Richtung Rot, von dem amerikanische Astronom Edwin Powell Hubble 1929 als optischer Doppler-Effekt gedeutet und als Ausdruck einer Fluchtgeschwindigkeit interpretiert. Daraus entwickelte Hubble das nach ihm benannte Gesetz, mit dessen Hilfe sich die Fluchtgeschwindigkeiten von Galaxien und damit auch deren Entfernungen bestimmen lassen sollen.

Stephen Hawking und Roger Penrose sind heute wohl die prominentesten Vertreter der Urknalltheorie. Sie behaupten äußerst öffentlichkeitswirksam, dass es absolut keine Alternative zum Urknall gibt, ganz gleich welche Struktur das Universum hat. Es müsste aber die Experten nachdenklich stimmen, dass Galaxien nachweislich kollidieren, obwohl sich alle Galaxien nach einem Urknall immer weiter voneinander entfernen müssten.

Auch hier zeigt sich wieder das lineare Denken der Physiker und Kosmologen. Das Universum kann sich nach ihrer festen Überzeugung entweder nur ausdehnen oder wieder zusammenziehen, je nachdem wie viel Dunkle Materie sie willkürlich für ihre Berechnungen festlegen. Dass das Universum ein System darstellt, in dem regionale Gravitonenverdichtungen (Äther- oder Urstoffteilchenverdichtungen) Massezentren bilden, aus denen zu einem späteren Zeitpunkt Galaxien entstehen, die auch wieder im Laufe der Zeit in Gravitonen zerfallen können, daran denkt offensichtlich niemand. Dieses dauernde Entstehen und Vergehen in unserem Kosmos garantiert seine Existenz für alle Zeiten. Auf diese Idee kommt aber keiner der Experten, weil sie zu sehr abgehoben und den Bezug zur Realität völlig verloren haben. Durch das Selbstähnlichkeitsprinzip, das aus der Chaosforschung bekannt ist, wird uns aber auf

Schritt und Tritt gezeigt, dass nichts von Dauer ist, sondern alles einem kontinuierlichem Entstehen und Vergehen unterliegt. Alles was entsteht, wird früher oder später wieder in seine Ausgangsstoffe zerfallen. Jeder Christ wird sogar noch auf seinem letzten Weg darauf hingewiesen, dass er aus Erde geschaffen wurde und wieder zu Erde werden wird. Dieses Wissen ist also tief in unserem abendländischen Denken verhaftet.

Das einzigartige Weltbild, das uns Einstein vermittelt hat, besagt unter anderem, dass sich das Weltall ausdehnt. Wenn sich allerdings das Weltall ausdehnt, dann muss es zu einem früheren Zeitpunkt sehr klein gewesen sein. Wenn die Zeitskala gegen Null geht, wird nach dieser Rechnung das Volumen unendlich klein und die Masse unendlich groß. Es entsteht also eine paradoxe Situation. Nichts und eine unendlich große Masse existieren gleichzeitig. Diesen Zustand bezeichnet man als Singularität und Beginn des Urknallphänomens. Ein derartiges mathematisches Paradoxon bereitet wahrlich großes Kopfzerbrechen. Auch wenn ein Laie die Rechenoperationen schon aus fachlichen Gründen nicht nachvollziehen kann, so macht es doch nachdenklich, dass sich aus Einsteins Gleichung ein unendlich kleines und dichtes Volumen für den Anfang unseres Kosmos ergibt. Diese Aussage steht im Widerspruch zur Quantenphysik. Wie der Name schon sagt, gibt es nach den Erkenntnissen der Quantenphysik kein Kontinuum, da alles gequantelt ist. Die Materie kann nicht beliebige kontinuierliche Größen annehmen, sondern jeweils nur ein ganzzahliges Vielfaches eines ganz bestimmten Betrages. Dieser Sachverhalt verbietet auch ein unendlich kleines Energiequantum. Auch ist unstrittig, dass an der Stelle, an der sich bereits ein massives Teilchen befindet, kein weiteres massives Teilchen aufhalten kann. Das ist auch der Grund, weshalb sog. schwarze Löcher nicht noch kleiner werden können. Es widerspricht jeder Logik, dass diese massiven Teilchenkonzentrate unendlich klein zusammenschrumpfen, bzw. aus einem unendlich kleinen Volumen entstanden sein sollen. Welche bisher unbekannte Kraft hätte in einem derartigen theoretische Fall die unvorstellbar große Schwerkraft aufheben können? Woher sollte eine derartig große Substanz- und Teilchenmenge schlagartig herkommen? Wenn es sich bei dem Urknall um eine sogenannte Quantenfluktuation gehandelt haben sollte, dann muss der Bereich, aus dem besagtes Quantum hervorging, entsprechend massiv sein. Wie soll sich aber etwas in einem derartigen Massekonzentrat bewegen, geschweige denn fluktuieren? Darüber hinaus hätte eine unendliche Dichte zur Folge, dass sie auch unerschöpflich ist. Nach dieser Theorie müsste der Urknall noch heute andauern und dürfte nie enden. Das steht aber im Widerspruch zu den Beobachtungen. Vielmehr soll nach den Behauptungen der Kosmologen nur noch ein kümmerliches Rauschen von besagtem Urknall künden. Trotz dieser offensichtlichen Widersprüche, haben sich Einsteins Berechnungen in vielen Fällen bei praktischen Überprüfungen in der Realität als richtig erwiesen. Dies ist aber kein Grund unrealistische Theorien aufzubauen, sondern vielmehr der sicherer Beweis dafür, dass man mathematische Ergebnisse nicht verallgemeinern und extrapolieren darf.

Zwar hat man bis heute keine Vorstellung, was dieser Urstoff - die dunkle Materie, der Äther oder wie man das Etwas bezeichnet, aus dem der Kosmos besteht - eigentlich ist und wie man sich ihn vorstellen soll. Trotzdem muss man die Urstoffteilchen und die Materie als einen Teil derselben kosmischen Wirklichkeit verstehen, da sie miteinander wechselwirken, sich also „erkennen". Nachdenklich macht auch die Tatsache, dass trotz der großen Homogenität des Kosmos im großen Maßstab, die Sterne nicht strahlenförmig im Kosmos angeordnet sind, wie es nach einer Explosion zu erwarten wäre. Statt dessen haben die Himmelsobjekte eine individuelle unterschiedliche Größe und sind streng in Hierarchien geordnet. So kreisen Monde um Planeten, Planeten umrunden die Sterne, Sterne sind in der Form von Galaxien zusammengefasst und Galaxien bilden gigantische Haufen. All das lässt sich durch einen Urknall nicht erklären. Die Einblicke in die Tiefen des Universums zeigen, dass sich alles selbstähnlich abbildet, wiederholt und verhält. Dem Aufbau und den Funktionen des Kosmos muss folglich eine grundlegende Gesetzmäßigkeit eigen sein. Durch blinden Zufall sind diese Erscheinungsformen und Wechselwirkungen im Kosmos nicht zu erklären. Wenn man von der Voraussetzung ausgeht, dass die Naturgesetze im gesamten Kosmos Geltung haben und durchgängig im subatomaren Bereich ebenso gelten wie in kosmischen Maßstäben, dann muss es möglich sein, auf Grund dieser Gesetze den Kosmos und seine Wechselwirkungen zu verstehen. Nach den Gesetzen der Logik kann sich der Makrokosmos nur aus dem Mikrokosmos aufbauen. Da der Makrokosmos nachweislich in steter Wechselwirkung mit dem Mikrokosmos steht, müssen die Naturgesetze generelle Gültigkeit haben. Aus diesem Grunde muss es auch möglich sein, etwas über Vorgänge und Wechselwirkungen auszusagen, die der Beobachtung nur bedingt oder gar nicht zugänglich sind. Eine dieser Grundvoraussetzungen ist, dass sich im Universum ab einer gewissen Ausdehnung zwangsläufig regionale Teilchenverdichtungen bilden müssen. Man braucht nur die Vorgänge in der Erdatmosphäre zu betrachten. Es lässt sich physikalisch nicht erklären und widerspricht auch jeder Logik, dass die gesamte Materie des Universums unter diesen Voraussetzungen aus einem Punkt, dem Big Bang, entstanden sein kann, noch dass sie wieder in einem Punkt, den Big Crunch, zusammenstürzen wird.

Aber auch Theoretikern sollte auffallen, dass bei einer hinreichend großen Ausdehnung des Kosmos unmöglich nur an einer Stelle eine zentrale Verdichtung von Teilchen entstehen kann. Diese Teilchen müssten ja, aus welcher Entfernung auch immer, alle diesem Mittelpunkt zustreben. Darüber hinaus müsste die Geschwindigkeit aller Teilchen ebenso absolut gleichmäßig und gleichförmig zunehmen wie ihre Dichte. Das ist aber unmöglich. Aus der Chaosforschung ist bekannt, dass sich bereits kleinste Unregelmäßigkeiten zu Systembeherrschenden Vorgängen aufschaukeln können. Man denke in diesem Zusammenhang nur an das Wetter. Nach dem Gesetz der Selbstähnlichkeit ist es viel wahrscheinlicher, dass sich die Teilchen im Kosmos wie unsere Luftmoleküle verhalten, den Gasgesetzen folgen, Phasenübergänge durchlaufen und Hoch- bzw. Tiefdruckgebiete bilden, wie wir sie vergleichsweise von unserem Planeten kennen und wie sie von den Meteorologen beschrieben werden.

Was man im Altertum schon wusste und was man heute zu wissen glaubt.

Heraklit (Herakleitos), ein griechischer Philosoph aus Ephesus, lehrte bereits um 500 v. Chr., dass die Welt aus dem ewigen Wandel der Dinge besteht: *„Es gibt nichts Bleibendes, weder in den einzelnen Dingen, noch in ihrem Gesamtbestande".* Gleichzeitig vertrat er die Ansicht, dass der Gegensatz das Prinzip allen Werdens ist. „Der Widerstreit ist der Vater aller Dinge." Heraklit fasste seine Erkenntnisse in der Feststellung zusammen: *„Panta rhei!"* Alles fließt, nichts besteht, noch bleibt es je dasselbe. Dieses Grundverständnis allen Seins führte zu seinem weltberühmten Ausspruch: *„Wir können nicht zweimal in denselben Fluss steigen, denn neue und immer neue Gewässer strömen ihm zu."*

Die gleichen Gedanken wurden bereits einige tausend Jahre vorher in Asien entwickelt. Dort fand man auf Kultgegenständen und in Gräbern, die älter als 4000 Jahre waren, die Zeichen von Yin und Yang. In der chinesischen Philosophie symbolisieren sie nicht nur die kosmischen Grundkräfte, sondern auch gleichzeitig den Gedanken von der Einheit der Gegensätze. So werden Yin und Yang als Gegenkräfte aufgefasst, die einander bedingen, indem sie durch ihre Wechselwirkung alles entwickeln und gestalten. Dem Tao der chinesischen Philosophie, dem alle Erscheinungen bestimmenden Weltgesetz, entspricht in der griechischen Philosophie der Kosmos, die Weltordnung, die aus dem Chaos, dem ungeordneten Urstoff, hervorging.

Yin und Yang sind die Symbole für das Gegensätzliche. Sie versinnbildlichen nicht nur die „zwei Seiten", die alles in unserem Leben hat, sondern auch das Gesetz von Aktion und Reaktion, Kraft und Gegenkraft, ebenso wie den Dualismus im gesamten Universum. Der Kreis symbolisiert zugleich die endlose Zeit und den grenzenlosen Raum. Yin und Yang stehen auch für plus (+) und minus (-). Sie sind somit auch gleichzeitig als die elementare Form des binären Systems zu verstehen. Die tiefste Erkenntnis dieses Symbols des „Für" und „Wider" liegt in der Bedeutung des schwarzen Punktes im weißen Feld und des weißen Punktes im schwarzen Feld.

Yin und Yang

Während das Symbol für Yin und Yang unbeweglich ist, also für das Statische steht, sind die beiden Punkte Ausdruck des Veränderlichen, der Dynamik. Diese beiden Punkte, das „Yin" im „Yang" und das „Yang" im „Yin", können nämlich ihre Größe verändern und weisen so darauf hin, dass in allem ein „Keim", eine Entwicklungsmöglichkeit des Gegenteils nicht nur vorhanden, sondern auch aktiv ist. Diese beiden „Keime" beinhalten die Entwicklungsmöglichkeiten des jeweiligen Gegenteils, stehen also in einem schicksalhaften Zusammenhang, in einer dauernden Wechselwirkung. Vergrößert sich z.B. das „Yin" im „Yang", so verändert sich in gleichem Maß das „Yang" im „Yin". Stets werden „Yin" und „Yang" im gleichen Mengenverhältnis zueinander bleiben. Aber nie wird das eine das andere in seiner „ureigensten Hälfte" ganz verdrängen. Die Möglichkeit zur gegenteiligen Entwicklung bleibt folglich in allen Teilen stets erhalten. Eine unglaublich geniale Vorwegnahme von unserem Verständnis des Dualismus, von Oszillationen und den Erhaltungssätzen.

Der griechische Philosoph und Mathematiker **Pythagoras** (ca. 580 - 500 v. Chr.) wurde bei seinen ausgedehnten Reisen sowohl mit der Gedankenwelt der Brahmanen (Indien) wie mit der der Ägypter vertraut. Auch er lehrte den Dualismus als Weltprinzip. Für ihn regierte der Gegensatz alle Dinge. Auf der Suche nach einem nicht körperlichen Prinzip, mit dem man alle Dinge beschreiben und erklären könne, fanden die Pythagoräer die Zahlen. So wie die Noten in der Musik bestimmte Töne und somit ganz bestimmte Schwingungen darstellen, so vermögen Zahlen abstrakten Denkvorstellungen für Raum und Zeit, für Materie und Form Ausdruck zu verleihen. Der eigentliche Ursprung der Zahlensymbolik liegt jedoch in Ägypten.

Das erste philosophische Werk in griechischer Schrift überhaupt verfasste **Anaximandros** aus Milet (610 - 546 v.Chr.) mit seiner Abhandlung „Über die Natur". Nach seiner Überzeugung ist *„Arche"* der Anfang von allem. Er versteht unter *„Arche"* ein Prinzip, das er *„Apeiron"* nannte, einen qualitativ unbestimmten und quantitativ unbegrenzten Stoff, aus dem sich durch ewige Bewegung die Gegensätze aussondern und die Dinge entstehen. Anaximandros ist auch der Erste, der in der Geschichte des abendländischen Denkens die Vorstellung einer Gesetzlichkeit zum Ausdruck bringt, die das gesamte Geschehen in der Welt beherrscht und steuert: *„Woraus aber die Dinge ihre Entstehung haben, darin finde auch ihr Untergang statt, gemäß der Notwendigkeit. Denn sie leisteten einander Sühne und Buße für ihr Unrecht, gemäß der Ordnung der Zeit."* Mit dieser schwerwiegenden Aussage beschreibt er in zwei Sätzen nicht nur alle Zyklen des Entstehens und Vergehens in der Natur. Er beschreibt auch das Selbstähnlichkeitsprinzip das allem Werden zugrunde liegt und das erst in den 70ger Jahren des vorigen Jahrhunderts durch die Chaosforschung erkannt wurde. Es zieht sich wie ein roter Faden durch die gesamte Evolution und ist in allen Bereichen des täglichen Lebens wie den verschiedensten Gebieten der Wissenschaften zu erkennen und auch zu nutzen. Deshalb sind immer mehr Wissenschaftler von dieser neuen Forschungsrichtung fasziniert. Mathematiker, Informatiker und Physiker waren die ersten, die die tiefen Zusammenhänge erkannten, Biologen, Mediziner, Volkswirtschaftler und Soziologen, um nur einige Wissensgebiete stellvertretend zu erwähnen, nutzen die Erkenntnisse der Chaosforschung immer häufiger und intensiver. Wenn also Wissenschaft zum Ziel hat, die verschiedenen Strukturen und Zusammenhänge in unserer Welt zu erkennen und rational zu erklären, dann können wir allesamt noch eine Menge von den Denkern alter Kulturen lernen.

Anaxagoras aus Klazomenai in Jonien (500 - 428 v.Chr.) erklärte in seinem Werk, das nur bruchstückhaft vorliegt, dass die Welt aus einer von *„Nus",* der Weltvernunft, verursachten Wirbelbewegung unendlich vieler *„Urteilchen"* entstanden ist.

Demokritos aus Abdera (460 - 371 v.Chr.) lehrte, dass alles Geschehen auf die Mechanik von Atomen zurückzuführen ist, die, unterschiedlich an Gestalt und Größe, Lage und Anordnung, im leeren Raum in ewiger Bewegung sind und durch ihre Verbindung miteinander und Trennung voneinander die Dinge der Welt entstehen oder vergehen lassen.

Aristoteles (384 - 322 v. Chr.) entwickelte schließlich einen Gedanken, der für die spätere Naturerklärung von grundlegender Bedeutung wurde und sich als ausgesprochen folgenreich erwiesen hat. Dieser Mann verfügte nicht nur über einen ausgeprägten Scharfsinn und ein analytisches Denken, sondern besaß auch eine erstaunliche Beobachtungsgabe und Assoziationsfähigkeit. So wurde ihm nicht nur bewusst, er schrieb auch diese Erkenntnis nieder, welche erstaunliche Zweckmäßigkeit die Natur überall und in allem erkennen lässt. Vom Größten bis zum Kleinsten ist alles sehr zweckmäßig aufgebaut und geordnet. Da das, was regelmäßig auftritt, nach seiner festen Überzeugung nicht vom Zufall hergeleitet werden kann, ist seiner Ansicht nach diese durchgängige Zweckmäßigkeit der Natur nur so zu erklären, dass der eigentliche Grund der Dinge in ihren Endursachen, in ihrer Zweckbestimmung, liegen muss. Über diese teleologische Sicht der Naturerklärung lässt sich sicher trefflich streiten. Unstrittig ist aber seine Beobachtung und die Schlussfolgerung, dass dieser Sachverhalt nicht durch blinden Zufall zu erklären ist. Eine Erkenntnis, welche z.B. die aktuelle Lehre, dass sich höher differenzierte Lebewesen nur durch zufällige Mutation aus niederen, unkomplizierteren Organismen entwickeln konnten, in einem anderen Licht erscheinen lässt. Doch darauf werde ich später näher eingehen. Aristoteles scheiterte, wie viel später auch Hahnemann, der Begründer der Homöopathie, an den sprachlichen Ausdrucksmöglichkeiten seiner Zeit. Beide Männer dachten ganz offensichtlich viel weiter und tiefer, als sie es in ihrer jeweiligen Sprache zu formulieren vermochten, da zu ihrer Zeit noch die entsprechenden Begriffe fehlten. Aristoteles stellt der Form das völlig Ungeformte gegenüber. Um nach seiner Überzeugung von einer Form sprechen zu können, muss man etwas voraussetzen, das geformt wird, dem die Form aufgeprägt wird. Das gänzlich Ungeformte und Unbestimmte, an dem die Formen in Erscheinung treten, nennt Aristoteles „Stoff" oder „Materie". Die ungeformte, also strukturlose Materie hat für ihn keine Wirklichkeit. Sie entspricht in etwa dem „Nichts", aus dem nach heutiger Sicht der Kosmos durch den sogenannten Urknall entstanden sein soll. Nach Aristoteles hat dieser „unwirkliche" Stoff die Fähigkeit, unter den gestaltenden Kräften wirklich zu werden. Der von ihm definierte Stoff bzw. sein Begriff von Materie besitzt die „Möglichkeit" zur Form zu werden. Die Formen sind ihrerseits, indem sie der Materie zur Wirklichkeit verhelfen, nicht nur (wie die Ideen Platons) die ewigen Urbilder der Dinge, sondern zugleich auch ihr Zweck und die Kraft, welche die ungestaltete Materie zur Wirklichkeit bringt. Diese widerspruchsvolle Behandlung des Materiebegriffes durch Aristoteles zeigt, wie schwierig es für diesen großen Geist gewesen sein muss, sich mit den Möglichkeiten seiner Zeit richtig zu artikulieren. Vermutlich lässt sich die Leidenschaft, mit der er seinen geliebten Lehrer Platon in diesem Punkt angreift, dadurch erklären, dass seine Vorstellungen von den Formen den platonischen Ideen zum Verwechseln ähnlich sind und es ihm nicht gelingt, seine unterschiedliche Ansicht durch eine geeignet Wortwahl herauszuarbeiten. Ihm fehlen im wahrsten Sinne die richtigen Worte und so fürchtete er vermutlich, dass ihm dieser Mangel nicht nur den Vorwurf einbringen könnte, er habe sehr viel von Platon entlehnt, sondern auch, dass das, was er sagen will, nicht so verstanden wird, wie er es sieht. Was für Aristoteles Materie und Form, sind für Hahnemann Materie und das „Vergeistigen" der Materie, wenn er durch Potenzieren der Arzneisubstanz trotz steten Verdünnens, eine immer stärkere Arzneiwirkung erzielte. Die Physik hat bis heute noch nicht erklärt, was Materie eigentlich ist und was für Aristoteles die Form, für Hahnemann das Vergeistigen der Materie, das sind für die moderne Physik morphogene Felder, bzw. Felder ganz allgemein. Auch die moderne Wissenschaft kann noch nicht definieren, was das eigentlich ist, das Formgebende, das Geistartige, kurz, was das ist, was die Welt zusammenhält und so funktionieren lässt, wie sie nun einmal funktioniert. Kein Wunder, wenn zu verschiedenen Zeiten die unterschiedlichsten Begriffe zu den Erklärungsversuchen von dem herangezogen wurden und werden, was uns umgibt und was uns letztlich selber ausmacht.

Bei den **Hindus** findet man in der umfangreichen Sammlung heiliger Texte, den Veden (philosophische und theologische Abhandlungen aus der Zeit zwischen 1500 und 800 v.Chr.) grundlegende Ausführungen zum Urprinzip der Welt, der alles schaffenden Allseele. Personifiziert wird dieses völlig abstrakte, für das Volk kaum fassbare Prinzip in der Gottheit Brahma. Das abstrakte Prinzip des Brahma, des wirkenden Weltgeistes, ist Grundlage und Ausgangspunkt aller philosophischen Betrachtungsweisen. Brahman ist das Urprinzip der Welt, die alles erschaffende Allseele. Personifiziert wird dieses völlig abstrakte, für die Volksmassen kaum fassbare Prinzip in der Gottheit Brahma. Aus diesem Grunde wurde erfolgreich versucht, Brahma den Gläubigen in den für sie konkreteren Erscheinungsformen von Vishnu und Shiva gegenüber treten zu lassen. Diese Götter offenbaren sich wiederum in den volkstümlichen Gestalten wie Krishna, Rama usw. So entfaltet sich stufenweise immer leichter fassbar und sinnlich immer plastischer für die Gläubigen das Weltprinzip. Das Brahman, aus dem alles hervorgeht und in das alles wieder zurückkehrt, ist Sinnbild für die Einheit hinter all der Vielfalt der so kreierten hinduistischen Götterwelt. Aus dem abstrakten Prinzip des Weltgeistes „Brahman" ist die buddhistische Vorstellung vom Nirwana hervorgegangen. Nirwana ist ein Begriff aus dem Sanskrit und wird mit erlöschen, verwehen übersetzt. Hier geht es um die Auflösung des Seins als erhofften Endzustand des gläubigen Buddhisten, während das Brahman das Weltprinzip als eine Art generellen Recycling - Prozess sieht.

Dann vergingen etwa 2000 Jahre, bis der italienische Dominikanermönch und Philosoph **Giordano Bruno** (1548 - 1600), der das Weltbild von **Johannes Kepler** (1571 - 1630) mit der Philosophie des Theologen und Philosophen **Nikolaus von Kues** (1401 - 1464) zu verbinden suchte, als Ketzer verbrannt wurde. Giordano Bruno wagte es, eine unendliche, von einer göttlichen Urkraft beseelte und harmonisch geordnete Vielheit von Welten zu lehren. Er stellte eine „Lebenseinheit" von Gott und der „Allheit" der Dinge her. Eine geniale Sicht des Ganzen und messerscharfe Analyse des Systems Kosmos zugleich.

Der Astronom **Nikolaus Kopernikus** (1473 - 1543) ersetzte schließlich das geozentrische Weltsystem des **Claudius Ptolomäus** (um 140 n.Chr.), bei dem die Erde als Mittelpunkt der Welt angesehen wurde, durch das heliozentrische System. Von nun an war die Sonne das Zentrum der Welt, um das sich die Planeten, also auch die Erde, drehen. Das Werk, das grundlegend für die moderne astronomische Wissenschaft wurde und die Philosophie stark beeinflusste, wurde erst kurz vor seinem Tod 1543 veröffentlicht. **Galileo Galilei** (1564 - 1642) handelte sich viel Ärger ein, weil er es wagte, das Weltbild des Kopernikus zu verteidigen, obwohl es im krassen Gegensatz zur kirchlichen Lehre stand.

Damals waren zwei Inquisitionsprozesse und die Folterandrohung notwendig, bis Galilei widerrief. Heute erledigen das die Massenmedien an einem Tag. Der Vorteil ist darüber hinaus, dass man erst gar nicht widerrufen muss. Man kann schon einfach so „fertig gemacht" werden. Wenn man allerdings Glück hat, so wird man nur völlig totgeschwiegen. Das System wurde inzwischen derart perfektioniert, dass man sich im Zeitalter der Massenmedien unwillkürlich fragt, wie es die Ketzer im Mittelalter angestellt haben, dass irgend jemand Kenntnis von ihren Überlegungen und Ausführungen erhalten hat. Wie dem auch sei. Damals konnte noch die geistige Elite vernetzt und in Zusammenhängen denken. Die Dinge wurden hinterfragt, wenn auch oft hinter vorgehaltener Hand und unter Berücksichtigung der jeweiligen Interessen. Heute bleibt das der Führungsschicht meistens erspart. Es wird vielmehr erwartet, dass man von möglichst wenig möglichst viel weiß und im richtigen Augenblick das ausspuckt, was vorgegebener Konsens ist. Durch diese Vorgehensweise kann eine Wirklichkeit konstruiert werden, die nicht der Realität entspricht und somit verhindert, dass wir verstehen, was die Welt denn nun wirklich zusammenhält. Wenn z.B. ein Affe in seiner vorbewussten Kalkulation einen Ast dorthin projiziert wo gar kein Ast ist, und er dann nach diesem fiktiven Ast springt, wird er durch die harte Realität sehr schnell eines Besseren belehrt und in seine Schranken gewiesen, sobald er nach dem Absturz mit gebrochenen Knochen wieder zu sich kommt. Bisher ist mit Ausnahme des Menschen kein Lebewesen bekannt geworden, das sich Gegenstände einbildet oder zu dem Wahrnehmbaren noch etwas dazu erfindet bzw. das Wahrgenommene spekulativ verändert. Man denke in diesem Zusammenhang nur an die abstrakte Vorstellung der vierdimensionale Raumzeit. Schon Zenon von Elea stellte im alten Griechenland die Frage: „Wenn der Raum etwas ist, worin wird er sein?" Zenons Aporie fordert eine Entscheidung. Wenn nämlich alles Seiende in einem Raum ist, so ist klar, dass es auch einen Raum des Raumes geben muss und so weiter und so weiter bis ins Unendliche. Auch muss besagter Raum durch irgendetwas begrenzt werden. Was aber soll den Raum begrenzen, wenn es angeblich nichts gibt?

Bestimmen Sie einmal im dichten Nebel oder in stockfinsterer Nacht ohne jede technischen Hilfsmittel ihre Position. Betrachtet man aber den Raum als Hilfskonstruktion des Gehirnes, um sich zwischen den einzelnen Objekten gezielt und erfolgreich zu bewegen, so erübrigt sich die Frage von Zenon. Sowohl der Alltag wie die Geschichte lehren, dass sich schon viele Menschen und ganze Kollektive von Illusionen und Trugbildern leiten ließen und noch immer leiten lassen, die sich später auf die eine oder andere Weise verhängnisvoll ausgewirkt haben bzw. auswirken oder noch auswirken werden. „Des Kaisers neue Kleider" gab es zu allen Zeiten.

Der Physiker **Isaac Newton** (1642 - 1727) schuf schließlich das moderne Weltbild. Er wurde der Begründer der klassischen Mechanik und Schöpfer der grundlegenden Gravitationstheorie, in der er aus mathematischen Prinzipien Gesetze der Schwere, d.h. der wechselseitigen Anziehungskräfte zwischen Körpern ableitete und sie auf das Planetensystem übertrug. Ferner untersuchte er als erster die Zerlegung des weißen Lichtes in Spektralfarben. Auch diese Erkenntnisse sollten weittragende Folgen haben.

Der Mathematiker und Astronom **Pierre-Simon Laplace** (1749 - 1827) wurde der philosophische Vater der deterministischen Physik des 19. Jahrhunderts. Die absolute Determiniertheit der physikalischen wie physischen Ereignisse musste nach seiner Meinung prinzipiell alles, was irgendwann und irgendwo passierte, exakt berechenbar machen. Gleichgültig, ob es sich um Vergangenheit, Gegenwart oder Zukunft handelte. Wenn auch dieser extreme Determinismus in der modernen Physik einen bescheideneren Stellenwert einnimmt, so sollte man seine Bedeutung für unser heutiges Weltbild nicht unterschätzen.

Während Laplace mit seiner Behauptung, dass die Naturgesetze strikt deterministisch seien, den schöpferisch denkenden Menschen in geistige Ketten legte, indem er ein lineares Denken einforderte und so von vornherein jeden Denkansatz bereits kanalisierte, setzte der Mathematiker **Henri Poincaré** (1854

- 1912) zu einem genialen Befreiungsschlag an, der durch den Meteorologen **Edward N. Lorenz** und die Computertechnik in den sechziger Jahren des vorigen Jahrhunderts wieder ein vernetztes und damit assoziatives Denken auf allen Gebieten ermöglichte und erlaubte, sich nichtlinear ablaufende Vorgänge wieder vorzustellen. Er fand mit Hilfe des Computers, der seine Bewegungsgleichungen für die Wettervorhersage berechnete und in langen Zahlenreihen ausdruckte, dass kleinste Störungen sich in einem System durch dauernde Rückkopplung so verstärken können, dass sie das dominierende Verhalten eines Systems nicht nur verändern, sondern sogar zusammenbrechen lassen können. Für diesen Tatbestand wählte man den Begriff „Chaos" und seine Erforschung wird entsprechend als Chaosforschung bezeichnet. Mit Chaos im Sinne unserer Umgangssprache hat dies jedoch nichts zu tun. Im Gegenteil. Es handelt sich um die mathematische Beschreibung eines höchst schöpferischen Vorganges, dem der Kosmos und wir unser Sein und Aussehen verdanken. Die Chaosforschung wird unser starres Weltbild hinwegfegen. Auch wenn es schon, wie nicht anders zu erwarten, die verschiedensten Widerstände gibt. So wird unter anderem behauptet, dass die Chaosforschung nur sehr spezielle Aussagen ermögliche. Bleibt festzuhalten, dass nicht zwangsläufig das Instrument schlecht sein muss, wenn jemand damit nicht umgehen kann. Nach meiner festen Überzeugung ermöglicht die Chaosforschung endlich den Biologen und Medizinern die Möglichkeit zu realistischen Denkmodellen und objektiven Überprüfungsmethoden allgemein zu beobachtender natürlicher Vorgänge und Funktionsabläufe. Zum Verständnis dynamischer und oszillierender Vorgänge, wie sie überall im gesamten Kosmos beobachtet werden, sind streng linear ablaufende Funktionen, wie sie sich der Physiker wünscht und der Ingenieur konstruiert, völlig ungeeignet. Denn die Physik behandelt das Gleichgewicht, kurz bevor es zusammenbricht! Starre und willkürlich konzipierte Versuchsanordnungen dienen unstrittig der Lösung von Problemen auf dem Gebiet der Ingenieurwissenschaften, sie sind aber völlig untauglich zur Beschreibung unserer Welt. Als schließlich Physiker auch noch anfingen, die Atome zu zerlegen, mussten sie zur Kenntnis nehmen, dass die Atome höchst komplizierte Gebilde sind, deren Aufbau man sich nicht vorstellen konnte. Um diese komplizierte Struktur, die sich aus den einzelnen Versuchsergebnissen und Berechnungen ergab darzustellen, mussten sie, bedingt durch ihre kanalisierte Denkweise, zu einer Reihe von völlig der Anschauung entzogenen Scheinmodellen greifen, um sich selbst eine bildliche Vorstellung von den Ergebnissen zu machen und sie einem größeren Personenkreis darlegen zu können. So wurde schlicht gelehrt, dass Quantenobjekte im nicht gemessenen Zustand buchstäblich keine dynamischen physikalischen Größen haben. Das bedeutet aber nicht, und das soll hier klar herausgestellt werden, dass solche Quantenobjekte definitiv nicht existieren. Und genau an diesem Punkt beginnen die Missverständnisse. Schließlich wird die Physik als eine Erfahrungswissenschaft definiert, die sich mit den messend erfassbaren Vorgängen und deren mathematischer Beschreibung in der Natur befasst. Was also ein Physiker nicht messen kann, dass darf für ihn auch nicht existieren. Das bedeutet aber keinesfalls, dass etwas, das nicht gemessen werden kann auch nicht real existiert. In der theoretischen Physik kann sich dagegen jeder gedanklich austoben, so lange er nicht gegen die offizielle Lehrmeinung verstößt oder sie gar in Frage stellt. Er braucht seine Überlegungen nur mathematisch zu untermauern. Das zeigen sehr deutlich die Zahlreichen Beispiele aus der Quantenmechanik und der Relativitätstheorie. Dies alles gilt als wissenschaftliche Vorgehensweise, obwohl Mathematiker grundsätzlich erst einmal definieren, unter welchen Voraussetzungen und welchen Rahmenbedingungen ihre Berechnungen gültig sind, bevor sie überhaupt anfangen zu rechnen und, dass darüber hinaus immer zu überprüfen ist, in wie weit die Berechnungen mit der Realität übereinstimmen. Sowohl bei der Relativitätstheorie wie bei der Quantentheorie wird leider über ihren gesicherten Anwendungsbereich hinaus in unzulässiger Weise extrapoliert und es werden Hypothesen formuliert, die völlig unrealistisch sind. Durch die Berufung auf die Meinung anerkannter Autoritäten und das Herausreißen aus Zusammenhängen werden diese Hirngespinste dann auch noch „hoffähig" gemacht und kritiklos geglaubt oder gar zu Dogmen erklärt. In diesem Zusammenhang sei nur an den Urknall und die vierdimensionale Raumzeit erinnert. Die Geschichte hat jedoch gelehrt, dass das, was die jeweilige Wissenschaftlergemeinschaft als die reine Lehre erklärt, dem zeitlichen Wandel und den jeweiligen unterschiedlichen Interessen unterliegt. Ob die Lehre der Realität entspricht, ist von untergeordneter Bedeutung. Man muss lediglich mit allen Mitteln verhindern, dass Zweifel an der verkündeten Erkenntnis aufkommen.

Zu Beginn des 20. Jahrhunderts lehrte dann **Albert Einstein** (1879 - 1955), dass so scheinbar einfache Begriffe wie Raum und Zeit sich überhaupt nicht von der Materie trennen lassen. Er leitete damit das Schisma der Physik ein, das durch **Max Planck** (1858 - 1947) und seine Quantentheorie vollendet wurde. Auf der einen Seite steht die klassische Physik, die alle experimentell und messend erfassbaren Vorgänge in der Natur zu sammeln, zu ordnen und mathematisch zu beschreiben versucht. Auf der anderen Seite wird eine theoretische Physik entwickelt, die sich häufig in Spekulationen verliert, die weder in der Realität zu überprüfen sind, noch der allgemeinen Lebenserfahrung entsprechen. Das Problem der theoretischen Physik ist vor allem, dass mathematisch exakt definierte Vorgehensweisen mit willkürlich definierten Werten und Vorgaben zur Lösung ganz spezieller Fragestellungen erfolgreich eingesetzt werden können, aber diese sehr speziellen Ergebnisse anschließend unzulässigerweise verallgemeinert und/oder hochgerechnet werden. An dieser Stelle sei noch einmal an das unsinnige und unrealistische Urknallmodell und an die vierdimensionale Raumzeit erinnert. Auf diese Fehlinterpretationen richtiger und z.T. wertvoller, sehr spezieller Aussagen werde ich später genauer eingehen. Hier nur so viel: Das Universum kennt weder einen Zollstock noch eine Uhr, also weder Raum noch Zeit, sondern besteht aus einer dimensionslosen Ausdehnung ohne Begrenzung, in der die unterschiedlichsten Bewegungen von verschieden großen oder gleich großen Teilchen und Objekten mit Geschwindigkeiten zwischen Null und Lichtgeschwindigkeit möglich sind. Raum und Zeit wurden von den Physikern definiert, um Objekte und Vorgänge zu messen und durch Berechnungen beschreiben zu können. Es sind also Ordnungsgrößen. Dies ist auch der Grund, weshalb sich Begriffe wie Raum und Zeit nicht von der Materie trennen lassen. Wo keine Materie ist, kann sich nichts bewegen und wo sich nichts bewegt, gibt es nichts zu messen. Weder Abstände einzelner Teile voneinander, noch Geschwindigkeiten von- oder zueinander. Insofern hat Einstein grundsätzlich Recht. Aus der Sicht einer korrekten mathematischen Vorgehensweise ist die Vorgabe von Raum und Zeit nicht zu beanstanden und hat sich auch in der Praxis bewährt. Anschauungsformen und Erfahrungswerte der Menschen wurden so für mathematische Beschreibungen umdefiniert.

In einem Brief (4, S.291)an seinen jungen Freund Lucilius z.B. philosophiert **Seneca** (4 v.Chr. - 65 n.Chr.): *„Dieses von Aristoteles und Plato entworfene Netz von Ursachen ist nun zu weit - oder zu engmaschig. Wenn sie nämlich als Ursache des Schaffens nur dasjenige angeben, ohne das etwas nicht hätte zustande kommen können, so ist das zu wenig. Sie müßten die Zeit noch dazu nehmen. Nichts geschieht außerhalb der Zeit. Sie müßten den Raum dazu rechnen. Nichts könnte geschehen außerhalb räumlicher Begrenzungen. Sie müßten die Bewegung dazu rechnen. Nichts entsteht und vergeht ohne Bewegung. Jede Kunst, überhaupt jede Entwicklung setzt Bewegung voraus. Wir suchen aber nach einer ersten und allgemeinen Ursache, die eine einfache sein muss, wie auch die Materie einfach ist. Fragen wir nach dieser Ursache, könnte die Antwort lauten: die wirkende Vernunft, das heißt Gottheit. Alles, was ihr da an vielen einzelnen Ursachen aufgezählt habt, läßt sich auf eine*

einzige zurückführen, nämlich auf die wirkende Ursache." Ende des Zitates.
Die Wirkung ist aber nach der Definition der Physiker das Produkt aus Energie und Zeit. Diese Ausführungen zeigen, wie tief das Verständnis von Zeit und Raum im Denken und in den Vorstellungen der Menschen verwurzelt sind. **Kant** definierte Raum und Zeit als Anschauungsformen a priori. Nach seiner Überzeugung kann der Mensch die Dinge nur durch die geistige Konstruktion von Raum und Zeit verstehen. Er geht also davon aus, dass uns diese Vorstellung von Raum und Zeit angeboren ist. Heute wissen wir, dass die Vorstellung von Raum und Zeit allmählich erlernt wird. Ein Säugling kommt ohne Raum- und Zeitgefühl auf die Welt. Allmählich begreift er im wahrsten Sinne des Wortes durch Anfassen und zum Mund führen, dass es etwas um ihn herum gibt. Er lernt zu sehen, durch Krabbeln allmählich Entfernungen einzuschätzen und zu einem späteren Zeitpunkt auch seine Fortbewegungsgeschwindigkeit in Relation zu festen oder bewegten Objekten einzuschätzen. Erst mit etwa 12 Jahren ist dieser Lernprozess weitgehend abgeschlossen. Wenn man sich dieser Sachverhalte bewusst ist, muss man Ergebnisse mathematischer Operationen besonders kritisch betrachten, da durch Verallgemeinerungen richtiger, aber sehr spezieller Aussagen, die nur unter genau definierten Bedingungen Gültigkeit haben, sehr leicht falsche Vorstellungen bestätigt werden können. Mathematische Ergebnisse dürfen also nicht kritiklos verallgemeinert werden. Das besonders Gefährliche der von den theoretischen Physikern entworfenen Scheinmodelle ist darüber hinaus, dass sie schematisieren. Darum möchte ich nochmals betonen: Völlig korrekte Ergebnisse auf Grund spezieller Definitionen und mathematischer Vorgehensweisen dürfen nicht kritiklos verallgemeinert werden, da die Gefahr einer Fehlinterpretation gegeben ist. So entstehen falsche oder ungenaue Aussagen. Aus Unsicherheit kann aber durch diese Vorgehensweise nicht Sicherheit, aus der Ungenauigkeit nie Exaktheit und aus Teilinformationen kein vollständiges

Bild entstehen. Die Vielzahl vergleichbarer Vorgehensweisen auf den verschiedensten Gebieten führte zwangsläufig dazu, dass die jeweiligen Betrachtungsweisen und deren Ergebnisse immer stärker zu scheinbaren Erkenntnisfortschritten von Eingeweihten auf völlig isolierten Wissensgebieten führten. So wird aus Interagieren Intrigieren und die Vielzahl unverstandener partieller Informationen mündet in einem endlosen Prozess, für den man heute den Begriff der Zuwachstheorie entwickelt hat. Damit das ganze widersprüchliche Wissensgebäude nicht zusammenbricht, wurde ein Reparaturdienst erfunden, der die jeweils notwendigen Zusatztheorien formuliert. Bleibt festzuhalten, dass die Natur zum Glück nichts von den Phantasien der Menschen weiß, die sie zu ihrer Erklärung heranziehen. Im Großen wie im Kleinen erleben wir ein stetes Entstehen und Vergehen. So bilden sich immer wiederkehrende Zyklen und bauen sich verschiedene Rhythmen auf. Dies ist der Takt des Universums und des Lebens. Eine Zeit ist im Kosmos unbekannt. Die belebte Natur hat ihre eigenen Vorgänge, die anhand von Tatsachen und erkennbaren Fakten untersucht werden müssen. Sie dürfen nicht durch willkürliche Spekulationen und sinnlose Berechnungen verfälscht oder falsch interpretiert werden. Sonst kann man frei nach Dante sagen: „Lasst jede Hoffnung hinter Euch, Ihr, die Ihr eintretet in das Gedankengebäude der Theoretiker. Die Wirklichkeit, die reale Welt, werdet Ihr nie begreifen!"

Die Teilchenphysik drang in den Atomaufbau ein und bescherte eine Vielzahl von Elementarteilchen, von denen angeblich fast jedes aus allen anderen bestehen kann. Nachdenklich macht besonders der Tatbestand, dass die meisten dieser Teilchen extrem kurzlebig sind und nur winzige Bruchteile einer Sekunde existieren sollen. Man fragt sich unwillkürlich, wie ein Universum milliarden von Jahren bestehen soll, wenn fast alle „Bausteine" nur Bruchteile von Sekunden in der einen oder anderen Form existieren. Man muss sich grundsätzlich darüber im Klaren sein, dass alle wissenschaftlich anerkannten Theorien und damit auch unser Weltbild das Ergebnis von Teilerkenntnissen und partiellen Informationen sind. Das bedeutet aber nichts anderes als Unsicherheit, Unschärfe und Unzulänglichkeit hinsichtlich der jeweiligen Aussage. Wir haben somit zwar ein Weltbild, aber kein Realitätsmodell. Ist doch die Erkenntnis und das Verständnis von unserer Umwelt das Ergebnis von Beobachtung, Messung und Auswahl einer begrenzten Anzahl von Vorgängen und Bestandteilen, die nicht nur untereinander, sondern auch mit Teilen der Umwelt vernetzt sind, die bei der jeweiligen Betrachtung gar nicht berücksichtigt werden. Dieser willkürliche Eingriff in unterschiedlich stark wechselwirkende Einzelbestandteile dieses Systems Umwelt wird anschließend in eine mathematische Entsprechung überführt. Dabei wird aber völlig übersehen, dass das jeweilige Rechenmodell aus Informationen aufgebaut wird, die von einer Person oder Interessengruppe willkürlich ausgewählt, unterschiedlich gewichtet und unterschiedlich zielgerichtet eingegeben wurden. Das Ergebnis dieser Vorgehensweise kann deshalb nie ein Modell der Realität sein. Diese Vorgehensweise ist schlicht ein Missbrauch der Mathematik.

Für den erstaunten Laien wird dieser Sachverhalt leicht erkennbar, wenn er sich fragt, warum immer mehr und immer häufiger sich ständig vergrößernde Expertenrunden weltweit auf allen Fachgebieten tagen, um schließlich ihre unterschiedlichsten Meinungen in konträren Ergebnissen festzuschreiben. Dies ist auch der Grund, weshalb die Diskussionen nie abgeschlossen werden können und Entscheidungen verzögert oder gar ausgesetzt werden müssen und warum der Erfahrungssatz gilt, dass die Lösung eines Problems mindestens zwei neue Probleme aufwirft.

Diesen Gordischen Knoten braucht man nicht mit dem Schwert zu durchtrennen, wie dies von Alexander dem Großen vorgeführt wurde. Dieser Knoten lässt sich auch durch Überlegung und systematisches Vorgehen lösen. Die Weisen des Altertums haben nicht nur gezeigt, wie man an derartige Probleme herangeht, sondern auch grundlegende Erkenntnisse gewonnen und das ohne den

Wissensstand unserer Zeit, die heute noch tief beeindrucken. So lautet eine alte fernöstliche Spruchweisheit:

„Gott ruht im Stein,
atmet in der Pflanze,
träumt im Tier
und erwacht im Menschen."

Mit dieser Formulierung ist eigentlich alles gesagt. Die heutigen Lehrmeinungen weichen jedoch stark von den Erkenntnissen der großen Philosophen des Altertums ab und dieser Umstand schafft viele Probleme.

Der Stoff der Schöpfung

Die Lehre der modernen Kosmologie und damit unser heutiges Weltbild beruhen auf drei Behauptungen:

1. Der Relativitätstheorie von Albert Einstein, die unter anderem besagt, dass das Universum zum Zeitpunkt Null aus einem Zustand unendlicher Dichte hervorgegangen sein muss,
2. der von Edwin Hubble gemachten Entdeckung der Rotverschiebung der Spektrallinien im Licht weit entfernter Quasare und Galaxien, die als Doppler-Effekt gedeutet und so als Fluchtgeschwindigkeit dieser Objekte interpretiert wird und
3. der Entdeckung einer gleichmäßigen Hintergrundstrahlung im Mikrowellenbereich, die als schwacher Überrest eines fiktiven Urknalls angesehen wird.

Dem britischen Physiker Stephen Hawking (*1942) gelang es, diese und noch verwegenere Theorien einem breiten Publikum mit seinem 1988 erschienenen populärwissenschaftlichen Bestseller „A Brief History in Time"(Eine kurze Geschichte der Zeit) weltweit bekannt zu machen.
Doch schaut man sich die Ergebnisse dieser mathematischen Operationen einmal näher an, so stellen sich grundsätzliche Fragen. Wie kann z.B. etwas, das aus einem Zustand unendlicher Dichte hervorgeht endlich sein? Wenn die Dichte wirklich unendlich war, so müsste der Urknall noch immer andauern. Schließlich ist doch unendlich die Bezeichnung für das Endlose, in dem alle Phänomene angesiedelt sind und deren Ende nicht gedacht werden kann. Auch die vielen Zusatzhypothesen, die nachgereicht werden müssen, um neue Erkenntnisse so zu interpretieren, damit das derzeit gültige Weltbild nicht in Frage gestellt wird, machen die Urknalltheorie nicht glaubhafter. Die Kosmologen versichern,

dass der Kosmos 10^{-43} Sekunden nach dem Urknall so groß wie eine Apfelsine gewesen sei. Über die Zeit davor könne man keine Aussagen machen. Nach diesem Zeitpunkt hätten aber die bekannten Naturgesetze gegriffen. Auf Grund dieser Behauptung stellt man sich unwillkürlich die Frage, warum das Universum nach einer derartigen Explosion im großen Maßstab so gleichförmig aussieht, wie man es mit den besten Geräten heute beobachten kann, obwohl man heute angeblich bis zu 13 milliarden Lichtjahre in die Vergangenheit zu sehen vermag? Hier müssten doch Dichteunterschiede und Massekonzentrationen über diese langen Distanzen und diese großen Zeiträume hinweg festzustellen sein. Jedenfalls dürfte das Universum im großen Maßstab nicht so gleichförmig aussehen. Ferner ist nicht nachzuvollziehen, warum sich Galaxien förmlich zusammenklumpen, wo doch nach einer Explosion davon auszugehen ist, dass sie sich immer weiter voneinander entfernen. Welche unbekannte Kraft sollte dazu führen, den Vorgängen einer universellen Expansion durch lokale Kontraktionen entgegenzuwirken? Würden die Ausführungen der Kosmologen stimmen, so müsste man, wie bei einer Supernova, auch das Zentrum der Urknallexplosion heute noch nachweisen können.

In diesem Zusammenhang sei nur an das Selbstähnlichkeitsprinzip aus der Chaosforschung erinnert. Im Jahr 1054 n.Chr. beobachteten chinesische Astronomen im Sternbild Stier das vorübergehende Aufleuchten eines Sternes, der sich später als eine Supernova zu erkennen gab. Von der Sternexplosion ist heute noch der expandierende Krebsnebel sichtbar. In seinem Zentrum befindet sich ein Pulsar oder ein schnell rotierender Neutronenstern, von dem eine starke Radio- und Röntgenstrahlung ausgeht. Im Vergleich zum hypothetischen Urknall sieht dieser expandierende Krebsnebel weder gleichförmig aus, noch lässt sich eine Hintergrundstrahlung dieses Vorganges nachweisen. Kein Wunder. Schließlich sind die Photonen, die bei der Explosion abgestrahlt wurden, längst in den Weiten des Alls verschwunden.

Bei der von Hubble (1929) gemachten Entdeckung der Rotverschiebung wird verschwiegen, dass man seit den Versuchen von R. V. Pound und G. A. Rebka (1960) weiß, dass eine Rotverschiebung des Lichtes auch durch die Schwerkraft verursacht wird. Das bedeutet, dass Licht (Photonen) Energie verliert, also ermüdet, wenn es ein Schwerefeld verlässt bzw. die unterschiedlich starken Schwerefelder des Universums durchquert. Da Quasare äußerst massereiche Objekte sind, besagt die Rotverschiebung also keineswegs, dass sich diese Objekte von uns entfernen. Es kann genauso gut sein, dass diese strahlenden Objekte entweder so weit von uns entfernt sind, dass eben als Folge der Ermüdung des Lichtes diese Rotverschiebung gemessen wird, oder dass diese Objekte eine entsprechend große Masse besitzen. Die gemessene Rotverschiebung kann folglich ihre Ursache durchaus auch in der Überwindung der Schwerkraft durch die Photonen haben. Deshalb müsste auch unter diesen Umständen die Entfernungen dieser Himmelskörper zu unserem Planeten erneut überprüft werden.

Es braucht auch niemanden stutzig zu machen, dass die neueren Untersuchungen auf der Basis der Rotverschiebung darauf hindeuten, dass das All immer schneller expandiert. Da die Messgeräte zum Nachweis der Infrarotstrahlung immer empfindlicher werden, lassen sich immer weiter entfernte Galaxien und Quasare nachweisen. Da deren Licht um so stärker ermüdet, je weiter der zurückgelegte Weg ist, muss die Rotverschiebung zwangsläufig um so ausgeprägter sein, je weiter diese Himmelsobjekte von uns entfernt und je massereicher sie sind. Mit der Expansionsgeschwindigkeit braucht dies gar nichts zu tun haben. Wenn der englische Astronom Sir Arthur Stanley Eddington bereits 1926 eine Temperatur von 3 Kelvin als Wärmeenergie des gleichmäßig verteilten Lichtes aller Sterne im Kosmos errechnete, dann hat er, ohne es zu wissen, die Wärmestrahlung errechnet, die als sog. Hintergrundstrahlung den „Abgesang der Photonen" darstellt, welche bei Unterschreiten dieser Mindestenergiemenge zwangsläufig zerfallen müssen.

Die Hintergrundstrahlung als das Überbleibsel eines fiktiven Urknalls zu verkaufen, ist deshalb nicht haltbar. Wenn es wirklich einen Urknall gegeben hat, dann hat uns die Strahlung jenes Ereignisses schon längst überholt und ist von uns auch nicht mehr messbar, weil sich das Universum nach den Berechnungen der Kosmologen ungleich langsamer als mit Lichtgeschwindigkeit ausbreiten soll. Deshalb kann man auch heute nicht mehr den Lichtblitz der Supernova messen, den die alten Chinesen beobachtet hatten, denn diese Photonen sind weg und was nicht vorhanden ist, das kann auch nicht strahlen, wie schwach auch immer.

Da Licht ermüdet, müssen die Photonen, wie bereits dargelegt, zwangsläufig beim Unterschreiten einer Mindestenergiemenge zerfallen. Schließlich handelt es sich bei den Photonen um Quanten. Ein Kontinuum kann es folglich nicht geben. Es ist deshalb naheliegend, dass sich die Photonen in der Nähe des absoluten Nullpunktes auflösen. Da in einem unendlichen Universum jeder beliebige Punkt als Mittelpunkt dieses Universums angesehen werden kann, müsste die Hintergrundstrahlung bei einem völlig homogenen Universum völlig gleichmäßig sein. Dies ist aber, wie die optischen Beobachtungen und die graphische Auswertung der Messwerte des Satelliten COBE zeigen, nicht der Fall. Es gilt heute als unstrittig, dass das Universum großräumig die Struktur eines Schwammes hat. Wenn es stimmt, dass Licht ermüdet, dann muss in einem unendlichen Universum eine Hintergrundstrahlung zu messen sein, die diese schwammige Struktur erkennen lässt. Die Temperaturwerte von COBE geben genau diese schwammige Struktur des Universums wider, wie sie auch von den Astronomen beobachtet wurde. Den Beobachter auf der Erde erreichen eben nicht alle Photonen aus dem All, weil ein Teil von ihnen schon vorher erlöscht. Immerhin erreicht ihn jedoch noch das Licht aus einer so großen Entfernung, dass es die schwammige Struktur des Kosmos wie auf einer Photographie erkennen lässt. Die Hintergrundstrahlung ist folglich als „Abgesang" der Photonen zu verstehen und nicht als die Reststrahlung eines fiktiven Urknalls.

Zudem erklärt dieses Messergebnis das Olberssche Paradoxon, warum in einem unendlichen Universum der Nachthimmel nicht so hell ist wie die Sonne. Statt des gleißend hellen Himmels, wie ihn das Olberssche Paradoxon für ein unendliches Weltall fordert, erscheint das Himmelsgewölbe nach Sonnenuntergang dunkel und wir können mit bloßem Auge Sterne als unterschiedlich helle Lichtpunkte am Himmel sehen. Dies liegt, wie bereits dargelegt, daran, dass uns nur ein Teil der von der Gesamtheit der Himmelskörper abgestrahlten Photonen erreicht. Die unterschiedlich energiearmen Photonen, die wir in Form eines schwachen „Lichtscheines" wahrnehmen bzw. messen können, spiegeln die Struktur eines begrenzten, kugelförmigen Teilgebietes des Kosmos wider, der uns umgibt. Das bedeutet, dass wir keine Informationen jenseits dieses Informationshorizontes erhalten können.

Johannes Kepler (1571 - 1630) stellte sich als einer der Ersten die Frage, warum es nachts dunkel ist, wenn der Kosmos als unendlich angesehen wird. Dieses Problem schien ihm so wichtig und beschäftigte ihn derart, dass er über dieses Mysterium mit Galilei korrespondierte. Wenn man nämlich davon ausgeht, dass wir uns im Zentrum des unendlichen Universums befinden (in einem unendliche Universum kann jeder beliebige Punkt als das Zentrum angesehen werden) und um unseren Planeten, einer Zwiebelschale vergleichbar, das All in gleich dicke, kugelförmige Schalen um uns herum einteilen, dann ergeben Berechnungen, dass in jeder Schale die Zahl der Sterne um das Quadrat des jeweilig angrenzenden Schalenradius zunimmt. Gleichzeitig ist aber auch bekannt, dass das Licht mit dem Quadrat der Entfernung abnimmt, also die Leuchtkraft entsprechend geringer wird. Wir haben es also mit zwei gegenläufigen Vorgängen zu tun, die sich gegenseitig aufheben. Während die Zahl der Sterne in jeder der gedachten Schalen im Quadrat des Radius zunimmt, nimmt die Lichtintensität der gleichen Schale im Quadrat des Radius ab. Man erhält folglich im Endergebnis gleichviel Licht aus jeder Kugelschale des Raumes. In einem unendlichen Weltall sind unendlich viele Schalen denkbar, so dass in einem unendlichen Universum der Himmel gleißend hell sein müsste. Da dies aber objektiv nicht der Fall ist, wurde daraus geschlossen, dass das Universum endlich sein muss. Diese Überlegung wurde nicht nur als Beweis für ein endliches Universum angesehen und gelehrt, sondern folgerichtig auch zur Stützung der Urknalltheorie herangezogen. Wie ich aber weiter oben ausgeführt habe, kann Licht „ermüden". Die Photonen können folglich nicht unendliche Strecken zurücklegen, sondern zerfallen, wenn ihr Energievorrat kleiner wird als die Mindestgröße von einem Quant.

Dieser Sachverhalt lässt sich auch anschaulich darstellen. Wenn man nämlich davon ausgeht, dass Licht nicht ermüdet und im Universum unendlich viele Sterne strahlen, dann darf es kein nächtliches Dunkel geben und der Betrachter des Firmamentes - egal in welche Richtung er schaut - würde rund um die Uhr in ein gleißend helles Licht sehen. Allein die Tatsache, dass dies nicht der Fall ist, lässt erkennen, dass der überwiegende Teil der von der Gesamtheit der Himmelskörper abgestrahlten Photonen auf dem weiten Weg aus dem All zu uns auf irgendeine Weise verlöscht sein muss. Auch beim Olbersschen Paradoxon wird stillschweigend davon ausgegangen, dass ein Photon ewig besteht, obwohl die allgemeine Lebenserfahrung lehrt, dass nichts ewig währt. Wieder haben wir es mit einer völlig korrekten mathematischen Operation zu tun. Das Ergebnis ist aber falsch, weil eine Voraussetzung falsch war.

Zusammenfassend lässt sich sagen: In einem Universum, in dem Unterschiede in der Entfernung immer auch Unterschiede in der Zeit bedeuten, ist die Rotverschiebung keineswegs immer ein Beweis für Expansion und rechtfertigt keinesfalls ein lineares Zurückrechnen auf einen fiktiven Urknall. Ganz nebenbei lässt sich durch meine Ausführungen nachweisen, dass es für den Menschen im Kosmos einen Informationshorizont gibt. Auf Grund der objektiv erhobenen Befunde über das derzeitige Aussehen des Universums ist jedoch nach den Gesetzen der Logik davon auszugehen, dass jenseits dieses Informationshorizontes die gleichen Vorgänge ablaufen, wie wir sie in dem uns bekannten Teil des Kosmos kennengelernt

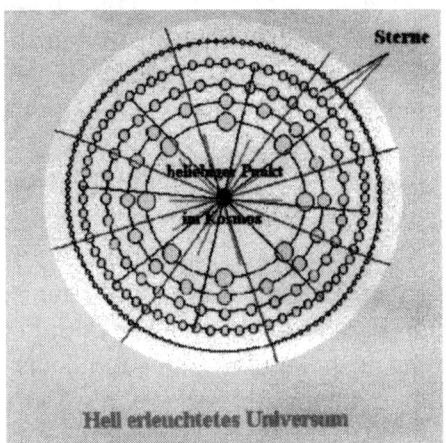

Schalenförmige Aufteilung der Sterne in einem unendlich ausgedehnten Kosmos um einen beliebig ausgewählten Beobachtungspunkt

haben. Eine absolute Aussagesicherheit gibt es in einem unendlichen Universum jedoch nicht. Nach dem Selbstähnlichkeitsprinzip ist aber davon auszugehen, dass im gesamten Universum die gleichen Gesetze gelten und deshalb auch diese Regionen so aussehen, wie die Gebiete, die bisher erforscht wurden.

Man kann leicht auf die Urknalltheorie verzichten, wenn man die in der Quantentheorie hypothetisch eingeführten Gravitonen als etwas Reales akzeptiert. Diese Gravitonen werden als Träger der Schwerkraft verstanden. Die Gravitationswechselwirkung erstreckt sich über beliebig große, insbesondere auch kosmische Entfernungen. Da die Gravitonen extrem klein sind, war es bis heute nicht möglich, sie experimentell direkt nachzuweisen. Es gibt jedoch zwingende theoretische Argumente und indirekte Nachweise für ihre Existenz, die man im Sinne von Indizien werten muss. In der modernen Physik werden Kräfte durch Felder beschrieben, welche die Wechselwirkung vermitteln. Quantenmechanisch sind mit diesen Feldern Teilchen verbunden, die somit diese Wechselwirkungen bedingen. Entsprechend ist die Gravitationswechselwirkung als Folge der real existierenden Gravitonen zu verstehen. Einige Physiker sprechen von WIMPs (**W**eakly **I**nteracting **M**assive **P**articles = schwach wechselwirkende massive Teilchen oder dunkle Materie), da es den althergebrachten Begriff des Äthers natürlich nicht mehr geben darf. Allerdings ist es bisher nicht gelungen, eine in sich widerspruchsfreie Quantentheorie der Gravitation zu formulieren. Man erwartet, dass vereinheitlichte Feldtheorien (z. B. die einheitliche Feldtheorie) ein quantentheoretisches Verständnis der vier fundamentalen Wechselwirkungen, der Schwerkraft, der elektromagnetischen Kraft, der starken Kernkraft, der schwachen Kernkraft und somit auch der Gravitonen ermöglichen werden. Auf diese einheitliche Feldtheorie braucht man nicht zu warten, wenn man nachfolgende Ausführungen akzeptiert.

Was sich die theoretischen Physiker unter leerem Raum vorstellen, ist nämlich gar nicht so leer, wie auch Stephen Hawking in seinem Bestseller ausführt, weil dann alle Felder, also auch das Gravitationsfeld und das elektromagnetische Feld, exakt gleich null sein müssten. Ein Feld kann nach seiner Überzeugung im leeren Raum nicht genau null sein, weil es dann einen exakten Wert (Null) und eine exakte Veränderungsrate (ebenfalls Null) hätte. Stephen Hawking begründet dies mit der Heisenbergschen Unschärferelation, die im Einzelnen besagt, dass jede genauere Bestimmung einer Größe, eine umso größere Unschärfe in der Messgenauigkeit der anderen Größe bedingt. Dabei kann das Produkt beider Unschärfen niemals kleiner sein als das Planck'sche Wirkungsquantum. (1899 postulierte Planck, dass Energie in kleinen diskreten Einheiten abgestrahlt wird, die er als Quanten bezeichnete. Bei der Weiterentwicklung dieser Theorie fand er eine Größe, die als universelle Naturkonstante angesehen wird, das Plancksches Wirkungsquantum. Ein Jahr später leitete er aus seinen Ergebnissen das Plancksche Strahlungsgesetz ab.)

Man kann also entweder nur den Ort oder nur den Impuls eines Teilchens genau messen. Eine gleichzeitige genaue Bestimmung für beide Größen ist nicht möglich. Nach meiner Überzeugung hat dies allerdings nichts mit der Heisenbergschen Unschärferelation zu tun, sondern ist die logische Konsequenz aus dem Entropiesatz. Wenn nämlich der absolute Nullpunkt grundsätzlich nicht erreicht werden kann, dann kann auch kein Feld den Wert Null erreichen. Dies lässt sich deutlich an Atomen zeigen, die selbst im Bereich des absoluten Nullpunktes nie völlig bewegungslos sind, sondern immer noch ein leichtes Zittern erkennen lasse. So, wie bei der Brownschen Molekularbewegung unregelmäßige Stöße der umgebenden Atome und Moleküle Verursacher dieser Bewegungen sind, so halten noch kleinere Teilchen, nämlich die Gravitonen, (WIMPs, dunkle Materie) die Atome in Bewegung. Diese Urstoffteilchen würden gegen den Entropiesatz verstoßen, wenn sie alle völlig bewegungslos wären. Diese absolute Ruhe kann es nach diesem Erfahrungssatz nicht geben, weil es uns sonst auch nicht gäbe.

Ferner hat man nachgewiesen, das Sonden, die lange Zeit im All unterwegs sind, eine unerklärliche, geringgradige Abbremsung erfahren haben, die man sich zur Zeit nicht erklären kann. Die Sonden sind nämlich nicht so weit von der Erde entfernt, wie sie nach den Berechnungen sein müssten. Dies gilt nicht nur für die Raumsonde Pioneer-10, von der die NASA am 7. Februar 2003, 30 Jahre nach ihrem Start und aus etwa 7,5 Milliarden Kilometern Entfernung die letzten Signale empfangen hat, sondern auch für anderen Raumsonden im All, die noch nicht diese weiten Distanzen hinter sich gebracht haben. Das wundert mich nicht. Es ist zwangsläufig. Dieser Sachverhalt beweist nur, dass der viel geleugneten Äther, die Dunkle Materie, Gravitonen, WIMPs oder wie immer man den Urstoff bezeichnen will, der das All durchdringt, doch existiert. Denn entgegen allgemein verbreiteter Ansicht schließt das Michelson-Experiment, wie schon an anderer Stelle erwähnt, keineswegs die Existenz eines Äthers aus. Dieses Experiment beweist lediglich, dass die Lichtgeschwindigkeit absolut ist. Man darf eben nicht nur einfach abschreiben. Es schadet nichts, wenn man frühere Experimente unter dem heutigen Wissensstand überprüft. Dass die Lichtgeschwindigkeit absolut ist, wurde erst Jahre später nach diesem Experiment nachgewiesen. Die Sonden werden durch diesen Äther abgebremst, vergleichbar einem Flugobjekt, das durch die Luft abgebremst wird. Dieser Äther (Dunkle Materie) beeinflusst ja schließlich auch die Rotation der Galaxien, sie bildet Felder und umgibt die Atomkerne in Form von sog. Bags, so dass man nicht in das Innere der Atome „sehen" kann.

Wenn aber Lichtquanten ermüden, dann müssen sie aus noch kleineren Teilchen aufgebaut sein und dann gelten nicht mehr die Bedingungen für ein Wirkungsquantum. Aus den Wechselwirkungen aller Teilchen weiß man, dass diese Teilchen sehr wohl „wissen" wo, in welcher Position und in welcher Lage sie sich zueinander befinden und wie schnell sie sich in welche Richtung bewegen. Wäre dies nicht so, so würde es keine Selbstorganisation der Materie geben. Die Physiker sind nur nicht in der Lage, all diese Vorgänge zu messen und zu berechnen. Das ist aber kein Grund der Natur eine Unschärfe in ihrem Tun unterzujubeln. Vielmehr handelt es sich schlicht um ein Unvermögen der Physiker, bestimmte Naturvorgänge im subatomaren Bereich exakt zu messen und mathematisch zu beschreiben.

Die derzeit gültige Lehrmeinung ist, dass unsere Welt spontan in Form des sog. Urknalls entstand. Das Universum hatte zum Zeitpunkt des Urknalls die Größe Null, besaß eine unendliche Dichte und war unendlich heiß. Bereits eine zehnmilliardstel Sekunde nach dem Urknall soll laut Stephen Hawking (5, S.148) die Bildung von Protonen und Neutronen eingesetzt haben und schon eine Sekunde nach dem Urknall hätten sich die Protonen zu Kernen des Wasserstoffs, Heliums, Lithiums und Deuteriums zusammengeschlossen. Selbst wenn man davon aus geht, dass sich das Universum nach dem Urknall mit Lichtgeschwindigkeit ausgedehnt hat, wäre sein Durchmesser zu diesem Zeitpunkt etwa 600 000 Kilometer gewesen. Die Entfernung des Mondes zur Erde schwankt während eines Umlaufes um unseren Planeten zwischen 356 400 und 406 700 Kilometern. Das gesamte Universum hätte also zu jener fiktiven Zeit locker in die Umlaufbahn unseres heutigen Mondes gepasst. Hawking beschreibt aber in seinem Bestseller (5; S.127), dass das Hubble Space Telescope 1996 im Virgohaufen die Galaxie NGC 4261 aufgenommen hat, in deren Zentrum sich nach Berechnungen ein Schwarzes Loch befinden soll, das 1,2 Milliarden mal massereicher als unsere Sonne sein soll und trotzdem nicht größer sei, als unser Sonnensystem. Wenn man bedenkt, dass Milliarden derartiger Schwarzer Löcher im Universum vorhanden sein sollen, die alle zusammen eine Sekunde nach dem Urknall noch nicht einmal den Durchmesser der Mondumlaufbahn hatten, geschweige den des Sonnensystems, dann muss schon die Frage erlaubt sein, wie unter Bedingungen, die milliardenfach dichter waren als ein Schwarzes Loch, so wie man es heute beschreibt, innerhalb einer Sekunde die Strukturierung aller Quarks, Protonen, Neutronen und Mesonen, die sich im gesamten heutigen Universum befinden, noch dazu in dieser Exaktheit vollziehen konnte. Selbst Hawking wundert sich (5, S.160) dass die Naturgesetze einige grundlegende Zahlen enthalten, die so fein aufeinander abgestimmt sind, dass bereits geringste Abweichungen unmöglich zur Entstehung eines Universums, wie wir es heute kennen, geführt hätten. So erinnert er an die Größe der elektrischen Ladung eines Elektrons oder an das Masseverhältnis von Proton und Elektron.

Zusammenfassend lässt sich sagen: Wir haben es hier mit einem mathematischen Märchen zu tun. Wenn man nämlich willkürlich Rahmenbedingungen festlegt und Ausgangswerte bestimmt, dann lässt sich alles beweisen. Die Frage bleibt, ob die Ergebnisse in ihrer Gesamtheit schlüssig sind und tatsächlich mit der Realität übereinstimmen. Einfach zu behaupten, dass die Menschen nicht ihren Sinnen trauen dürfen, zeugt nur von der Arroganz besagter Experten.

Auch die katholische Kirche hat die Urknalltheorie anerkannt, da nach ihrem Verständnis ein derartiger Schöpfungsakt zwangsläufig eines Schöpfers bedarf. Nur Gott kann aus nichts etwas erschaffen. So die Argumentation aus Rom. Bei dieser Begründung wurde allerdings übersehen, dass auch menschliche Hirngespinste so einen Schöpfungsakt vorgaukeln können.

Ob die Welt erschaffen wurde oder schon immer bestanden hat, wird vermutlich immer strittig bleiben. Unstrittig wird auf Dauer sein, dass sich die Welt kausalgesetzlich erklären lässt. Ob die Entstehung der Welt eines seit Ewigkeit existierenden „Bewegers" in der Form eines Gottes bedarf, ob Urstoffteilchen und ihre Bewegungen schon immer bestanden haben oder ob die Bewegungen dieser Primärpartikel spontan entstanden sind, dürfte grundsätzlich strittig bleiben, da die eine Ansicht ebenso wenig zu beweisen oder zu widerlegen ist, wie die andere.

Unsere tägliche Erfahrung lehrt, dass alles, was entsteht, auch wieder vergeht. Nichts bleibt unveränderlich. Der Wandel verläuft allerdings unterschiedlich schnell und so kann der falsche Eindruck entstehen, dass bestimmte Dinge von Dauer sind. Auch das Universum wurde bis zur Mitte des vorigen Jahrhunderts noch als etwas Statisches angesehen und selbst Einstein änderte seine berühmte Formel dahingehend, dass sich dies auch mathematisch beweisen lies. In Wirklichkeit ist das Universum einem steten Wandel unterworfen. Galaxien und Sterne entstehen und vergehen. Nichts ist von Dauer und nichts ist vollkommen statisch. Alles verändert sich unaufhaltsam, allerdings unterschiedlich schnell und in Größenordnungen, die unsere Anschauungsmöglichkeiten weit übersteigen. Aber dieser kontinuierliche Aufbau, Umbau und Abbau im Universum gewährleistet, dass das Universum auf Dauer angelegt ist. Ohne einen Beginn und ohne ein Ende, aber im steten Wandel. Es handelt sich um ein System, dass sich selbst regeneriert und so einem primitiven Organismus gleicht, der unsterblich ist. Im Universum gibt es keine degenerativen Veränderungen, wie sie in den Zellen der Organismen entstehen und so bleibt im Kosmos ein stetes Gleichgewicht des Energieflusses gewährleistet. Energie wird weder erzeugt noch vernichtet, sondern sie ist Ausdruck der Intensität und Richtung von Bewegungen der Urstoffteilchen (Äther). Hinzu kommt, dass diese Elementarteilchen unterschiedliche und reversible Aggregatzustände einnehmen können. Dieser Sachverhalt ist zwingend, weil nur so das kontinuierliches Fließgleichgewicht im Universum gewährleistet ist. Man kann auch von einem Perpetuum mobile sprechen. Innerhalb einer einzelnen Galaxie ist allerdings ein Perpetuum mobile unmöglich, weil es sich bei den Galaxien, im Gegensatz zum Universum, um abgeschlossene Systeme handelt, die bei ihrer Entstehung nur mit einem endlichen Energievorrat ausgestattet wurden und erst nachdem sie wieder zerfallen sind in dem offen System Universum aufgehen.

Da alle Geschwindigkeiten im Universum endlich sind, gäbe es ohne ein derartiges Recyclingverfahren in den Weiten des Kosmos Regionen, in denen sich sehr schnell immer größere Konzentrationen dieses Stoffes ansammeln und andere Regionen, in denen die Dichte dieses Stoffes entsprechend abnehmen würde, bis schließlich der Nachschub dieser Teilchen zum Auffüllen der Teilchendefizite in den jeweiligen Regionen aus zeitlichen und räumlichen Gründen unmöglich wäre. Kurz gesagt, der Kosmos könnte ohne das beschriebene Recyclingverfahren nicht so aussehen, wie er aussieht. Es muss folglich im Universum einen Stoff geben, der, vergleichbar den Wassermolekülen, unter bestimmten Bedingungen seinen Aggregatzustand ändern kann. So wie Wassermoleküle entsprechend den jeweiligen Bedingungen als Gas, Wasser oder Eis erscheinen können, so muss nach dem Selbstähnlichkeitsprinzip der von den Astrophysikern geleugnete Stoff im Universum befähigt sein, vergleichbar einem Gas, einer Flüssigkeit - z. B. in Form von Feldern und Photonen - oder massiv in Gestalt der Quarks, unter definierten Bedingungen reversibel sein und von einem Aggregatzustand in den anderen übergehen zu können. Dieser Stoff muss aus Teilchen bestehen, die zwangsläufig um ein Vielfaches kleiner sind als unsere Informationsquellen, die Photonen. Das bedeutet, dass man über diesen Stoff nur indirekt etwas erfahren kann. Dieser Stoff muss sich aber über für ihn charakteristische Wirkungen zu erkennen geben. Da dieser Stoff im Alltag von uns nicht erkannt und nachgewiesen werden kann, befindet er sich in einer Seinsform, einem Zustand, den wir als „Nichts" bezeichnen, der aber nicht gleichbedeutend mit Leere ist. Er ist folglich für uns subjektiv nicht vorhanden, vergleichbar einem Menschen, dem man die Augen verbunden hat und der deshalb sagt: „Ich sehe nichts", obwohl sich an seiner Umgebung nichts verändert hat und alles nach wie vor real existent ist. Dieses „nichts sehen" kann auch andere Ursachen haben, bedeutet aber nicht, dass deshalb die Umgebung nicht mehr existent ist. Ein Blinder orientiert sich in seiner Umwelt unter anderem durch den Tastsinn. Das „Nichts" erschließt sich in diesem Falle durch Betasten und Begreifen, im Sinne von Anfassen. Entsprechend können sich verschiedene Dinge über unterschiedliche Wirkungen zu erkennen geben, die wir z.B. als Schwerkraft oder elektromagnetische Kräfte erfahren. Die Intensität und Richtung, sowie Verteilung, Dichte und Anordnung derartiger Elementarpartikel lässt sich sogar indirekt durch charakteristische Muster aus Eisenspänen in Magnetfeldern oder fein pulverisierten Gipskristallen in elektrischen Feldern optisch in Form der Feldlinien darstellen. Wenn sich nämlich in einem sonst völlig materiefreien Raum willkürlich verteilte Eisenfeilspäne um einen Magneten und pulverisierte Gipskristalle um Ladungsträger immer wieder nach den selben charakteristischen Mustern anordnen, dann muss etwas vorhanden sein, das die jeweiligen Kraftwirkungen transportiert. Es sind die oben erwähnten Urstoffteilchen oder Primärpartikel, die als Felder „verkauft" werden, weil es den „Äther" nicht geben darf. Kräfte werden aber grundsätzlich durch Teilchen übertragen. Es handelt sich somit keineswegs um eine mit einem besonderen Zustand des Raumes verbundenen Fernwirkungserscheinung, wie die Physiker behaupten. Einmal davon abgesehen, dass es den Raum gar nicht gibt, wie bereits weiter oben dargelegt, glaubt doch niemand ernsthaft, dass z. B. von einem Stück Eisen, nachdem man es in einem Magnetfeld durch Ausrichten seiner Eisenmoleküle zu einem Magneten gemacht hat, ab diesem Zeitpunkt eine Fernwirkungserscheinung ausgeht, die mit einem besonderen Zustand des Raumes verbunden ist. Wie unhaltbar diese Behauptung durch die Physiker ist, lässt sich eindrucksvoll mit zwei Magneten nachweisen. Wenn man dem „Nordpol" des einen Magneten den „Südpol" des anderen Magneten gegenüber hält, so spürt man, wie sich die beiden Magneten anziehen und es bedarf eines fühlbaren Kraftaufwandes, um zu verhindern, dass sich die beiden Magneten aneinander lagern. Dreht man einen der Magneten um, so dass sich zwei gleiche Pole gegenüber stehen, so muss man ebenfalls eine entsprechende Kraft, diesmal allerdings in entgegengesetzter Richtung, aufwenden, wenn man verhindern will, dass sich die Magneten gegenseitig abstoßen. Man kann also allein durch Drehen von Magneten oder durch Magnetisieren von Eisen die Fernwirkungserscheinung eines besonderen Zustandes eines nicht erkennbaren Raumes dehnen oder zusammendrücken. Ja, wenn man den Experten folgt, dann muss sich sogar der Raum samt seiner Fernwirkungserscheinung verbrennen lassen, denn wenn man einen Magneten erhitzt, verliert er seine Eigenschaften. Spätestens jetzt sollte man über die Unhaltbarkeit der geltenden Lehre ins Nachdenken geraten. Dies sollte aber tunlichst kein Schüler oder Student tun, denn dann wird er nie sein Prüfungsziel erreichen. Was passiert eigentlich, wenn man Eisen magnetisiert. In einem Stück Eisen liegen die Eisenatome völlig ungeordnet durcheinander, so dass sie sich nach außen gegenseitig in ihrer Wirkung aufheben. Wird dieses Eisen in die Nähe eines hinreichend starken Magneten gebracht oder gar von ihm berührt, dann richten sich die Eisenatome, einer Kompanie Soldaten vergleichbar, in einer Richtung aus und entfalten so nach außen ihre magnetische Kraft. Wird dieser so entstandene Magnet wieder hinreichend erhitzt, geraten die Eisenatome wieder in Unordnung und das Stück Eisen zeigt nach außen keine magnetische Kraft. Grundsätzlich haben alle Atome einen Nord- und Südpol, also magnetische Eigenschaften. Sie sind nur bei den einzelnen Elementen unterschiedlich stark ausgeprägt. Die Magnetkraft und ihre Ausrichtung ist durch den unterschiedlichen Spin der d-Quarks bzw. Anti-d-Quarks in den Atomen vorgegeben. Aus diesem Grunde kann man auch einen Magneten nicht in Monopole zerlegen, solange das jeweilige Atom nicht zerstört wird. Durch die Rotation der Quarks bzw. Antiquarks, also deren vorgegebenen Spin und der Intensität dieser Rotation, werden die Urstoffteilchen in einer bestimmten Weise verdichtet, ausgerichtet und erzeugen so Magnetfelder, die sich anziehen oder abstoßen, je nach Verwirbelung der die Felder bildenden Urstoffteilchen. Da die Urstoffteilchen mit den Atomen wechselwirken, strukturieren die so gebildeten Felder die Materie indem sie die Atome entsprechend positionieren und miteinander reagieren lassen. Ein vergleichbarer Effekt ist nach dem Selbstähnlichkeitsprinzip bei der Brownschen Molekularbewegung zu beobachten. Betrachtet man z. B. einen Wassertropfen durch ein Mikroskop, so stellt man fest, dass sich Schwebstoffe unregelmäßig bewegen. Diese Bewegungen werden durch Zusammenstöße der Atome und Moleküle mit diesen Schwebstoffen verursacht. Würde man diese Atome und Moleküle verwirbeln, so würden auch zwangsläufig die Schwebstoffe dem Bewegungsmuster dieser Atome und Moleküle folgen. Übrigens nutzte Einstein die Brownsche Bewegung zum Nachweis, dass Wasser aus Atomen besteht. So viel zu indirekten Nachweisen.

Gleichmäßig verteilte Eisenfeilspäne oder pulverisierte Gipskristalle richten sich auch im Vakuum entsprechend den magnetischen bzw. elektrischen Feldlinien oder Kraftlinien aus, die sich durch alle drei Dimensionen des Raumes ziehen. Aus der Dichte dieser Feldlinien lässt sich auf die Stärke des jeweiligen Feldes schließen.

Befindet sich im Zentrum der pulverisierten Gipskristalle, die zuvor auf eine Glasplatte gestreut wurden, ein positiv oder negativ geladenes Stanniolscheibchen, so richten sich die willkürlich verteilten Gipskristalle nach leichtem Klopfen strahlenförmig, von der Oberfläche der jeweiligen Elektrode aus.

Hat man eine positiv und eine negativ geladene Elektrode, so verlaufen die Kraftlinien zwischen den beiden Ladungsträgern. Legt man jedoch zwei Elektroden mit gleicher Ladung an der Glasplatte an, so stoßen sich die Kraftlinien gegenseitig ab.

Während die elektrischen Feldlinien offen sind, sich also strahlenförmig von der Quelle ausdehnen, sind die magnetischen Feldlinien stets in sich geschlossene Kurven. Sie haben also weder einen Anfang, noch ein Ende. Das bedeutet, dass sie teilweise innerhalb und teilweise außerhalb eines Magneten verlaufen. Die beiden Pole sind Häufungszonen von Austritts- und Eintrittsstellen. Auch Planeten, Sterne oder Schwarze Löcher werden jeweils von einem unterschiedlich starken Magnetmantel umhüllt, der aus oben angeführten Gründen an den jeweiligen Magnetpolen trichterförmig eingezogen ist. Auf dem unteren Bild sieht man deutlich, wie sich Eisenspäne nach den beiden Polen des Stabmagneten, bedingt durch die magnetischen Kräfte, ausrichten. Nirgends ist zu erkennen, dass sie sich von den Polen weg orientieren, wie es die Astrophysiker für die Jets der Schwarzen Löcher lehren. Das Gegenteil ist der Fall. Deutlich ist zu erkennen, wie die Eisenspäne vom Ende des Stabmagneten besonders stark angezogen werden.

Deshalb ist es auch schlichtweg unhaltbar, wenn Astrophysiker behaupten und es Hawking einer breiten Öffentlichkeit in seinem Buch glaubhaft machen will, dass die Jets, die man bei einzelnen Schwarzen Löchern nachgewiesen hat, aus Teilchen bestehen, die von Sternen stammen, die in das Schwarze Loch gestürzt seien. Spätestens an den Magnetpolen müssten sie in dem Schwarzen Loch verschwinden und nicht, extrem gebündelt und entgegen der Schwerkraft, die sie ja zunächst angezogen haben

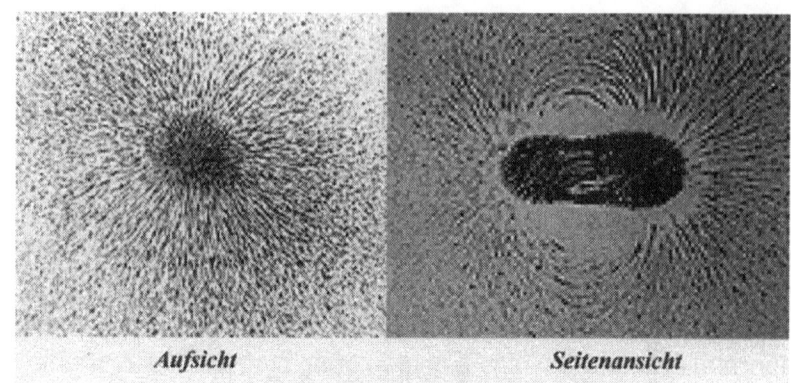

Aufsicht *Seitenansicht*

Auf ein Papier, das über einen Stabmagneten gelegt ist, wurden Eisenspäne gestreut. Deutlich ist zu erkennen, wie sich die Partikel um den Magneten ausrichten. Die Magnetkräfte sind an den Enden des Stabmagneten, den Polen, besonders stark. Dies steht im krassen Widerspruch zu den Erklärungen der Astrophysiker, die behaupten, dass an dieser Stelle bei den Schwarzen Löchern eine extreme Abstoßung und Bündelung der Teilchen erfolgt. An dieser Stelle sei darauf hingewiesen, dass sich Magnetfelder grundsätzlich gleich verhalten, unabhängig davon, ob es sich um Stabmagneten oder den Magnetmantel von Himmelskörpern handelt.

soll, wieder mit annähernder Lichtgeschwindigkeit ins All hinausgeschleudert werden. Unwillkürlich stellt man sich die Frage, woher nehmen diese Teilchen plötzlich die Energie, um sich blitzartig mit annähernder Lichtgeschwindigkeit entgegen der Schwerkraft von dem Schwarzen Loch zu entfernen? Und wer oder was für eine unbekannte Kraft bündelt diese Teilchen derart extrem in Form von Jets?

Das gravitationsbedingte Verhalten der Galaxien lässt darauf schließen, dass die oben von mir beschriebenen Urstoffteilchen, die die von den Astrophysikern als „kalte dunkle Materie" bezeichneten Eigenschaften besitzen, weit über 96% des Stoffes im All bilden, den man bisher ausschließlich nur indirekt nachweisen kann. Die restlichen Prozente werden von der sog. „leuchtenden Materie" gebildet, die als unterschiedliche Himmelskörper und als intergalaktische Materieteilchen beobachtet werden können. Man sieht also den unbekannten Stoff erst, nachdem er in einen anderen Aggregatszustand übergegangen ist, als „leuchtende Materie" in Form der Sterne oder anderer intergalaktischer Materie. Es ist nach meiner Überzeugung sogar davon auszugehen, dass die sichtbare oder direkt nachweisbare Materie im Vergleich zu der „Dunklen Materie", den Urstoffteilchen, im Promillebereich anzusiedeln ist. Das „Nichts" verhält sich also zur Materie wie die Milch zu den Fetttröpfchen, die in ihr schwimmen. Solange alles in Bewegung bleibt, setzten sich die Fetttröpfchen ebenso wenig als Rahmschicht auf der Milch ab, wie die Materie als Folge der Gravitationskräfte in einem Punkt zusammenstürzt. Grundsätzlich gilt, wenn eine Kraft übertragen wird, muss etwas da sein, das die jeweilige Kraftwirkung transportiert. Im Falle der Gravitation muss es sich deshalb um extrem kleine, völlig neutrale und hochelastische Teilchen handeln. Also um einen unsichtbaren Stoff, der sich aber durch seine Kraftübertragung zu erkennen gibt. Um seiner Aufgabe als Ausbreitungsmedium für die Gravitationskräfte und der elektromagnetischen Kräfte gerecht zu werden, muss dieser Stoff den gesamten Kosmos, also auch alle materiellen Objekte, völlig durchdringen. Dieser geheimnisvolle Stoff besteht aus den von mir beschriebenen Urstoffteilchen, die man auch als Elementarpartikel bezeichnen könnte. Der Unterschied zwischen den elektrischen und magnetischen Kräften einerseits und der Gravitationskraft andererseits besteht lediglich in der Art der Bewegung dieser Elementarpartikel. Bei der Gravitationskraft handelt es sich um Translationsbewegungen, einen Bewegungsablauf, wie wir ihn z.B. von der Bewegung der Gasmoleküle oder den Schallwellen kennen. Bei der elektrischen und der magnetischen Kraft handelt es sich jedoch um Rotationsbewegungen der Urstoffteilchen, vergleichbar den Bewegungen der Wasser- bzw. Luftmoleküle in einem Strudel oder einem Hurrikan. Bildet nicht unsere Erde durch Rotation ihres Eisenkerns ein Magnetfeld? Wenn man das Selbstähnlichkeitsprinzip der Chaosforschung zu Grunde legt, so lassen sich sogar die Translationsbewegungen der dieser Elementarpartikel und ihre morphogenen Eigenschaften simulieren. Aus dem Physikunterricht kennt sicher noch jeder die Versuche mit der Kundtschen Röhre, zur Erzeugung und Ausmessung stehender Schallwellen. Je nach Wellenlänge bildeten sich unterschiedlich weit voneinander entfernt kleine Häufchen und Mulden aus feinem Korkmehl und zeigten so, für jeden erkennbar, nicht nur die jeweilige Wellenlänge an, sondern auch, dass die stehenden Schallwellen strukturbildende Eigenschaften besitzen. Mit einem Dauerton aus einer Schallquelle kann die hinlaufende harmonische Welle mit der reflektierten Welle zu einer stehenden Schallwelle überlagert werden. Ihre charakteristischen Merkmale sind ihre um $\lambda/2$ (λ = ganze Wellenlänge) auseinanderliegenden Schwingungsknoten (Orte ohne Luftbewegung) und die dazwischenliegenden Schwingungsbäuche (Orte maximaler Teilchenbewegung).

Die strukturbildenden Eigenschaften von stehenden Wellen, kann man auch auf andere Weise demonstrieren. Spannt man z.B. eine kreisförmige Platte, die man zuvor mit feinem Sand bestreut hat, mindestens an einem Punkt fest ein und regt sie zum Schwingen an, dann entwickelt diese Platte, je nach Einspannung und Anregung, Eigenschwingungen in Form von stehenden Wellen, die aus „Wellenbäuchen" und „Knotenlinien" bestehen. In den „Knotenlinien", den Orten der größten Ruhe, sammelt sich dann der feine Sand, während die starken Schwingungen im Bereich der „Wellenbäuche" den feinen Sand „wegblasen". Der deutsche Physiker Chladni (1756 – 1827), Begründer der experimentellen Akustik, entwickelte dieses Verfahren. Die so entstehenden Klangfiguren wurden auch nach ihm benannt.

Die Kymatik befasst sich ebenfalls mit den strukturbildenden Eigenschaften von stehenden Wellen. Das ZDF zeigte 1991 in einer Sendung, wie durch entsprechend gewählte Frequenzen

Bärlappsporen, die auf einer aufgespannten Membrane gleichmäßig verteilt wurden, Strukturen bildeten, die den Vorgängen im Kosmos erstaunlich ähnlich sind. Ebenso ließen sich ganze Galaxienhaufen wie einzelne rotierende Galaxien durch entsprechende stehende Wellen aus Bärlappsporen nachbilden.
In den vorherigen Kapiteln wurde dargelegt, dass nur etwas schwingen kann, was körperlich ist. Eine Leere kann sich nicht bewegen, kann folglich auch nicht schwingen. Wenn es stimmt, dass der Mikrokosmos mit dem Makrokosmos wechselwirkt, dann muss der Makrokosmos aus den Teilchen des Mikrokosmos aufgebaut sein. Wäre es nicht so, würden Wechselwirkungen, die ja als gegenseitige Beeinflussung physikalischer Objekte (insbesondere der Elementarteilchen) definiert sind, nicht möglich sein. Wechselwirkungen zwischen Materieteilchen werden nämlich von den Physikern als Austausch von kräftetragenden Teilchen erklärt. Das gesamte Universum ist folglich als ein großer Baukasten aus Teilchen unterschiedlichster Größe, Phasenzustände und Bewegungen zu verstehen, die alle aus den gleichen Grundbausteinen, also dem gleichen Stoff, bestehen und gleiche Eigenschaften haben. Man könnte in diesem Zusammenhang auch von dem Urstoff der Schöpfung sprechen. Schon Aristoteles lehrte, dass die Materie in Wechselbeziehung zur Form als *prima materia* – dem ewigen, unbestimmten Urstoff, der aller Bewegung zugrunde liegt. Die Scholastiker griffen den aristotelischen Begriff der Materie wieder auf und unterschieden zwischen der *materia prima* als dem gemeinsamen Urstoff aller Körper und der *materia secunda,* dem Stoff des konkreten Einzeldinges (*materia*, lat. : Stoff).
Da es im Kosmos nach allgemeiner Überzeugung keinen ausgezeichneten Punkt gibt, hat jeder Beobachter, wo auch immer er sich im Kosmos befinden mag, den gleichen Anblick. Kosmologen sprechen deshalb von einer isotropen Welt. Dieser Sachverhalt ist nur dadurch zu erklären, dass sich der gesamte Kosmos in einem kontinuierlichen Fließgleichgewicht befindet.

Ein expandierender Kosmos kann aus unserer Sicht unmöglich isotrop aussehen, da wir ja, bedingt durch die endliche Lichtgeschwindigkeit, angeblich bis zu dreizehn Milliarden Jahren in die Vergangenheit schauen und der Kosmos in unserer Umgebung deshalb anders aussehen müsste als vor dreizehn Milliarden Jahren. Ein isotroper Kosmos setzt allerdings voraus, dass ebensoviel Materie entsteht, wie auch wieder zerfällt, also ein dauernder Kreislauf von Entstehen und Vergehen aufrecht erhalten wird. Der gesamte Kosmos ist ein System, das als ein Perpetuum mobile funktioniert. Dies ist auch einsichtig, denn nach dem Energieerhaltungssatz kann Energie (sprich: sich bewegende Urstoffteilchen) nicht zerstört werden. Indem sich die Urstoffteilchen in diesem Kosmos beliebig bewegen können, verdichten sie sich so lange, bis sie, grob gesagt, schließlich zu „Schwarzen Körpern" werden, aus denen sich zu einem späteren Zeitpunkt die Galaxien aufbauen. Auf diesen Sachverhalt werde ich gleich näher eingehen. Bei diesem Vorgang grenzt sich eine umschriebene Region mit Urstoffteilchen allmählich von den übrigen Urstoffteilchen des Kosmos ab, da nicht mehr genügend Urstoffteilchen schnell genug nachströmen können und beginnt sich zunächst zu verdichten, vergleichbar den Bärlappsporen in der Kymatik. Das hat zur Folge, dass diese abgegrenzte Region auch nur einen ganz bestimmten Energievorrat besitzt, der auch nicht zusätzlich ergänzt werden kann. Es grenzt sich also, zumindest in dieser Beziehung, ein geschlossenes System innerhalb des offenen Systems Kosmos ab, da von einem bestimmten Grenzwert, der durch die Entfernung der Urstoffteilchen vom Zentrum, ihrer Dichte und ihrer endlichen Geschwindigkeit vorgegeben ist, weniger Urstoffteilchen nachfließen können, als zur Aufrechterhaltung eines gleichförmigen und entsprechend starken Zufluss von Urstoffteilchen notwendig wäre. Die Urstoffteilchen haben auf diese Art in der Form von Galaxien ein jeweils abgeschlossenes Systeme gebildet. Jede Galaxie besitzt sozusagen ein ganz bestimmtes Startkapital an Energie, das sie bei ihrer Entstehung erhalten hat.

Für jede dieser Galaxien haben, da sie abgeschlossene Systeme sind, die drei Hauptsätze der Wärmelehre volle Gültigkeit. Die Hauptsätze der Wärmelehre sind grundlegende Erfahrungssätze, auf denen sich die gesamte Wärmelehre aufbaut und die auch erfolgreich angewandt werden. Diese Galaxien verlieren durch Abstrahlung kontinuierlich Energie und werden immer kälter. Das kann im Extremfall so weit gehen, dass sie völlig erkalten. Aber während die Galaxie langsam „ausbrennt" und dem „Entropietod" zustrebt, wird sie sich zwangsläufig anderen Galaxien nähern, da eine absolute Ausgewogenheit der Anziehungskräfte zwischen den einzelnen Galaxien aus physikalischen Gründen unmöglich ist. Dieser Sachverhalt hat zur Folge, dass es ein statisches Universum nicht geben kann. Entsprechende Haufenbildungen von Galaxien sind auch bereits unstrittig nachgewiesen. Je näher sich die einzelnen Galaxien kommen, um so schneller werden sie auf einen gemeinsamen Attraktor, einen zentralen Schwerpunkt, zu rasen, bis sie schließlich irgendwann in ferner Zukunft beinahe Lichtgeschwindigkeit erreichen. Da sich bei Lichtgeschwindigkeit kein noch so kleines kräftetragendes Teilchen zusätzlich zur Lichtgeschwindigkeit bewegen kann, ist eine Wechselwirkung zwischen den einzelnen Elementarteilchen unmöglich und alles, was unsere Welt zusammenhält, fällt auseinander. Die gesamte Galaxie löst sich Himmelskörper für Himmelskörper wieder in ihre Urstoffteilchen auf. Lediglich ein gigantischer Lichtblitz wird Kunde vom Untergang dieses Materiekonzentrates geben. Astronomen in Pasadena haben 1998 in den Tiefen des Weltalls die stärkste Explosion seit dem viel zitierten Urknall vor angeblich 15 Milliarden Jahren beobachtet. Der Gammastrahlenblitz aus einer weit entfernten Region setzte 100mal mehr Energie frei, als die Wissenschaftler bisher für möglich gehalten haben, erklärte George Djorgowski vom California Institute of Technology (Caltech) in Pasadena. Der Ausbruch soll sich bereits vor 12 Milliarden Jahren ereignet haben, die Gammastrahlen dieses Ereignisses erreichten aber erst jetzt die Erde. Es ist äußerst unwahrscheinlich, dass sich

3 Milliarden Jahre nach dem Urknall ein derartiges „Feuerwerk" entzünden konnte. Woher und wie hätten auch in einem derart kurzen kosmischen Zeitraum und in einem angeblich gleichmäßig expandierenden Weltall diese Massenkonzentration entstehen sollen? Wie will man mathematisch einerseits beweisen, dass sich der Kosmos mit einer Geschwindigkeit ausgedehnt hat bzw. ausdehnt, die unstrittig deutlich unter der Lichtgeschwindigkeit liegen soll und andererseits begründen, dass uns heute erst Lichtsignale erreichen, die vor 12 Milliarden Jahren ausgesendet wurden, wo wir doch alle zu jener Zeit noch so „dicht" beieinander waren? Die beobachtete gigantische Explosion lässt sich viel überzeugender durch einen Vorgang erklären, dessen Szenario ich gerade etwas weiter oben beschrieben habe. Da bei diesem Vorgang kein Urstoffteilchen verloren geht und die potentielle Energie, die in der Materie gebunden war, nun wieder ohne Verluste als kinetische Energie in Form der wieder beliebig beweglichen Urstoffteilchen freigesetzt wird, kann das Universum sein Fließgleichgewicht aufrecht erhalten, denn der Stoff- und Energiedurchsatz bleiben gewährleistet.

Das Universum befindet sich folglich in einem Fließgleichgewichtszustand. Die Kontinuität des gesamten Geschehens und damit des gesamten Kosmos wird durch das Wechselspiel zwischen dem Entstehen abgeschlossener Systeme und deren Vergehen aufrechterhalten, wobei die Gravitationskräfte als Motor dienen. Dieser Sachverhalt ist auch der Grund, warum der Kosmos nie den absoluten Nullpunkt erreichen kann, denn die Primärpartikel (Urstoffteilchen) können weder erzeugt noch vernichtet, sondern lediglich vorübergehend gebunden werden. Den oben beschriebenen Lauf der Welt findet man auch im Hinduismus als das Rad der Wiedergeburt geschildert. In der christlichen Religion spricht man von einem Gott, der von Ewigkeit zu Ewigkeit herrscht. So gesehen könnte man auch die Zeitdauer zwischen dem Entstehen und Vergehen einer Galaxie als Ewigkeit bezeichnen.

Es ist unstrittig, dass im gesamten Kosmos in den unterschiedlichsten Regionen andauernd die verschiedensten dynamischen Prozesse ablaufen. So entstehen zwangsläufig gerichtete Bewegungen von Urstoffteilchen. Diese Teilchenbewegungen können großräumig oder sogar überregional sein. Bezogen auf die Gasmoleküle, die unseren Planeten in der Form von Luft umhüllen, sprechen die Meteorologen dann von Winden.

Das, was man als Wind empfindet, sind Gasteilchen, die in horizontaler Richtung strömen. In der Atmosphäre gibt es aber auch Luftbewegungen (Bewegungen von Gasteilchen), die auf- oder abwärts steigen, d.h. senkrecht zur Oberfläche der Erde gerichtet sind. Der Wind setzt sich daher immer aus horizontalen und vertikalen Strömungen zusammen, wenn auch mit stets wechselnden Anteilen. Die vertikalen Winde sind vor allem für die Wolkenbildung und Auflösung von Wolken von grundlegender Bedeutung. Eine wichtige Aufgabe haben sie ebenfalls bei dem Austausch von Wärme und Feuchtigkeit innerhalb der Atmosphäre. Durch diese Vorgänge können alle gasförmige Stoffe und sogar feiner Sand, z.B. aus der Sahara, über große Entfernungen verfrachtet werden, wie der gelegentlich zu beobachtende rötliche Schnee in den Bergen und der sandfarbene Staub, auf ehemals sauberen Autos dem erstaunten Betrachter dokumentieren. Die Problematik um die Luftverschmutzung und die Schadstoffe, die weltweit über die Atmosphäre transportiert und ausgetauscht werden, sind ja ebenfalls allgemein bekannt. Entscheidend ist jedoch, dass der Wind seine eigene Bewegungsenergie transportiert und damit eine Kraftwirkung über weite Entfernungen übertragen kann. Wirbelstürme und Sturmfluten sind eindrucksvolle Beweise für diesen Sachverhalt. Zum Wesen des Windes gehört auch, dass er nicht nur um die gerade vorherrschende Richtung schwankt, sondern auch um einen mittleren Geschwindigkeitswert. Man nennt dies auch Böigkeit des Windes. Die Ursache der Böigkeit ist die Turbulenz der Luft. Sie ist jeder Strömung der Atmosphäre überlagert und von grundlegender Bedeutung für den Wärmehaushalt der

Atmosphäre und für die Ausbreitung von Gasen oder sonstigen Luftbeimengungen. Die Turbulenz der Luft setzt sich aus Luftwirbeln aller Größen zusammen, die ineinander und umeinander kreisen. Die Wirbel kommen in allen Größenordnungen vor, vom molekularen Bereich bis zu planetarischen Ausmaßen von mehreren 1000 km Durchmesser. Sie bilden die Tiefdruckgebiete, die unser Wetter bestimmen. Aber diese Turbulenzen werden für uns erst durch die Wolkenbildung in der Atmosphäre sichtbar. Diese riesigen Wolkenspiralen der Tiefs über den Ozeanen und den Kontinenten können wir täglich als Satellitenbilder auf den Bildschirmen der Fernsehgeräte bewundern. So wie die Luft können nach dem Selbstähnlichkeitsprinzip, das aus der Chaosforschung bekannt ist, auch besagte Urstoffteilchen unter geeigneten Bedingungen in vergleichbare Bewegung geraten. Da die Gasgesetze seit langem gut bekannt sind und sich die bereits wiederholt erwähnten Urstoffteilchen neutral verhalten, massiv und elastisch sind, bieten sie sich geradezu als ideale Kandidaten für die Umsetzung der Gasgesetze bei der Entstehung von Galaxien an. Wie in der Erdatmosphäre die unsichtbaren Gasmoleküle, so gehen im Kosmos die unsichtbaren Urstoffteilchen durch Trägheit und Reibung, „trennende Scherung" und „glättende Zähigkeit" schließlich von laminaren Teilchenströmen in turbulente Strömungen über. Turbulente Strömungen können wiederum nur so lange bestehen oder in ihrer Intensität zunehmen, so lange ununterbrochen Energie und Teilchen hindurchgehen. Die Turbulenzen im Kosmos wirken wie ein großer Staubsauger und verdichten schließlich im Zentrum dieses gigantischen Szenarios die Urstoffteilchen derart, dass sich ein massiver Kern aus Urstoffteilchen bildet. Ein Objekt, das den Schwarzen Löchern entsprechen würde. Es kann nicht strahlen, da es keine Atome besitzt, die Strahlung aussenden. Es verfügt aber über extreme Gravitationskräfte. Wenn die Energie- und Teilchenzufuhr mangels Teilchendichte im Umfeld sowie die Sogwirkung des Wirbelkernes einen bestimmten Grenzwert

unterschreitet, löst sich unter irdischen Bedingungen schließlich eine Turbulenz auf.
In den Weiten des Alls hat dagegen die Turbulenz zu diesem Zeitpunkt bereits eine derart extreme Größe und Verdichtung der Urstoffteilchen erlangt, die ihr ein „Eigenleben" gestattet. Sie hat sich sozusagen aus dem offenen System Kosmos in der Form des Schwarzen Körpers als ein geschlossenen Systems abgekoppelt. Die Rotationsgeschwindigkeit nimmt unter steter Verdichtung der „Wolke" aus Urstoffteilchen kontinuierlich zu und wird schließlich so hoch, dass sich eine Grenzschicht zwischen einem ausgedehnten massiven Kern aus festgefügten, unbeweglichen Urstoffteilchen und einer Hülle aus unterschiedlich stark beweglichen Urstoffteilchen bildet. (Satz von der Erhaltung des Drehimpulses: In einem System, auf das keine äußeren Drehmomente wirken, verändert sich der Drehimpuls nicht. Aus diesem Grunde kann zum Beispiel ein Eiskunstläufer seine Pirouetten drehen, wenn er die zunächst ausgebreiteten Arme an den Körper anlegt.) Die Rotationsgeschwindigkeit des Kernes wird schließlich so hoch, dass sich weitere Urstoffteilchen aus seiner „Gashülle" nicht mehr anlagern können, obwohl sie bereits in einen anderen Aggregatszustand übergegangen sind. Der Vorgang lässt sich an einem vereinfachten Modell etwa so erklären. Nachdem sich als Folge der Verwirbelungen von Urstoffteilchen ein massiver Kern gebildet hat, ist aus einem „Gas" ein „Festkörper" geworden. Es hat folglich ein Phasenübergang stattgefunden, vergleichbar der Änderung des Aggregatzustandes von Wasser in Eis. Aber wie wurde das „Gas" aus Urstoffteilchen zu einem „Festkörper" aus Urstoffteilchen? Ich möchte die geschilderte Entstehung einer Galaxie, wiederum nach dem Selbstähnlichkeitsprinzip, an den bereits bekannten Vorgängen im Inneren der Sterne und unseres Planeten nachvollziehen.
Vorgegeben sind eine räumlich begrenzte Wolke aus Urstoffteilchen, deren Dichte zum Zentrum zunimmt und ein massiver Kern in ihrem Zentrum, vergleichbar einem Atomkern, welcher

ebenfalls von einer undurchdringlichen Wolke, den sog. „bags" umgeben ist. Diese „bags" sind übrigens ein weiterer Beweis für die Existenz von Urstoffteilchen. Das gesamte Objekt gleicht also einer Kugel, deren Dichte von außen nach innen größer wird. Diese Wolke lässt sich theoretisch in Schalen unterteilen, wie wir das schon bei der Lösung des Olbersschen Paradoxon gemacht haben. Auf diese Weise kann man eine Druckschichtung konstruieren. Über den Druckverlauf ist bekannt, dass er als Folge der Gravitationskräfte von außen nach innen zunehmen muss. Bei der Berechnung des Druckverlaufes müssen vier Größen berücksichtigt werden. Dichte der Urstoffteilchen, Druck, Temperaturverlauf als Mittelwert der Geschwindigkeit aller Urstoffteilchen und der Energiestrom (Durchsatz von Urstoffteilchen) in den einzelnen Schalen. Da diese vier Funktionen voneinander abhängen, hat man es mathematisch mit vier partiellen, miteinander verknüpften Differentialgleichungen zu tun, den vier Grundgleichungen für den inneren Aufbau des neu entstandenen Himmelsobjektes. Dieses gedankliche Modell wirkt komplizierter als es in der Realität ist, denn die Dichte der Urstoffteilchen ergibt sich aus dem Druck und der Temperatur. Diesen Zusammenhang nennt man die Zustandsgleichung des Gases. Sind zwei Größen bekannt, folgt zwangsläufig aus ihnen die dritte. Da sich die Urstoffteilchen auf Grund ihrer Eigenschaften wie ein ideales Gas verhalten, gilt, dass der Druck proportional zur Dichte und Temperatur der Urstoffteilchen ist. Steigt der Druck, nehmen Dichte und Temperatur entsprechend zu. Der Druckverlauf wird stets steiler. Das bedeutet, dass die Dichte der Urstoffteilchen immer größer und die Temperatur immer höher wird, je mehr man sich dem massiven Kern dieses Himmelsobjektes nähert. Oberhalb eines bestimmten Grenzwertes geht schließlich der gasförmige Zustand der Urstoffteilchen in einen anderen Phasenzustand über. Dieser Zustand ist in etwa mit dem einer immer dickbreiiger werdenden Substanz vergleichbar. Da der Druck und damit die Dichte der Urstoffteilchen ebenso wie die Temperatur dieser „Flüssigkeit" zum Kern weiterhin ansteigt, wird schließlich am Übergang zum massiven Kern ein Grenzwert erreicht, der jede Bewegung der Urstoffteilchen unmöglich macht. Das bedeutet, dass eine extrem hohe Temperatur, Berechnungen gehen von etwa 10^{32} Grad aus, schlagartig auf annähernd -273 Grad sinkt. Weil sich die Urstoffteilchen, bedingt durch ihre eigene Trägheit einerseits und die extreme Rotationsgeschwindigkeit des Kernes andererseits nicht an seiner Oberfläche anlagern können, kristallisieren sie zu kleinen, kompakten Urstoffkorpuskeln (Elementarkorpuskeln), die eine Momentaufnahme der verschiedenen Konvektionsströme zum Zeitpunkt der Erstarrung wiedergeben. Durch diesen Phasenübergang entstehen innerhalb eines Schwarzen Loches die elementaren Bausteine der Materie. Diese „Hagelkörner" des neuen Phasenzustandes behindern die Konvektionsströme der Urstoffteilchen. Zum einen gehören diese neuen Teilchen allein schon wegen ihrer Trägheit nicht mehr zu den „breiigen" Strömungen der Urstoffteilchen, zum anderen können sie sich in Folge der hohen Rotationsgeschwindigkeit des kompakten Kernes diesem auch nicht anlagern. Auf diese Weise baut sich ein derartig ausgeprägter Stau dieser kompakten Elementarkorpuskel auf, dass diese Teilchen von dem rotierende Kern aus der angrenzenden Verdichtungsschicht der Urstoffteilchen herausgerissen werden, vergleichbar den Sägespänen durch eine Kreissäge. Gleichzeitig muss die extreme Wärmeenergie abgeleitet werden, die durch den Abkühlungsvorgang freigesetzt wurde. Da sie nicht abgestrahlt werden kann, muss sie in eine Bewegung der neu entstandenen Elementarkorpuskel umgesetzt werden. Als Folge der Corioliskraft, einer ablenkenden Kraft, die auch bei der Erdrotation entsteht und auf jeden Körper wirkt, der sich auf der Erde bewegt, wandern die neuen Elementarkorpuskel zwischen Kern und Grenzschicht aus Urstoffteilchen zur Rotationsachse des Schwarzen Loches. Da die Corioliskraft stets senkrecht auf die Bewegungsrichtung dieser Elementarteilchen wirkt, werden diese Korpuskel, die das Ergebnis eines neuen Phasenzustandes der Urstoffteilchen sind, auf der einen Hälfte der Kernoberfläche nach rechts und auf der anderen Hälfte nach links abgelenkt. Die Ablenkung wird um so größer, je höher die Bewegungsgeschwindigkeit der Teilchen ist. Auf diese Weise werden die neuen Elementarkorpuskel von ihrem Entstehungsort abtransportiert und es entsteht zwischen der extrem verdichteten Grenzschicht aus noch frei beweglichen Urstoffteilchen und ihrem massiven Kern aus unbeweglichen Urstoffteilchen ein relativer Unterdruck. Dieser wirkt wie ein Sog auf die darüber befindlichen Urstoffteilchen, welche dann „nachrutschen" und so immer neue Elementarkorpuskel erzeugen. Andererseits baut sich um den Zentralbereich der Rotationsachse ein extremer Überdruck auf, so dass die Elementarkorpuskeln entlang der entgegengesetzten Richtungen der Achse des Schwarzen Körpers zu den jeweiligen Polen wandern, um schließlich an deren Oberfläche in gewaltigen Eruptionen ausgestoßen zu werden und so gleichzeitig den inneren Druck, der durch die Anhäufung von Elementarkorpuskeln im Bereich der Rotationsachse entstanden war, entsprechend zu senken. Die Ausbrüche werden von einer derart starken Stoßfront begleitet, dass die unterschiedlich strukturierten winzigen Kristalle aus Urstoffteilchen auf annähernde Lichtgeschwindigkeit beschleunigt und in das All abgeblasen werden, vergleichbar dem Dampfstrahl eines Überdruckventils. Dabei werden die ausgestoßenen Teilchen durch das extrem starke Magnetfeld, das diesen schwarzen Körper umgibt, zu sog. Jets gebündelt.

Auf die oben beschriebene Art wird ein Circulus vitiosus aufrecht erhalten, so lange der Energie- und Elementarpartikelvorrat dieses abgeschlossenen Systems „Schwarzer Körper" ausreichend vorhanden ist. Bildlich gesprochen könnte man sagen, dass im Innern des Schwarzen Körpers das Herz dieses kosmischen Gebildes schlägt, indem es einerseits Urstoffteilchen ansaugt und andererseits die in einen neuen Aggregatszustand übergegangenen Urstoffteilchen als Elementarkorpuskeln herauspumpt.

Während die von mir postulierten Jets in entsprechenden kosmischen Objekten direkt nachgewiesen werden können, sind die übrigen Vorgänge im All nur indirekt zu verifizieren. Sie sind aber auf Grund der Kenntnis der entsprechenden Naturgesetze und der bisher bekannt gewordenen Vorgänge im Inneren unseres Planeten und in der Sonne in Modellen überprüfbar, also realistisch. Allerdings werden die von mir zitierten Jets von den Kosmologen völlig anders interpretiert als von mir. Während nach meiner Theorie die Jets Ausdruck eines Schöpfungsvorganges sind, der die Voraussetzungen für die Bildung der Galaxien mit all ihren Sternen ermöglicht, gehen die Kosmologen von exakt dem Gegenteil aus.

Nach ihrer Überzeugung kollabiert eine große Gaswolke unter ihrer eigenen Schwerkraft und bildet eine flache Scheibe mit einem dichten Kerngebiet aus, in dem viele Sterne zuerst verschmelzen. Die dichteste innere Region fällt dann in sich zu einem schwarzen Loch zusammen. Die Materie innerhalb der Einflusssphäre des schwarzen Loches wird durch die starke Anziehungskraft auf immer engere Umlaufbahnen gezwungen, beschleunigt und strahlt schließlich hell auf, während sie in die sog. Gravitationsfalle stürzt. Diese Theorie ist soweit in sich schlüssig. Eine paradoxe Situation tritt jedoch in dem Augenblick auf, wenn behauptet wird, dass die Jets gebündelte Ströme geladener Teilchen sind, die an den beiden Polen senkrecht aus der Gasscheibe um das Schwarze Loch schießen. Wenn ein Schwarzes Loch deshalb Schwarzes Loch heißt, weil weder Strahlung, geschweige denn Materie die Einflusssphäre des Schwarzen Loches verlassen können, dann können dies auch keine Jets aus geladenen Teilchen an den Polen dieses Himmelskörpers. Erschwert wird die Haltbarkeit dieser Theorie durch die Tatsache, dass man grundsätzlich beobachtet hat, dass gerade an den Polen geladene Teilchen zum jeweiligen Pol hin stürzen, so wie es die Kraftlinien eines Magnetfeldes auch erfordern und sich nicht von ihm entfernen, noch dazu in solcher Bündelung und

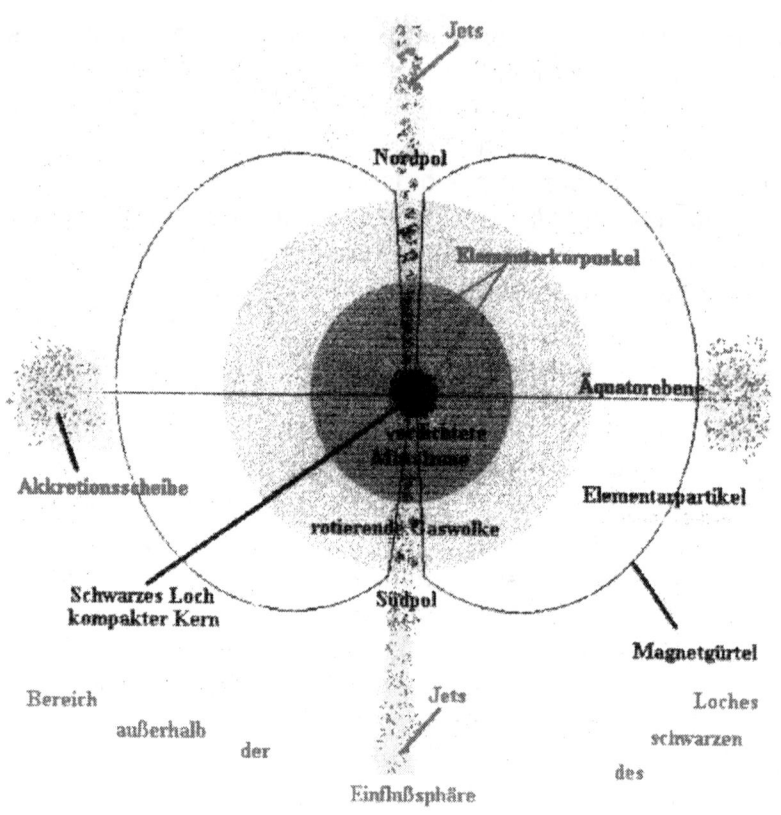

Scheinmodell von der Entstehung eines Schwarzen Körpers und seiner weiteren Umwandlung in einen Quasar (Querschnitt). Jets schießen senkrecht an den beiden Polen ins All.

mit solchen extremen Geschwindigkeiten. Man denke nur an die Verteilung der Eisenspäne um einen Stabmagneten oder das Polarlicht auf unserem Erdball.

Wir haben es also mit einem Himmelskörper zu tun, der zunächst nur durch seine enormen Gravitationskräfte beeindruckt und keine weiteren Informationen über seine Existenz zu geben scheint. Es handelt sich folglich um einen „Schwarzen Körper"

bzw. um ein „Schwarzen Loch", wie es Einsteins Relativitätstheorie vorhersagt und auch von den Astrophysikern postuliert wird. Aus diesem Schwarzen Körper wird nach meinen Ausführungen zu einem späteren Zeitpunkt ein Quasar und schließlich eine ganze Galaxie entstehen.
Quasar ist ein Kunstwort und die Abkürzung von quasistellare Radioquelle. Heute spricht man von QSO, quasistellare Objekte, weil man festgestellt hat, dass nicht alle dieser Kandidaten eine Radiostrahlung abgeben. Ob diese kosmischen Gebilde strahlen oder nicht, hängt von ihrem jeweiligen Entwicklungszustand ab, denn schwarze Löcher strahlen nicht, wohl aber Quasare. Quasare sind kompakte Himmelskörper, die im optischen Bereich wie Sterne aussehen und keine Struktur erkennen lassen. Daneben gibt es auch noch andere auffällige Objekte wie etwa die AGN (active galactic nucleus). Das sind Galaxien mit sehr aktiven Kernregionen, die sowohl unter den Spiralgalaxien als auch unter den elliptischen Systemen vorkommen. Für sie ist eine äußerst energiereiche Strahlung aus dem Kerngebiet typisch, wie sie durch normale Prozesse der Sternentwicklung nicht entstehen kann. Der punktförmige Kern sendet elektromagnetische Strahlung in einem weiten Spektralbereich, von den Radiowellen bis zur Röntgenstrahlung, aus. Zusätzlich fand man eine Gruppe mit etwas geringerer, aber nicht minder auffälliger Kernhelligkeit, die sog. N-Galaxien (das N steht für Nucleus, Kern). Das Typische dieser Himmelsobjekte sind die Helligkeitsschwankungen mitunter im Laufe weniger Monate. Viele N-Galaxien haben ein elliptisches Aussehen. Aus diesen Beschreibungen geht eindeutig hervor, dass die Quasare aktiv sind. Gleichzeitig wird aber auch erkennbar, dass diese Objekte eines Tages erlöschen werden, da ihr Energievorrat verbraucht ist. Deshalb findet man in den meisten Galaxien inaktiv gewordene Quasare, die sozusagen wieder zu Schwarzen Körpern „degradiert" wurden. Schließlich haben sie ja auch ihr Soll erfüllt und eine Galaxie aufgebaut, in deren Zentrum sie weiterhin

durch ihre enormen Gravitationskräfte wirken und alle Teilchen sowie materielle Objekte verschiedenster Größe, Aussehens und Aktivitäten in einer umschriebenen Region zusammenhalten.

Quasare und Galaxien

Im vorausgehenden Kapitel wurde beschrieben, wie im Inneren des Schwarzen Körpers sog. Elementarkorpuskel entstehen, die schließlich in Form von gebündelten Jets ausgestoßen werden. Da diese Elementarkorpuskel beim Erstarren die jeweiligen Konvektionsströmungen im Grenzbereich zwischen starrem Kern und beweglichen Urstoffteilchen sozusagen in Form einer Momentaufnahme konservieren und somit ein „Erinnerungsvermögen" an diesen Vorgang haben, lässt sich der innere Aufbau dieser Elementarkorpuskel beschreiben.
Als Folge der Änderung des Aggregatzustandes der Urstoffteilchen werden extreme Kräfte freigesetzt und die so entstandenen Elementarkorpuskel am Ort des geringsten Widerstandes, d.h. an den Polen des Schwarzen Körpers, in Form von nadelförmig gebündelten Jets mit annähernder Lichtgeschwindigkeit in das All abgeblasen. Aus dem Schwarzen Körper wird nun ein Quasar. Der Schwarze Körper hat sozusagen beim Auftreten der ersten Jets seine Zündungsdichte erreicht. Von den ausgestoßenen, zunächst unterschiedlich großen und verschieden strukturierten Elementarkorpuskeln werden alle diejenigen wieder in den Quasar zurückfallen, die zu schwer sind, um eine ausreichende Fluchtgeschwindigkeit zu erreichen oder als Folge eines unzureichenden Dralls als Folge ihrer Struktur keine stabile Flugbahn erlangen. Die Elementarkorpuskel, die zu leicht sind, werden bei Erreichen einer kritischen Geschwindigkeit, die im Bereich der Lichtgeschwindigkeit liegt, wieder in ihre Urstoffteilchen zerfallen. Nur die Elementarkorpuskel, die auf Grund einer genau definierten Masse das „schmale Fenster" oder, treffender gesagt, das „Nadelöhr", also die extrem engen Bedingungen zwischen zu schnell und zu langsam erfüllen, fallen nicht in den Quasar zurück und zerfallen auch nicht in ihre Grundbausteine, sondern bilden eine Art Schale aus Quarks auf der einen Polseite und Antiquarks auf der Gegenpolseite, die jeden Quasar umgibt. Diese Schale aus

Quarks und Antiquarks entsteht dadurch, dass durch die extreme Rotationsgeschwindigkeit des Quasars ein derart starkes Magnetfeld um diesen Himmelskörper aufgebaut wird, dass die Quarks trotz der enormen Gravitationskräfte dieses Magnetfeld nicht mehr durchdringen und deshalb auch nicht wieder in den Quasar zurückfallen können. Ein vergleichbarer Vorgang ist bei den Atomkernen bekannt. Unter natürlichen Bedingungen ist es z.B. einem Proton nicht möglich, in den Atomkern einzudringen. Diesen Schutzwall oder Schutzschild bezeichnen die Atomphysiker als die „starke Kernkraft" oder „starke Wechselwirkung". Auf diesen Sachverhalt werde ich später genauer eingehen. Es handelt sich also in der Wirklichkeit um nichts anderes, als um ein extrem starkes Magnetfeld. Man erinnere sich an die Erkenntnisse der Chaosforschung: Wie im Kleinen so im Großen! Da aber die Reichweite der Magnetfelder ungleich geringer ist, als die der Gravitationskräfte, nimmt ihr Einfluss mit der Entfernung entsprechend schnell ab und die Gravitationskräfte kommen allmählich immer stärker zum Tragen. Das hat zur Folge, dass sich die Quarks nicht beliebig der Einflusssphäre des Quasars entziehen können. Dieser Sachverhalt führt zwangsläufig zur Bildung der oben beschriebenen „Schale" aus Quarks und Antiquarks um den Quasar. Auf diese Weise ist gewährleistet, dass die ganz spezielle Gruppe von Elementarkorpuskeln, die diese extrem engen und kritischen Grenzbedingungen erfüllt haben, um überhaupt in diese Schale zu gelangen, die den Quasar umgibt, eine Einheitsgröße und Einheitsmasse sowie einen exakt ausgerichteten Drall, ihren jeweiligen Spin, besitzen. Denn sind die Elementarkorpuskel zu klein, zerfallen sie spätestens bei erreichen der Lichtgeschwindigkeit wieder zu Urstoffteilchen. Sind sie zu groß, erreichen sie nicht die notwendige Fluchtgeschwindigkeit und fallen wieder in den Quasar zurück. Ist der Drall nicht exakt ausgerichtet, wird die Flugbahn instabil und die Elementarkorpuskel stürzen ebenfalls in den Quasar zurück. Je nachdem, ob diese Elementarkorpuskel über den „Südpol" oder den „Nordpol" ausgestoßen werden, bekommen sie durch die hohe Rotationsgeschwindigkeit eine Drehrichtung oder einen Spin nach links oder rechts aufgeprägt. Das hat zur Folge, dass ihre Oberfläche als Folge der Rotation entsprechend strukturiert wird und sie grundsätzlich diesen Spin auch beibehalten. Man kann den beschriebenen Vorgang in etwa mit den Abläufen bei einem Büchsenschuss veranschaulichen. Bei dem Geschehen im Lauf einer Büchse (vom Beginn der Zündung bis zum Austritt des Geschosses aus der Laufmündung), das unter dem Begriff Innenballistik zusammengefasst wird, erfolgt eine charakteristische Prägung des Projektils. Wenn das Geschoss durch den hohen Druck der Verbrennungsgase aus dem Hülsenmund der Patrone getrieben wird, erfolgt nach dem Durchgang durch den sog. Übergangskonus die Einpressung in die Züge des Laufes. Das bedeutet, dass das Geschoss beim Eintreten in den Lauf gezwungen wird, den Schraubenwindungen der Züge, dem Drall, zu folgen, wobei es in schnelle Kreiseldrehungen, d.h. in Rotation um seine Längsachse, versetzt wird. Dies ist notwendig, um das Geschoss in seiner Flugbahn zu stabilisieren, denn ein nicht rotierendes, aus glattgebohrtem Lauf verfeuertes Geschoss würde im Flug kippen und sich überschlagen. Die Anzahl der Züge, ihre Breiten- und Tiefenmaße sowie die Dralllänge, d.h. das Maß der Lauflänge, in der die Züge eine ganze Umdrehung machen, sind so typisch, dass man anhand der Prägungen am Geschoss ermitteln kann, aus welcher Waffe das Projektil abgefeuert wurde. Nichts anderes geschieht in den beiden „Ausstoßkanälen" der Quasare an ihren jeweiligen Polen. Da die Jets auf entgegengesetzten Seiten der Quasare, also an ihren Polen, ausgestoßen werden, heben sich der Rückstoß, der sowohl am Nordpol wie am Südpol des Quasars beim Verlassen der Jets entsteht, weitgehend gegenseitig auf, so dass das Himmelsobjekt annähernd stationär positioniert bleibt. Völlig ausgeglichen kann aber auch der Rückstoß der entgegengesetzt „abgefeuerten" Jets nicht sein, so dass allein schon aus diesem Grund der Quasar so lange im Raum dahintreibt, bis er in ein Gravitationsfeld eines oder mehrerer Quasare gelangt. Dies erklärt auch die statistischen Analysen, die besagen, dass im Kosmos grundsätzlich die Tendenz zur Haufenbildung von Galaxien besteht. In der Chaosforschung spricht man von einem zentralen Attraktor, ohne ihn jedoch näher definieren zu können. Ich halte diesen Attraktor für den gemeinsamen Schwerpunkt, also das Zentrum aller Galaxien eines solchen „Haufens".

Die einzelnen Quarks müssen sich ebenfalls wie Geschosse verhalten und um ihre eigene Achse rotieren, wenn sie eine stabile Flugbahn erreichen und erhalten sollen. Die Rotationsgeschwindigkeit dieser kleinsten materiellen Objekte, den sog. Quarks, kann sich im Laufe der Zeit entsprechend der jeweiligen Rahmenbedingungen verlangsamen oder beschleunigen. Die Rotationsrichtung ist jedoch für immer vorgegeben. Auf Grund ihrer geprägten Oberfläche werden sie sich, Windrädern vergleichbar, grundsätzlich entweder nur nach links oder nur nach rechts drehen, sobald sie von den ubiquitär vorhandenen Urstoffteilchen getroffen werden. So wie der Wind unterschiedlich ausgerichtete Windräder nach links bzw. nach rechts drehen lässt, obwohl der Wind für alle Windräder aus der gleichen Richtung bläst. Wir haben es folglich mit Quarks und Antiquarks zu tun. Der Unterschied zur Urknalltheorie besteht darin, dass sich die Quarks und Antiquarks beim Aufeinandertreffen nicht zerstrahlen, sondern Quarkpaare bilden, die jeweils aus einem Quark und einem Antiquark bestehen. Auf diese Weise lässt sich nach meiner Theorie auch erklären, warum sich Quarks und Antiquarks ergänzen und nicht, wie es die gängige Lehrmeinung fordert, vernichten. Hinsichtlich der Innenstruktur dieser Kristalle aus Urstoffteilchen gibt es somit vier unterschiedliche Varianten, welche für die elektrischen und magnetischen Wechselwirkungen in den Atomen verantwortlich sind. An dieser Stelle sei an die Spulen erinnert, die als wichtiges elektrisches Schaltelement in der Elektrotechnik, als Elektromagnet zur Erzeugung magnetischer Felder und als Teil von Schwingkreisen dienen. Wir haben es hier folglich mit den Prototypen für die Erzeugung von Magnetismus und Elektrizität zu tun. Ohne Struktur keine Information, ohne Informationsaustausch keine Veränderung, d.h. Stillstand. Absoluter Stillstand ist aber nach dem 3. Hauptsatz der Wärmelehre nicht möglich. Schließlich handelt es sich um den gleichen Ausgangsstoff, der lediglich spiegelbildlich strukturiert ist und deshalb entgegengesetzte elektrische und magnetische Felder erzeugt. Diese gegensätzlichen elektromagnetischen Felder können sich allerdings gegenseitig in ihrer Wirkung aufheben, ein Vorgang, der z.B. bei den Photonen unter definierten Bedingungen zur Interferenz führen kann. Übrigens setzen sich nach den modernen Vorstellungen der Elementarteilchentheorie z.B. Baryonen und Mesonen aus Quarks und Antiquarks zusammen, ohne dass sie sich zerstrahlen (9, S.345). Das waren halt noch Zeiten - damals beim Urknall - als sich Teilchen und Antiteilchen noch gegenseitig vernichteten!

In diesem Zusammenhang sei noch einmal auf den Begriff der sog. Antimaterie hingewiesen, den der Engländer Dirac prägte und der heute einhellig von den Physikern akzeptiert wird. Dirac hatte bei seinen Berechnungen, die sich mit der Quantenelektrodynamik befassten, ein Ergebnis mit einem Minuszeichen vor dem Resultat erhalten. Weil das alles so schön in das Konzept passte, kam er zu dem kühnen, aber in der Sache keineswegs zwingenden Schluss, dass man es mit Antimaterie zu tun habe. Dies ist um so erstaunlicher, als man z.B. bei unterschiedlichen Ladungen oder Spins ebenfalls mit Plus (+) oder minus (-) arbeitet, um Gegensätzliches zum Ausdruck zu bringen. Die Quantenelektrodynamik befasst sich nämlich mit der Anwendung der Quantentheorie auf die Dynamik elektromagnetischer Felder. Bei gegensätzlichen Ladungen kommt es zu einer gegenseitigen Aufhebung der Ladung, aber nicht zur Vernichtung der materiellen Ladungsträger. Die gegensätzlichen Kräfte werden zwar zwangsläufig von spiegelbildlich aufgebauten „Objekten", der sog. Antimaterie erzeugt. Diese Objekte haben deshalb auch einen gegensätzlichen Spin, aber diese Teilchen können sich nicht gegenseitig vernichten, sondern sie bewirken, dass sich beim Aufeinandertreffen ihre gegensätzlichen Kräfte aufheben. Das aber lehrte bereits schon Heraklit vor 2500 Jahren. Durch entgegengesetzte Spins können lediglich Wirkungen aufgehoben, aber nicht Quarks zerstrahlt oder nihiliert werden. Felder und Wirkung sind temporäre Erscheinungsformen der Urstoffteilchen (Elementarpartikel). Ein Stoff und seine Eigenschaften sind zwei völlig verschiedene Begriffe. Diese unterschiedlichen Begriffe dürfen deshalb nicht miteinander verwechselt oder gleichgesetzt werden, wie dies von Dirac gemacht wurde. Auch hier sei wieder auf den Zwiespalt zwischen definierten mathematischen Modellen und der Verallgemeinerung in der Realität hingewiesen. Auf Seite 100 seines Bestsellers „Eine kurze Geschichte der Zeit" (5) dokumentiert Hawking bildlich, wie ein Proton und ein Antiproton mit großer Energie im Teilchenbeschleuniger Cern kollidieren und einige fast freie Quarks erzeugen. Wenn die Theorie von Materie und Antimaterie, so wie sie gelehrt wird, richtig wäre, hätten sich Proton und Antiproton auch ohne eine zusätzliche Beschleunigung zerstrahlen müssen und nicht einige fast freie Quarks mit unterschiedlichem Spin freigesetzt werden dürfen. In der Wirklichkeit werden bei diesem Versuch fast freie Quarks dargestellt, die ihren jeweiliger Spin beibehalten haben und so Antimaterie vorgetäuscht.

Zusammenfassend lässt sich sagen: Wir müssen begreifen lernen, dass sich diese komplexe Welt aus einfachsten Strukturen aufbaut bzw. aufgebaut hat. Der Grundbaustein der Materie, die Quarks und die ihnen spiegelbildlichen Strukturen, die Antiquarks, wurden in Quasaren „gegossen" und erhielten bei ihrem Ausstoß am „Südpol" bzw. „Nordpol" der Quasare einander entgegengesetzte Spins aufgeprägt. Zwei Quarks mit entgegengesetztem Spin können sich in ihrer Wirkung zwar gegenseitig aufheben, sich aber nie gegenseitig vernichten.

Nach Professor Hawking (2, S.150) besaßen etwa 100 Sekunden nach dem Urknall Protonen und Neutronen nicht mehr genügend Energie, um der Anziehungskraft der starken Kraft zu entgehen.

Dies führte zur Entstehung des Deuteriums. Die Deuteriumkerne vereinigten sich schließlich zu Heliumkernen und vereinzelt auch zu so schwereren Kernen wie dem Lithium und Berrylium. Man errechnete, dass im Urknallmodell etwa 25% der Protonen und Neutronen sich zu Heliumkernen und eine geringe Menge zu schwerem Wasserstoff sowie vereinzelt auch zu den bereits oben erwähnten schwereren Kernen verbanden. Die bisher beobachtete Zusammensetzung der interstellaren Materie stimmt weitgehend mit diesen Berechnungen überein. Und so fährt Professor Hawking in seinen Ausführungen auch folgerichtig fort (2, S.151): „Deshalb sind wir uns ziemlich sicher, dass wir uns das richtige Bild machen, zumindest für den Zeitraum, der ungefähr eine Sekunde nach dem Urknall beginnt." Ende des Zitates.

Bei allem Respekt vor Professor Hawking muss jedoch bezweifelt werden, dass innerhalb von einer Sekunde - ich wiederholen: einer Sekunde - universell ein derart fein aufeinander abgestimmtes System wie die Protonen, Neutronen und Elektronen in allen Atomkernen der „ersten Generation" entstehen konnten. Es ist vielmehr davon auszugehen, dass entsprechend gewählte Werte in die mathematischen Gleichungen einflossen, um das Ergebnis zu erhalten, das man zur Stützung der Theorie brauchte. Hinzu kommt die erstaunliche Tatsache, dass die angeblich gleichzeitig, aber völlig getrennt von den Protonen entstandenen Elektronen so extrem genau auf alle Atomkerne, auch die, die in der „ersten und zweiten Sternengeneration" erst noch „erbrütet" werden mussten, also noch gar nicht vorhanden waren, so exakt aufeinander abgestimmt sind, dass man nur staunen kann. Dies ist um so schwieriger nachzuvollziehen, als die weitaus überwiegende Zahl der unterschiedlichsten Atome, also der Elemente, zu einem viel späteren Zeitpunkt entstanden sind. Auch Professor Hawking wundert sich (2, S.159), dass die Größen der elektrischen Ladung des Elektrons und das Massenverhältnis von Proton und Elektron so fein aufeinander abgestimmt sind. Nach seinen Berechnungen würde bereits die geringste Abweichung der elektrischen Ladung des Elektrons von den tatsächlichen Werten bedeuten, dass die Sterne entweder nicht in der Lage wären Wasserstoff und Helium zu verbrennen oder als Supernova zu explodieren. Mit einem Satz: Ein Universum, wie wir es kennen, wäre gar nicht möglich. Auch diese Ausführungen zeigen, auf welch wackeligen Fundamenten die Urknalltheorie steht. Schließlich ist nicht davon auszugehen, dass der Urknall hellseherische Fähigkeiten besaß und weit in die Zukunft planen konnte. Unwillkürlich stellt man sich die Frage, ob nicht das Weltall nach dem Willen der Mathematiker gestaltet wurde. Schließlich muss man nur die entsprechenden Werte in die vorgegebenen Formeln einfließen lassen und, ohne das Ergebnis mit der Wirklichkeit zu vergleichen, den Menschen suggerieren, dass sie nie die Welt verstehen werden, weil ihr Verstand nicht entsprechend angelegt ist. Eine solche Vorgehensweise ist jedoch weder aus wissenschaftlicher Sicht haltbar noch philosophisch vertretbar. Das ist das Armutszeugnis einer „geistigen Elite", die Macht ausüben und Profit machen will. Nicht mehr und nicht weniger.

Doch zurück zur Oszillation des Kosmos. Die Jets ausstoßenden Quasare befinden sich immer im Zentrum von Galaxien. Die offizielle Lehrmeinung besagt, dass gasförmige Materie beim Sturz in ein extrem massereiches Schwarzes Loch eine leuchtende Gasscheibe, die Akkretionsscheibe, bildet, aus der senkrecht zur Akkretionsscheibe gebündelte Ströme geladener Teilchen in Form von Jets schießen (7, S.70). Das typische der Schwarzen Löcher ist aber gerade, dass ihre enormen Gravitationskräfte nicht einmal Licht entweichen lassen, geschweige denn sog. Jets aus den verschiedensten Elementarteilchen. Würden wirklich Himmelskörper in ein schwarzes Loch stürzen, so würde dies auf einer spiralförmigen Bahn geschehen. Es müssten also einzelne, relativ kurzlebige strahlende Strudel zu erkennen sein und nicht eine homogene, leuchtende Scheibe in der äquatorialeben des Schwarzen Loches. Schließlich könnten die Himmelskörper aus allen möglichen Himmelsrichtungen in das Schwarze Loch stürzen. Ein Szenario mit einer scheinbar dauerhaften und gleichmäßig homogenen Akkretionsscheibe und Elementarteilchenjets, die fast mit Lichtgeschwindigkeit mehrere Lichtjahre weit wieder ins All abgeblasen werden, bedürfen schon einer ausgeklügelten mathematischen Vorgehensweise, um die Gravitationskräfte so wirken zu lassen, dass man die objektiven Beobachtungen so erklären kann, wie es die Wissenschaft heute tut. Es ist viel wahrscheinlicher, dass die beobachtete Akkretionsscheibe durch die Verbindung von (Nordpol) Quarks und (Südpol) Antiquarks am Äquator des Quasars zu Quarkpaaren entsteht. Welche enormen Energiemengen bei diesem Vorgang freigesetzt werden, zeigt schon die Tatsache, dass Quarks extrem schwer zu trennen sind. In einem derartigen Szenario besteht auch durchaus die Möglichkeit, dass sich Deuterium, Helium, Lithium und Berrylium in den Mengen bildet, wie es im Universum nachgewiesen wird. Nach dieser Theorie lässt sich die Entstehung der Materie ebenfalls auf einen heißen Ursprung zurückführen, nämlich auf die großräumigen Verdichtungen von Urstoffteilchen innerhalb der Schwarzen Körper. Ferner lässt sich auch auf diese Weise die dauerhaft gleichmäßige und homogene Akkretionsscheibe erklären. Ist nämlich der Energievorrat der Schwarzen Körper erschöpft, dann werden auch keine Jets mehr beobachtet, die Akkretionsscheibe verschwindet, aber die extremen Gravitationskräfte wirken trotzdem weiter und plötzlich stürzen keine Sterne mehr in das Schwarze Loch. Deshalb sind die Erklärungsversuche der Kosmologen schlicht unhaltbar. Es sind Märchen für Gutgläubige.

Man hat auch Quasare ohne dazugehörige Galaxien beobachtet. Hierbei könnte es sich noch um „junge" Quasare handeln, die gerade erst die „Zündungstemperatur" erreicht haben und dabei sind, eine Galaxie aufzubauen. Ebenso werden in „alten Galaxien" die Quasare allmählich ausbrennen und ihre Leuchtkraft schließlich völlig verlieren. Wenn die Quasare keine Jets mehr ausstoßen, also der Nachschub an Materie fehlt, bildet sich die Akkretionsscheibe zurück, die Temperatur sinkt und der Innendruck in den Quasaren nimmt ab. Es bleibt eine sich immer deutlicher ausbildende Hülle aus Sternen, interstellaren Objekten und Gaswolken unterschiedlichster Dichte und Ausdehnung. Die bis zu diesem Zeitpunkt entstandenen alten Nebel aus interstellarer Materie und die Sterne bilden eine gigantische, rotierende Kugel, in deren Zentrum sich der ausgebrannte Schwarze Körper aus Urstoffteilchen befindet und der auch künftig dafür sorgt, dass die Dichte dieser Kugelgalaxie im Zentrum am größten ist und zum Galaxienrand hin kontinuierlich abnimmt. Innerhalb dieser Galaxie kommt es zwangsläufig zu regionalen Dichteschwankungen, so dass einzelne kleinere Gebiete gravitationsinstabil werden. Das bedeutet, dass die Schwerkraft in diesen Regionen größer wird, als ihr durch nukleare Reaktionen aufgebauter Innendruck. Diese Gebiete kollabieren dann und so entstehen noch lange nach dem Ausbrennen des Schwarzen Körpers weiterhin neue Sterne und Sternhaufen. Die interstellare Materie, also die Atome und Moleküle im interstellaren Raum, werden im Laufe der Zeit durch massive Stöße, z. B. Supernova-Explosionen aus verschiedensten Regionen, verdichtet, so dass immer kompakter werdende, umschriebene Gaswolken entstehen, die sich schließlich so stark verdichten, dass das so entstandene Materiekonzentrat die Zündungstemperatur erreicht und die ersten Kernfusionen stattfinden. Von diesem Zeitpunkt an kann man von einem Stern der ersten Generation sprechen. In ferner Zukunft wird auch er als Supernova explodieren.

Diese Galaxien formieren sich im All schließlich zu wabenartigen Strukturen. Durch die „ringförmige" Ausrichtung entsteht eine Abschirmung gegen die Gravitonen, die von außen auf die Objekte in den Galaxien einwirken. Dadurch bildet sich im Inneren dieser „Galaxienkugeln", die zeichnerisch als „Galaxienringe" dargestellt sind, ein Gravitonen Defizit (Unterdruck) und die Galaxien bewegen sich auf ein imaginäres Schwerpunktzentrum, dem gemeinsamen großen Attraktor, zu. Dabei nimmt die Geschwindigkeit der einzelnen Galaxien in Richtung „Kugelzentrum" immer schneller zu, bis sich schließlich im Bereich der Lichtgeschwindigkeit die gesamte Materie, vermutlich in einem gigantischen Lichtblitz, auflöst, also in den ursprünglichen gasförmigen Urstoff (Äther, WIMPs, Gravitonen) zerfällt, da bei Erreichen der Lichtgeschwindigkeit keine Kräfte mehr wirken können. Schließlich sind Kräfte an die Bewegung von Teilchen gebunden und schneller als Licht kann sich nichts bewegen.

Die Teilchen werden somit bewegungs- und damit auch kraftlos. Der Kosmos ist also ein sich dauernd recycelnder „Organismus", der für sich die Unsterblichkeit gesichert hat. Aus den so wieder freigewordenen Urstoffteilchen können erneut in ferner Zukunft neue Schwarze Körper, Quasare und schließlich Galaxien entstehen.

An dieser Stelle möchte ich das sog. Zwillingsparadoxon erwähnen, dass die Astrophysiker allen Ernstes für realistisch ansehen.

Es ist grundsätzlich noch einmal festzuhalten, dass die Temperatur der Ausdruck und das Maß der Bewegung von Atomen und Molekülen ist. Je höher die Temperatur, um so intensiver die Bewegungen der Atome und Moleküle, je niedriger die Temperatur, um so geringer die Bewegungen, bis die Atome im Bereich des absoluten Nullpunktes nur noch ein leichtes Zittern erkennen lassen. Auch chemische Reaktionen laufen temperaturabhängig unterschiedlich schnell oder gar nicht ab. Senkt man die Temperatur eines Lebewesens um 10 Grad, so verlangsamt sich sein Stoffwechsel etwa um die Hälfte. Man hat auch nachgewiesen, dass Atomuhren um so langsamer gehen, je schneller die Satteliten fliegen, in denen sie sich befinden. Dieses Wissen vorausgesetzt, kann man leicht nachweisen, dass das allgemein bekannte Gedankenexperiment der Physiker mit den berühmten Zwillingsbrüdern, von denen einer auf der Erde verbleibt und der andere mit beinahe Lichtgeschwindigkeit jahrzehntelang durchs All rast, ebenso unrealistisch ist wie die verschiedensten Geschichten von Zeitreisen. Wenn nämlich der Zwillingsbruder nach seinem langen Weltraumaufenthalt bei annähernder Lichtgeschwindigkeit endlich wieder auf unserem

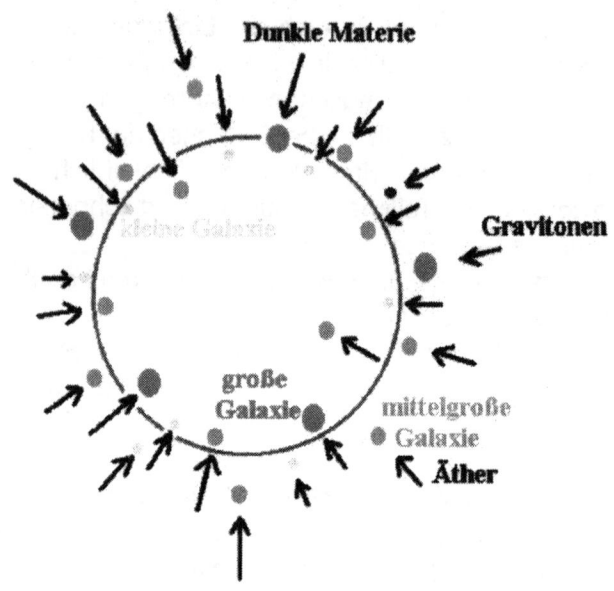

Skizze über einen zentralen Attraktor innerhalb einer wabenförmigen Galaxienformation. Entsprechend der unterschiedlichen Masse der Galaxien zeigen die Galaxien unterschiedlich ausgeprägte Rotverschiebungen. Hier unterschiedlich hell dargestellt

Planeten landet, ist sein „irdischer" Zwillingsbruder ein alter Mann, auf dessen Uhr die Zeiger Tag um Tag, Monat um Monat und Jahr um Jahr viel tausendfach ihre Runden auf dem Zifferblatt gedreht haben, während der Weltenbummler nicht nur frisch wie beim Abflug aussieht, sondern tatsächlich auch nicht gealtert ist, denn auch seine Uhr zeigt eine völlig überholte Zeit an. Auch hier wurden bei annähernder Lichtgeschwindigkeit die Aktivitäten der Atome und Moleküle so stark herabgesetzt, dass die Summe der Fluggeschwindigkeit und die Aktivitäten der Atome und Moleküle in der Addition nicht die Lichtgeschwindigkeit überschreiten konnten. Je geringer die Aktivitäten, also die Bewegungen der Atome und der Moleküle, um so niedriger auch die Körpertemperatur

des Zwillingsbruders im Weltraum, denn die Temperatur ist, wie bereits weiter oben erklärt, auch gleichzeitig Ausdruck der Intensität von Atom- und Molekularbewegungen sowie der chemischen Aktivitäten. Der Astronaut ist folglich schon längst erfroren, bevor er Lichtgeschwindigkeit erreicht. Währe der Weltenbummler mit Lichtgeschwindigkeit geflogen, währe er nicht unendlich schwer geworden und um keine Sekunde gealtert, sondern schlicht in die Urstoffteilchen zerfallen, da keine Kräfte, auch nicht die inneren Kräfte der Atome oder Elementarteilchen wirken konnten, denn Kräfte oder Wechselwirkungen sind immer mit dem Austausch kräftetragender Teilchen verbunden, die die „Lichtmauer" nicht durchbrechen können. Aus der Realität wissen wir, dass der Mensch bei entsprechender Unterkühlung stirbt. Schon ein paar Grad weniger und der Energiefluss des Körpers bricht zusammen. Der Zwillingsbruder kann sich also den teueren Flug durchs All sparen, wenn er sich preisgünstig einfrieren lässt. Er ist dann genauso frisch und genauso tot wie während der Reise durchs All, lediglich seine Atome und Moleküle zittern ein bisschen mehr, als bei annähernder Lichtgeschwindigkeit. Doch auch das ließe sich beheben, wenn er auf den absoluten Nullpunkt heruntergekühlt würde, den er ebenso wenig erreichen kann, wie die absolute Lichtgeschwindigkeit. Einziger Unterschied zur Lichtgeschwindigkeit, sein Körper bliebe erhalten. Bei Lichtgeschwindigkeit würde er im wahrsten Sinne des Wortes zum Nobody. Soviel zur praktischen Bewältigung exotischer Theorien.
Doch zurück zu den Quasaren. Wenn diese Himmelskörper schließlich so viele Quarks in das All geschleudert haben, dass sie mangels Masse „ausgebrannt" sind und deshalb keine Jets mehr ausstoßen können, baut sich auch der Gasdruck, der sowohl als Folge der Jetausstoßungen wie der Verschmelzung der Quarks mit den Antiquarks gebildet hatte, in der Galaxie allmählich ab. Da aber die Akkretionsscheibe um den Quasar einige Zeit nach dem Ausfall der Jets abgebaut wird, trägt sie dazu bei, dass die Galaxie abflacht und sich schließlich der Form einer Diskusscheibe

annähert. Hinzu kommt, dass das System einen bestimmten Gesamtdrehimpuls besitzt, der auch aufgrund geltender Gesetze erhalten werden muss. Dieser Sachverhalt unterstützt den Vorgang der „Abplattung" der Galaxie. So wird die zunächst kugelförmige Galaxie allmählich elliptisch und schließlich zu einer rotierenden Diskusscheibe. Da diese Entwicklung zwangsläufig ist, haben viele Galaxien heute die Form rotierender Scheiben. Sie sind deshalb schon rein optisch als „alte" Galaxien zu erkennen. Die Galaxien werden also einen relativ stabilen Zustand anstreben, indem sich Gravitationskraft und Zentrifugalkraft in Gleichgewichtsnähe halten. Die „ausgebrannten" Quasare fristen dann wieder als Schwarze Löcher ihr Dasein. Sie sind dann in so alten Galaxien wie unserer Milchstraße völlig unauffällig und lassen sich nur noch indirekt über das Gravitationsverhalten einzelner Sterne nachweisen.

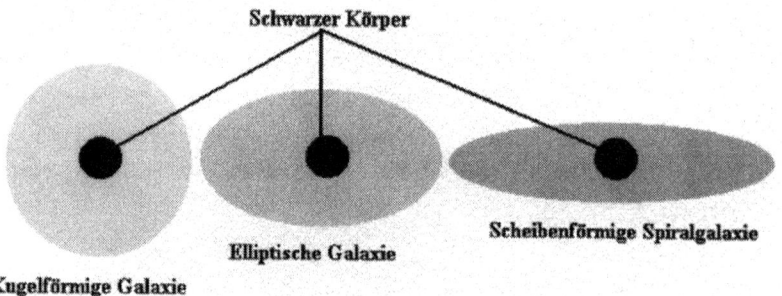

Schematische Skizze über das Verhalten einer Galaxie, nachdem keine Jets mehr vom erkaltenden Quasar ausgestoßen werden.

Die bisherigen Ausführungen zeigen, dass die Evolution der Materie zwar extrem hohen Druck und extrem heiße Regionen voraussetzt, dass dazu aber kein Urknall notwendig ist. Ferner lässt sich nachvollziehen, warum das Universum einerseits, im großen Maßstab gesehen, so erstaunlich gleichförmig ist, anderseits trotz aller Homogenität regionale Unregelmäßigkeiten in

Form von Stern- und Galaxienansammlungen aufweist. Auch die Tatsache, dass das All von allen Punkten des Raumes und aus allen Richtungen gleich aussieht, spricht gegen die Urknalltheorie. Die Ausdehnung des Universums am Beispiel eines Luftballons zu erklären, der aufgeblasen wird oder mit dem „Aufgehen" eines Hefeteiges zu vergleichen, in dem die Himmelskörper wie Rosinen verteilt sind, ist nicht realistisch. Wäre dies wirklich so, müsste im Erklärungsfall „Luftballon" das Zentrum, also die Region der Explosion, erkennbar sein, wie dies ja auch bei einer Supernova zu erkennen ist. Würde sich der Kosmos wie ein Hefeteig mit Rosinen verhalten, wäre eine zusätzliche, bisher unbekannte Kraft erforderlich, die die Gravitationskraft zwischen den einzelnen Himmelskörpern nicht nur aufhebt, sondern ihr sogar entgegenwirkt. Wie sonst sollten sich plötzlich die Galaxien entgegen den Impuls, den sie beim Urknall erhalten haben, in alle Himmelsrichtungen voneinander wegbewegen. Das eine Standbein der Urknalltheorie ist folglich nicht mehr als ein fauler Strohhalm und das andere Standbein ist völlig haltlos. Hinzu kommt noch, dass sich viele Galaxien gar nicht voneinander weg, sondern vielmehr aufeinander zu bewegen. Nicht viel anders sieht es mit dem Argument der sog. Rotverschiebung aus, die den verkorksten Standbeinen der Urknalltheorie einen Halt geben soll.

Das Universum ist weder offen, noch geschlossen. Es ist weder pulsierend, wie es die Kosmologen diskutieren, noch statisch. Das Universum ist ein oszillierendes System, das sich in stetigem Wandel befindet. Der Kosmos ist folglich ohne Anfang und ohne Ende. Alles ist ein ständiges Werden und Vergehen. Allerdings ist zu erwarten, dass den Zellen von Organismen vergleichbare Einheiten bestehen, die miteinander wechselwirken. Nach den Erkenntnissen der Chaosforschung werden sich derartige Ungleichmäßigkeiten zu neuen systembeherrschenden Einheiten aufschaukeln. Vielleicht ist die sog. „Große Mauer", hinter der nach sondenartigen Untersuchungen wieder das gleiche Bild wie vor der „Großen Mauer" zu beobachten sein soll, solch eine „Zell- oder Stützmembran". Dies würde auch nach dem Selbstähnlichkeitsprinzip zu erwarten sein. Auch hier gilt: Wie im Großen so im Kleinen.

Ervin Laszlo, Professor der Philosophie, Systemwissenschaften und Zukunftsforschung, vertritt die Ansicht (8, S. 27 - 43), dass man den Verlauf der kosmischen und biosphären Evolution als das Ergebnis einer ständigen Wechselwirkung zwischen dem durch Quantenvakuum gebildeten Energiefeld und den in Zeit und Raum realisierten Materieenergien verstehen kann, wenn man die potentiellen Vakuumenergien des Universums und die realisierten Materieenergien als einen Teil derselben kosmischen Wirklichkeit versteht. Hier wird trotz falscher Begriffe eine realistische Vorstellung von unserer Welt beschrieben. Dieser Professor ist wie Hahnemann in der unglücklichen Situation, eine richtige Erkenntnis beschreiben zu wollen, ohne dafür die richtigen Worte und Begriffe zu haben. Er quält sich mit Phantasiebegriffen der theoretischen Physiker herum und gerät dabei gleichzeitig in trübe Wasser.

Das System Kosmos erreicht somit auf zwei entgegengesetzten Wegen (durch unterschiedliche Phasenzustände und Phasenübergänge) ein Minimum an Information und ein Maximum an Symmetrie durch Strukturlosigkeit, sowie ein Maximum an Information und ein Minimum an Symmetrie durch Strukturbildung als systembegrenzende Werte. Der Kosmos ist folglich ein sehr einfaches System mit der Periode 2, da er sich zwischen diesen zwei Fixpunkten wie ein einfaches Pendel hin und her bewegt. Mit anderen Worten. Das Universum erzielt diesen gegenläufigen Vorgang durch Phasenübergänge (Urstoffteilchen, Quarks und Antiquarks, Felder, Wellen und Verwirbelungen). Phasenübergänge sind der Ausdruck eines oszillierenden Systems, das zur Strukturierung des Universums führt. Deshalb ist auch Materie aus allen Phasenzuständen aufgebaut und von Urstoffteilchen durchsetzt, also komplexer Natur. Auch hier findet man den Ariadnefaden, der sich im Verlauf der Evolution des jeweiligen Systems in allen sich später entwickelnden und bereits entwickelten strukturbildenden Systemen erkennen lässt. Es sind immer wieder Oszillationen und Phasenübergänge, die die jeweiligen Entwicklungsstufen des Universums kennzeichnen. Auch hier ist ein ständiges Werden und Vergehen zu beobachten. Wie in allen oszillierenden Systemen können auch hier die angestrebten Sollwerte nie erreicht werden, solange ein stetiger Energie- und Materiedurchsatz besteht. Ein derartiger Vorgang lässt sich durch eine zellartige (gekammerte) Struktur des Universums und durch entsprechende Wechselwirkungen zwischen den jeweiligen Einheiten erklären. Diese Tatsache bildet die Triebfeder für ein kosmisches Perpetuum mobile. Dass die Idee eines kosmischen Perpetuum mobile nicht abwegig ist, zeigt die unter Kosmologen allgemein diskutierte Möglichkeit eines pulsierenden Universums. Darüber hinaus wissen wir aus dem sogenannten Energiesatz (Satz von der Erhaltung der Energie), dass es ein allgemeingültiges, grundlegendes Naturgesetz ist, dass bei einem physikalischen Vorgang Energie, sprich die Bewegung und Herstellung von Urstoffteilchen, weder erzeugt noch vernichtet, wohl aber in eine andere Energieform, sprich andere Bewegungsmuster, umgewandelt werden kann.

Wie man sieht, kann man die Entstehung des Universums und seine Aktivitäten - ohne gegen geltende Gesetze zu verstoßen - durchaus auch ohne den sog. Urknall erklären. Darüber hinaus besteht der Vorteil der von mir dargelegten Theorie darin, dass man ohne Zusatzhypothesen auskommt und die einzelnen Vorgänge innerhalb der verschiedenen Entwicklungsstufen nicht abstrakt, sondern realitätsbezogen sind. Durch die Erkenntnisse der Chaosforschung wird diese Theorie zusätzlich gestützt. Auch für den Laien dürften diese Gedankengänge durchaus nachvollziehbar sein.

Es ist eine alte Erfahrung, dass man erst etwas aufbauen muss, bevor man es zerstören kann. Wie soll sich denn ein unendlich dichter, dimensionsloser Punkt aufbauen, um dann zu explodieren? Allein die Aussage: Ein unendlich dichter, dimensionsloser Punkt ist eine mathematische Abstraktion und hat mit der Realität nichts zu tun. Wie soll aus einem völlig unstrukturierten, dimensionslosen „Nichts" innerhalb von einer Minute ein dreidimensionales Universum entstehen, das bereits trotz der extremen Kräfte und Wechselwirkungen so sensibel aufeinander abgestimmte Vorgänge ermöglicht, wie wir sie heute beobachten? Wer dies heute lehrt und trotz aller gewonnener Forschungsergebnisse glaubt, der beweist in der Tat, dass er nicht in einer realen Welt lebt. Wie sagte schon 1884 der Physiker Lord Kelvin? „Ich bin erst zufrieden, wenn ich von dem zu untersuchenden Gegenstand ein mechanisches Modell entworfen habe. Gelingt mir das, habe ich die betreffende Erscheinung verstanden, sonst nicht."

Quarks und Antiquarks

Die Grundbausteine der Materie, die Quarks und die ihnen spiegelbildlichen Strukturen, die Antiquarks, wurden, wie bereits beschrieben, in den Quasaren „gegossen". Sie haben eine definierte Innenstruktur und erhielten bei ihrem Ausstoß am Süd- bzw. Nordpol des jeweiligen Quasars eine Oberflächenstruktur, die ihnen grundsätzlich nur eine Drehung in einer Richtung, also entweder einer **Rotation im Uhrzeigersinn „S"** (Südpol) **oder gegen den Uhrzeigersinn „N"** (Nordpol) erlaubt, sobald eine geeignete Kraft auf sie einwirkt.

Ausrichtung der Urstoffteilchen in den vier Quarks (Innenstruktur) **und den vier *Antiquarks***

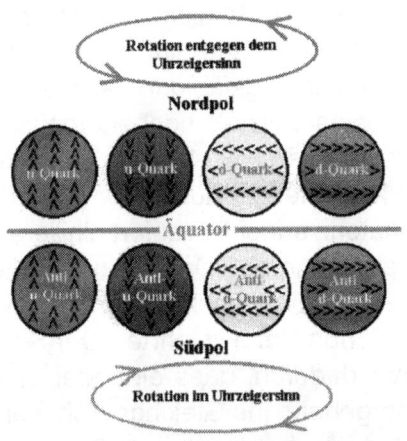

Die entsprechenden Quarks und Antiquarks haben die gleiche Innenstruktur. Sie unterscheiden sich lediglich durch ihre entgegengesetzte Drehrichtung, ihren Spin.

Wird die Rotationsachse dieser Quarks um 90 Grad nach der linken oder rechten Seite gekippt, so erfolgt die **Rotation nach vorne „V" oder nach hinten „H",** also auf uns zu oder von uns weg. Wird dagegen die Rotationsachse um 90 Grad nach vorne oder nach hinten gekippt, also auf uns zu oder von uns weg, so erfolgt **die Rotation nach links „W"** (Westen) **oder nach rechts „O"** (Osten). Die Quarks besitzen folglich die Fähigkeit je nach Lage und Position **oben** und **unten**, **links** und **rechts** sowie **vorne** und **hinten** zu unterscheiden. Die spiegelbildlichen Spins lassen sich auch als + oder - kennzeichnen. Die Quarks können folglich ihre Wirkung gegenseitig verstärken oder ihre Wirkung gegenseitig aufheben. Quarks können sich aber nicht gegenseitig vernichten, wie dies die Anhänger der Theorie von Materie und Antimaterie behaupten. Das ist der gravierende Unterschied zwischen Realität und offizieller Lehre. Die Physiker setzen nämlich fälschlicher Weise Eigenschaften und Wirkungen mit den Trägern eben dieser Eigenschaften und den Verursachern eben dieser Wirkungen gleich. Trotz dieses Dogmas von dem Verhalten von Materie und Antimaterie hindert das die Experten nicht, zum Beispiel in dem leistungsfähigen Teilchenbeschleuniger am Fermilab im Bundesstaat Illinois hochenergetische Protonen mit ihren Antiteilchen kollidieren zu lassen. Unwillkürlich fragt man sich, wozu so ein kostspieliger Aufwand notwendig ist, wenn sich Materie und Antimaterie angeblich sofort nihilieren, sobald sie miteinander in Kontakt kommen? Da waren die alten griechischen Philosophen vor 2500 Jahren in ihrer Art zu denken der heutigen Elite weit voraus. Schon Heraklit lehrte: „Der Schein beharrlicher Dinge entsteht nur dadurch, dass einander entgegenstehende Kräfte sich vorübergehend ins Gleichgewicht setzen." Bleibt zum wiederholten Male festzuhalten, dass Kräfte stets an einen stofflichen Träger gebunden sind.

Doch zurück zu den Quasaren und dem Spin. In diesem Zusammenhang ist darauf hinzuweisen, dass Pole im eigentlichen Sinne des Wortes gar nicht existieren. Nord- und Südpol sind lediglich die Bezeichnungen für die beiden Enden einer imaginären Rotationsachse. Dies lässt sich sehr leicht durch den Kreiselkompass veranschaulichen. Beim Kreiselkompass nutzt man die Tatsache, dass ein schnell rotierender Kreisel mit nur zwei Freiheitsgraden versucht, seine Rotationsachse parallel zur Erdachse zu stellen. So zeigt auch der Kreiselkompass im Gegensatz zum Magnetkompass exakt die geographische Nord-Süd-Richtung und nicht die magnetische Nord-Süd-Richtung an, die bekanntlich von der geographischen Nord-Süd-Richtung um die lokale Missweisung (Deklination) abweicht.

Zusammenfassend ist festzuhalten, dass es vier Quark-Arten gibt, die sich durch ihre Innenstruktur voneinander unterscheiden. Wie auf der Skizze oben zu erkennen, sind nämlich die Urstoffteilchen in den vier unterschiedlichen Quarks entweder horizontal nach links oder rechts bzw. vertikal nach oben oder unten ausgerichtet. Diese vier unterschiedlich aufgebauten Quarks haben, je nachdem an welchem Pol sie ausgestoßen wurden, einen spiegelbildlichen Spin. So existieren grundsätzlich acht verschiedene Quarks. Da der Spin der „Nordpol-Quarks" entgegengesetzt zu dem Spin der „Südpol-Quarks" orientiert ist, kann man auch von vier Quarks mit dem Spin (+) und vier Anti-Quarks mit dem Spin (-) sprechen, weil sich diese Spins gegenseitig in ihrer Wirkung aufheben können. Der Quasar stößt zwar die Quarks und die Antiquarks an seinen entgegengesetzten Polen aus, doch werden diese Elementarteilchen in einer gewissen Entfernung vom Quasar durch sein Magnetfeld zur Äquatorialebene abgelenkt. Das enorm starke Magnetfeld hat sich als Folge der extremen Rotation des Quasars um ihn herum aufgebaut. Dieses Magnetfeld wirkt seinerseits wiederum wie bei einem Dynamo, der durch die Schwerkraft konstant angetrieben wird, und erzeugt eine unvorstellbar große Spannung zwischen den beiden Polen. So prallen förmlich Quarks und Antiquarks unter Freisetzung extrem energiereicher Strahlung aufeinander und erzeugen die hell leuchtende Akkretionsscheibe in der Äquatorebene des Quasars, die fälschlich als das Ergebnis aufleuchtender Materie gedeutet wird, bevor sie in einem schwarzen Loch endgültig verschwindet. Dabei wird aber übersehen, dass Materie von allen Seiten und aus allen Richtungen in ein schwarzes Loch stürzen kann und dass sie dies nicht geradlinig und derart kontinuierlich tut, wie dies für die Entstehung einer dauernden Akkretionsscheibe, noch dazu in dieser Größe, erforderlich wäre. In der Realität würde nämlich jedes Objekt als Folge der seitlichen Kräfte, die durch die Rotation entstehen, spiralförmig und an den verschiedensten Stellen in das vermeintlich Schwarze Loch stürzen. Materie würde darüber hinaus mit großer Sicherheit von dem extrem starken Magnetmantel des Quasars abprallen und in das All diffus zurückgeschleudert werden, vergleichbar einem flachen Stein, den man im spitzen Winkel auf eine Wasseroberfläche wirft und sie würde lokal und nicht ringförmig in der Äquatorialebene verstrahlen. Eine dauerhafte Akkretionsscheibe könnte sie mit Sicherheit nicht aufbauen. Auch wären die beobachteten Jets nicht möglich, weil die Materie an den Polen in Form eines Wirbels auf den Quasar zustürzen müsste, da Magnetfelder grundsätzlich geschlossen sind. Auch stellt sich die Frage, wo die Teilchen plötzlich die enorme Energie hernehmen sollen, um sich gegen die Schwerkraft, die sie ja zunächst angezogen haben soll, plötzlich mit annähernder Lichtgeschwindigkeit von dem Schwarzen Loch in entgegengesetzter Richtung zu entfernen. Schließlich wird gelehrt, dass die Gravitationskräfte eines Schwarzen Loches so groß sind, dass nicht einmal ein Photon entweichen kann.

Die oben beschriebenen acht Quarks bilden zusammen in der Form von vier Quark/Antiquarkpaaren die Grundbausteine der gesamten Materie. Indem sich die einzelnen Quarks entsprechend ihrer Innenstruktur und ihres Spins nach strenger Gesetzmäßigkeit aneinander lagern, können sechs unterschiedliche Quarks ein dreidimensionales, kugelförmiges Objekt, das Proton oder Antiproton, gestalten.

Jeweils drei Quarks und drei Anti-Quarks bilden die kleinstmögliche Oberfläche in Form einer Kugel. So entsteht der Atomkern des Wasserstoffs, das Proton (griech.: „das Erste"). Ein Quark/Antiquarkpaar bildet dabei eine Nord - Südachse, während ein zweites Quarkpaar mit einer spiegelbildliches Süd - Nordachse das Antiproton bildet. So werden aus den acht oben beschriebenen Quarks/Antiquarks die elementaren Bausteine der Materie gebildet. Diese Bausteine erzeugen auch die elektromagnetischen bzw. magnetoelektrischen Kräfte, die sich unter entsprechenden Voraussetzungen gegenseitig aufheben, aber niemals die Träger der jeweiligen Kräfte nihilieren können, wie das die offizielle Lehrmeinung fordert. Es gibt folglich zwei unterschiedliche Protonen, mit jeweils einem entgegengesetzt strukturierten Quarkpaar und spiegelbildlichem Spin, nämlich die Protonen und die spiegelbildlich aufgebauten Antiprotonen.

Die elektromagnetischen Felder sind das Resultat senkrecht aufeinanderstehender Rotationsfelder (Verwirbelungen), die durch den Spin und die Topologie der Quark/Antiquarkpaare erzeugt werden. Haben elektromagnetische Felder den gleichen Spin, so hat ihr Feld die gleiche Ladung und sie stoßen sich ab.

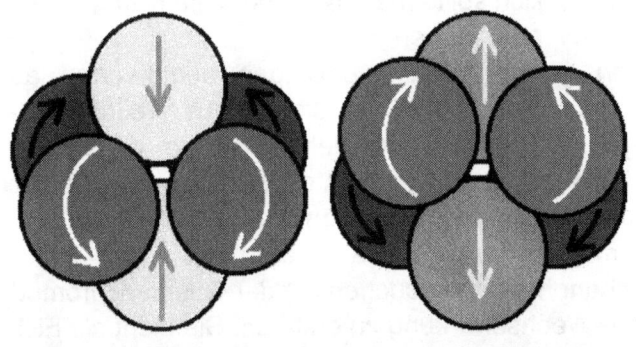

Proton   Spiegelbildliches
                  Antiproton (Neutron)
Die Pfeile zeigen die jeweilige Drehrichtung, den jeweiligen Spin, der Quarks bzw. Antiquarks an.

Haben sie einen spiegelbildlichen Spin, dann haben sie eine entgegengesetzte Ladung und sie ziehen sich nicht nur an, son-

dern heben sich auch in ihrer Wirkung gegenseitig auf. Schon Heraklit lehrte vor 2500 Jahren: „Der Schein beharrlicher Dinge entsteht nur dadurch, dass einander entgegenstrebende Kräfte sich vorübergehend ins Gleichgewicht setzen."
Der entscheidende Unterschied zwischen Proton und Antiproton besteht jedoch darin, dass nach meiner Theorie Proton und Antiproton über das jeweilige Elektron bzw. Antielektron miteinander wechselwirken und sich nicht gegenseitig vernichten, wie dies von Dirac auf Grund von Berechnungen gefordert wird. Quark und Antiquark sind ebenso wie Proton und Antiproton vielmehr die Voraussetzung dafür, dass das Universum existiert und so funktioniert, wie es nun einmal funktioniert. Schließlich ist unstrittig, dass in den Atomkernen Protonen und Neutronen kontinuierlich Elektronen austauschen und so miteinander wechselwirken. Wird ein Neutron zum Beispiel beim radioaktiven Zerfall isoliert, zerfällt es innerhalb von Minuten in ein Proton, ein Elektron und ein Antineutrino. Folglich sollte man das Kind beim Namen nennen und als Antiproton anerkennen.
Die oben gemachten Ausführungen beantworten auch die Fragen vieler Theoretiker, die sich mit der Teilchenphysik beschäftigen. So wird nachvollziehbar, warum grundsätzlich nur Quark/Antiquarkpaare beobachtet werden, warum bisher keine Magnetmonopole nachgewiesen wurden und warum es keine Viererkombinationen von Quarkpaaren gibt.
Die Teilchenphysiker versuchen mit der Quantenchromodynamik die starke Wechselwirkung zu erklären. Sie dient als Eichtheorie für die Quarks als den fundamentalen Bausteinen der stark wechselwirkenden Materie und den Gluonen, als den Übermittlern der starken Wechselwirkung. In der Teilchenphysik werden die stark wirkenden Kräfte zwischen den Quarks auch als Farbkräfte bezeichnet. Dabei ergibt sich ein Problem, weil nach dieser Theorie nicht nur die Quarks die genannten Farbladungen tragen sollen, sondern auch die Gluonen. Bei den Quarks soll es sich um die Farbladung Rot, Grün und Blau handeln, während es bei den An-

tiquarks die Farbladungen Antirot, Antigrün und Antiblau sind. Bei den Gluonen wurden dagegen acht verschiedenen Farbladungen festgestellt. Ein echtes Problem, wenn man nur drei Quarks und drei Antiquarks, aber acht Bindungskräfte hat. Kompliziert wird die ganze Theorie noch durch die Annahme, dass die Gluonen „zweifarbig" sind. So unterscheidet man bei den Gluonen folgende

Farbladungen: Mischfarben erster Ordnung:

Rot-gelbes-Gluon = Orange
Rot-blaues-Gluon = Violett
Gelb-rotes-Gluon = Orange
Gelb-blaues-Gluon = Grün
Blau-rotes-Gluon = Violett
Blau-gelbes-Gluon = Grün

Farbneutrales Gluon 1
Farbneutrales Gluon 2

Nach der Theorie der Quantenchromodynamik lassen sich die Quarks und Antiquarks nicht beliebig kombinieren, sondern nach der Farbtheorie muss die Kombination der Teilchen weiß ergeben. Rot, Gelb und Blau ergeben ebenso weiß wie die entsprechenden Komplementärfarben Grün, Violett und Orange. Jede andere Kombination würde eine „nicht weiße Farbe" ergeben. Allerdings wird der Begriff Farbe von den Experten nicht wörtlich verstanden. Diese Bezeichnung wurde eingeführt, weil die Kenntnis der Verhaltensweise der Farben, so wie wir sie wahrnehmen, das Verhalten der Quarks verständlicher macht. Aber auch hier irren die Profis, wie ich später noch zeigen werde.
Entsprechend der Farbtheorie tritt jedes Quark/Antiquark in einem Proton in einer der drei Grundfarben: rot, blau, oder gelb auf. Die Antiquarks haben die entsprechenden Antifarben (Komplementärfarben) grün, orange oder violett.

Bei Farbfernsehern und Computer-Bildschirmen wird das sogenannte physikalische Farbmodell, bekannt als RGB-Modell (RGB = Rot, Grün, Blau) angewendet.
Mischt man die drei Grundfarben oder die drei Antifarben, erhält man ein weißes Licht. Alle anderen Kombinationen ergeben andere Farben. Ein Proton oder Antiproton muss aber grundsätzlich weiß als Ergebnis der Quarkzusammensetzung ergeben. Es sind also nur die Quark/Antiquarkkombinationen möglich, wie sie von mir weiter oben dargelegt wurden.
Zum besseren Verständnis möchte ich hier kurz auf die Farbmischgesetze eingehen. Dabei ist von entscheidender Bedeutung, ob man es mit farbigem Licht oder mit Farbsubstanzen zu tun hat. Beim farbigen Licht gilt das Gesetz der additiven Farbmischung, während bei den Farbsubstanzen das Gesetz der subtraktiven Farbmischung zum Tragen kommt, je nachdem, ob das Licht von einer Lichtquelle aktiv abgestrahlt wird, oder von einem Stoff bzw. Körper reflektiert wird. Das menschliche Auge kann das ankommende Licht nicht in seine spektralen Komponenten zerlegen. So kann die selbe Farbempfindung durch unterschiedliche Mischungsverhältnisse verschiedener Farben, als Folge verschiedener physikalische Reize entstehen. Eine Mischung aus rotem und grünem Licht enthält z. B. keinerlei Wellen mit der Wellenlänge des rein gelben Lichtes. Dennoch kann es dem menschlichen Auge bei geeignetem Intensitätsverhältnis der Wellen als ebenso gelb erscheinen wie die reine Spektralfarbe der Natriumdampflampe.
Die unterschiedlichen Farbempfindungen können durch Mischen entsprechender Anteile von rotem, blauem und grünem Licht ebenso hervorgerufen werden wie durch rotes, blaues und gelbes Licht. Diese Farben ergeben bei annähernd gleicher Farbintensität zusammen weißes Licht. Bestimmte Paare reiner Spektralfarben werden als Komplementärfarben bezeichnet. Wenn diese additiv gemischt werden, lässt sich ebenfalls die Farbe Weiß erhalten. Entscheidend für meine Ausführungen sind die Komplementärfarbenpaare Gelb und Blau sowie Rot und Grün.

Bei diesen Ausführungen fällt auf, wie bereits weiter oben erwähnt, dass für Quarks und Antiquarks zusammen 6 Farben zur Verfügung stehen, während die Gluonen, die als Überträger der starken Wechselwirkung angesehen werden, über 8 verschiedene Farben verfügen sollen. Was also mit den 2 überzähligen Farben machen?
Das Problem lässt sich schnell lösen, wenn man meinen bisherigen Ausführungen folgt. Man braucht nur jedem der vier Quarks und Antiquarks je eine Farbe zuordnen, dann hat man auch die entsprechenden acht Farben der zugehörigen Gluonen. Laut Definition sind sowohl Quarks wie Gluonen Träger der Farbkraft. Wenn dem so ist, dann kann es nur entweder 6 Gluonen oder 12 Gluonen geben oder 8 Quarks und 8 bzw. 16 Gluonen. Andere Zahlenkombinationen sind aus Symmetriegründen nicht möglich. Wenn man dem Proton die Farben rot, blau und gelb zugesteht, dann kann man dem Antiproton die Farben rot, blau und grün zuordnen (siehe Seite 71), denn im Proton können blau und gelb die Farbe grün erzeugen und im Antiproton können rot und grün die Farbe gelb ersetzen. Wir haben es folglich mit vier Grundfarben zu tun, wobei gelb und grün als Farben der d-Quarks /Anti-d-Quarks auch als Mischfarbe eines u-Quarks mit einem d-Quark erzeugt werden können. So können Proton wie Antiproton alle Farben des Spektrums in unserem Gehirn entstehen lassen, denn Farbe im eigentlichen Sinn gibt es in der Natur nicht. Die unterschiedlichen Wellenlängen der Lichtquanten sind auch unterschiedlich energiereich. In der Netzhaut des menschlichen Auges befinden sich drei unterschiedlich farbempfindliche Sehzellen, die auch als Zapfen bezeichnet werden. Energiereiches kurzwelliges Licht, wird von bestimmten Zapfen als blau empfunden. Mittelwelliges und somit energieärmeres Licht erzeugt den Farbeindruck grün. Das langwellige energiearme Licht bewirkt den Farbeindruck rot. Durch entsprechende chemische Prozesse werden diese Lichtquanteneinwirkungen in organspezifische Energieimpulse umgesetzt, die über Nervenbahnen dem Gehirn zugeleitet werden. Sie bewirken

in unserem Gehirn einen Effekt, den wir je nach Wellenlänge als unterschiedliche Farben empfinden. Das bedeutet aber auch, dass der subatomare Bereich entscheidenden Einfluss auf die biologischen Vorgänge in unserem Körper hat und dass nicht nur chemische Reaktionen die physiologischen Abläufe in unserem Organismus bestimmen, sondern letztlich die unterschiedlichsten Felder in den Atomen und Molekülen unsere Sinne steuern und kontrollieren.

Zusammenfassend lässt sich sagen, dass die Quarks und Antiquarks aus den Urstoffteilchen der Welt des Ungeformten, dem sog. „Nichts", hervorgegangen sind und damit innerhalb eines raum- und zeitlosen Zustandes durch regionale Verdichtungen, Enklaven vergleichbar, die Grundbausteine für unsere materielle Welt gebildet haben. Damit aber die Quarks und ihre Antiteilchen in unsere Welt gelangen konnten, mussten sie zuerst den starken Magnetgürtel, der den Quasar umgibt, durchqueren. Dieser „Sprung" in unsere Welt, erforderte neben einem extremen Energieaufwand auch eine exakt ausgerichtete Drehbewegung senkrecht zur Rotationsachse des Teilchens, die wiederum genau parallel zur Rotationsachse des Quasars ausgerichtet sein musste. Vergleichbar einem Kreisel, der jeder Richtungsänderung einen um so größeren Widerstand entgegensetzt, je schneller seine Rotationsgeschwindigkeit ist, schossen die Quarks durch den kritischen Bereich, das Nadelöhr, des Magnetfeldes. Diese Kreiselkräfte nutzt man heute zur Steuerung ballistischer Raketen ebenso wie zur Geschossstabilisierung und in Form des Kreiselkompass zu Navigationszwecken. Die Gravitationskräfte des Quasars verhinderten jedoch, dass sich diese Quarks in den Weiten des Alls verlieren. So bildete sich ein Halo aus allen möglichen Teilchen um den Quasar. Aber auch ein starkes elektrisches Feld jenseits des starken Magnetfeldes (der Atomhülle vergleichbar), sorgte dafür, dass sich die Quarks beider Pole zur Äquatorebene des Quasars hin orientierten, wo sich die entsprechenden Quarks und Antiquarks unter Freisetzung riesiger Energiemengen in Form von Strahlung zu bisher unteilbaren Paaren verbanden. So entstand auch der erste und kleinste Elementarmagnet. Eine riesige Zahl dieser winzigsten zweipoligen Elementarmagneten bildete dann die Magneten, die wir kennen und deren geheimnisvolle Kraft die Chinesen schon vor über 5000 Jahren kannten. Phönizische Kaufleute sollen später in Magnesia, einer Stadt im alten Griechenland, magnetische Wundersteine zum Kauf angeboten haben. Angeblich hat dieser Tatbestand dem Wunderstein den Namen „Magnet" gegeben.

Da die Protonen und Antiprotonen nicht nur die Atomkerne des Wasserstoffs bilden, sondern auf der materiellen Ebene die Grundbausteine aller Atomkerne und somit der gesamten Materie sind, wird verständlich, warum in der anorganischen und organischen Chemie grundsätzlich Racemate aus 50% rechtsdrehender und 50% linksdrehender Moleküle vorgefunden werden. Deshalb können sich auch zwei Wasserstoffatome aneinander lagern, sobald ihre Atomkerne einen entgegengesetzten Spin haben, also spiegelbildlich spinende Elektronen produzieren. Ansonsten müssten sie sich wegen ihrer gleichen Ladung gegenseitig abstoßen. Dies ist auch der Grund, weshalb die Elektronen in jeder Beziehung derart exakt zu dem jeweiligen Atomkern „passen". Es ist deshalb schlicht absurd, wenn die Anhänger der Urknalltheorie verbindlich lehren, dass Elektronen schon vorhanden waren, bevor die erst später entstandenen schwereren Atomkerne gebildet wurden. Führt man diesen Gedanken konsequent zu Ende, dann hätten sich die vergleichsweise riesigen Atomkerne nach den winzigen Elektronen strukturieren müssen. Bildlich ausgedrückt hätte der Schwanz mit dem Hund gewedelt. Dass es sich hierbei nicht um wilde Spekulationen handelt, lässt sich durch den Stern-Gerlach-Versuch beweisen, der die theoretisch abgeleitete Richtungsquantelung überzeugend bestätigt, indem er 50% der Atome zum nördlichen Pol und 50% zum südlichen Pol des Magneten ablenkte. Er trennt also Protonen (Atome) und Antiprotonen (Neutronen) aus einem Atomgemisch zu gleichen Teilen.

In diesem Sachverhalt liegt auch der Schlüssel für das Verständnis von Informationsaustausch und Informationsweitergabe zwischen den einzelnen Atomen und Molekülen, sowie der Wechselwirkung mit der Umwelt, die sich kontinuierlich auf den Atomkernen und den Molekülen „abbildet". Auch das, was wir als Leben bezeichnen, hat in diesem Sachverhalt seinen Ursprung. Die unterschiedliche Ladung der Atome und Moleküle führt dazu, dass sich offenen Systeme aufbauen können, die einer Batterie mit den Plus- und Minuspolen vergleichbar, das Energiegefälle innerhalb eben dieses Systems ausnutzen, um sich selbst zu erhalten, zu wachsen und zu vermehren. Dies geschieht, indem geeignete energiereichere Verbindungen aufgenommen werden und unter Abgabe von Wärme in einem polyphasischen System nach genau definierten Regeln ab- und umgebaut werden. Dabei ist die Triebfeder der Sachverhalt, dass die Istwerte des Systems immer um die Sollwerte herumpendeln, sie aber nie erreichen. Fällt dieses Pendeln um die Idealwerte aus welchen Gründen auch immer aus, so kommt der Energiedurchsatz zum Erliegen, das System stirbt, das Leben erlischt, der Organismus ist tot und zerfällt in seine Ausgangsstoffe. Ein lebender Organismus und ein toter Organismus unterscheiden sich nämlich chemisch nicht im Geringsten. Der Unterschied liegt allein im geregelten Spannungsgefälle innerhalb des jeweiligen Lebewesens, seiner Zellen und damit letztlich der Doppelhelix unserer Erbmasse. Deshalb gibt es Familien, die „uralt" werden und Familien, deren Angehörige relativ jung sterben. Die Frage ist nur, wie lange ein Organismus sein individuelles Spannungsgefälle geregelt aufrecht erhalten kann.

Bohm, der bei Oppenheimer, dem „Vater der Atombombe", promoviert hatte, befasste sich später als Professor für Physik mit der Problematik der Quantenrealität. Er übernahm eine Idee von Louis de Broglie und entwickelte eine mathematisch konsistente Interpretation der Quantenrealität mit lauter normalen Objekten. Danach ist ein Quantenobjekt als ein Teilchen mit zugeordneter Pilotwelle anzusehen, die es sozusagen darüber informiert, wie es sich zu bewegen hat. Die Pilotwellenvorstellung besagt, dass jedes Quantenobjekt ein real existierendes Teilchen ist, das stets bestimmte Eigenschaften besitzt. Jedes dieser Teilchen besitzt eine reale Pilotwelle. Diese Pilotwelle lässt sich durch ihre Einwirkung auf das Teilchen nachweisen. Man bezeichnet sie als „Quantenpotential". Ihre Funktion besteht darin, die Umgebung zu „lesen", abzutasten oder „abzubilden" und an das Teilchen zurückzumelden. Nach seiner Überzeugung handelt es sich um eine reale Welle, die nicht mit der Wellenfunktion des Quantums zu verwechseln ist, die nach seiner Überzeugung eine rein mathematische Konstruktion zu prognostischen Zwecken darstellt. Das Teilchen verhält sich dann entsprechend der Information, die es durch die ihm zugeordnete Pilotwelle erhalten hat. Infolgedessen besteht in der Quantenpotentialinterpretation ein Quantenobjekt nicht aus einem einzigen „Ding" in Form eines Teilchens oder einer Welle, sondern ist beides zugleich.

Um es auf den Punkt zu bringen: Er beschreibt im Endeffekt ein Feld, das mit seiner Umgebung wechselwirkt. Durch diese Vorstellung kommt die objektive Realität wieder zu ihrem Recht und die schizophrene Vorstellung von dem Objekt als Teilchen und dem Objekt als Welle entfällt.

Wenn man sich einmal klar macht, mit welchen Größenverhältnissen wir es zwischen Atomkern und Atomhülle zu tun haben, dann ist es leicht nachzuvollziehen, warum es Probleme bei der Diskussion Teilchen oder Welle gibt. Nimmt man z.B. für einen Atomkern die Größe von einem Cent an und legt diesen Cent auf den Mittelpunkt eines Fußballfeldes, so wird die äußere Begrenzung seiner Atomhülle hinter den beiden Toren des Spielfeldes verlaufen. Auch wenn der Atomkern noch so massiv und starr ist, es dürfte schwer fallen, ihn in dem elastischen Medium eines entsprechend großen Luftballons nachzuweisen. Entsprechend elastisch verhält sich das elektrische Feld um den Atomkern. Schießt man z. B. Atome gegen eine Wand, so treffen sie unstrittig als Teilchen auf dieses Hindernis. Schießt man aber Atome durch einen engen Spalt, kommt es bei ihrer Berührung mit den Atomen der Spaltbegrenzung zu elastischen Stößen, wodurch die durch den Spalt geschossenen Atome, den Reflexionsgesetzen entsprechend, abgelenkt werden. Hinzu kommt, dass diese Atome auch noch einen eigenen, unterschiedlich energiereichen Spin besitzen. Die hierbei zu beobachtenden Interferenzerscheinungen täuschen dann einen Wellencharakter (Korpuskularstrahlung) der Atome vor. Ferner ist darauf hinzuweisen, dass 50% der Atome rechtsdrehend und 50% linksdrehend sind (siehe Stern-Gerlach-Versuch). Jeder Fußballspieler weiß, dass er beim Schuss auf das Tor den Ball so „anschneiden" kann, also derart gegen den Ball treten kann, dass der rechtsdrehende Ball Richtung rechter Torpfosten und der linksdrehende Ball Richtung linker Torpfosten fliegt, je nach dem, wie der Fuß des Spielers den Ball trifft. Noch deutlicher ist dieser Effekt beim Billardspielen zu sehen und zu nutzen. Eingedenk der so eben beschriebenen Sachverhalte, lässt sich das sog. Doppelspalt-Experiment der Physiker auch anders deuten. Bei diesem Experiment fällt Licht durch zwei enge, nebeneinander stehende Spalten einer Trennwand auf einen Schirm und bildet dort helle und dunkle Streifen ab. Die Physiker interpretieren das Experiment wie folgt: Aus beiden Spalten der Trennwand treffen Wellen auf jeden Punkt des Schirmes. Dabei muss aber das Licht auf dem Weg von den beiden Spalten zum Schirm unterschiedliche Entfernungen zurücklegen. Daraus folgert, dass die einzelnen Lichtwellen (Photonen) nicht phasengleich auf dem Schirm ankommen können. Dies wiederum bewirkt, dass sich die Lichtwellen untereinander entweder verstärken (addieren) oder abschwächen (gegeneinander aufheben). Als Ergebnis erhält man helle und dunkle Interferenzstreifen. Das gleiche Ergebnis erzielte man auch, wenn man die Photonen durch Teilchen ersetzt. Also schloss man messerscharf, dass dieses Ergebnis nur durch einen Wellen-Teilchen-Dualismus zu erklären ist. Man behauptet also, dass es keinen Unterschied zwischen Wellen und Teilchen gibt. Demnach können sich je nach Versuchsaufbau Wellen wie

Teilchen und Teilchen wie Wellen verhalten. Wenn man aber weiß, dass Felder eine begrenzte Ausdehnung haben und dass diese Felder elastisch verformbar sind, dann kann man über diese Interpretation nur den Kopf schütteln. Dies ist um so verwunderlicher, als man den soeben beschriebenen Effekt einer scheinbaren Interferenz auch dann noch erzeugen kann, wenn die Teilchen einzeln auf die Trennwand mit dem Doppelspalt abfeuert werden. Dann baut sich nämlich allmählich auf dem Schirm ebenfalls ein Interferenzmuster auf. Interferenz wird aber als charakteristische Überlagerungserscheinung definiert, die beim gleichzeitigen Zusammentreffen zweier oder mehrerer Wellenzüge mit fester Phasenbeziehung untereinander am gleichen Raumpunkt zu beobachten ist. Wenn man aber Photonen oder was auch immer für geartete Teilchen einzeln auf die Trennwand mit dem Doppelspalt schießt, dann ist die Gleichzeitigkeit nicht mehr gegeben. Damit fehlt aber die Voraussetzung für eine Interferenz. In Wirklichkeit haben die Teilchen einen Spin (Drall) und sind von einem Feld umgeben. Dadurch werden sie beim Auftreffen auf die Spaltbegrenzung von den Atomen „abgefedert" und verteilen sich unterschiedlich auf der Schirmfläche. Dabei überlagern sich die Teilchen, die durch den einen Spalt gegangen sind, entsprechend ihrem Effekt, mit den Teilchen, die durch den anderen Spalt gegangen sind und täuschen so eine Interferenz vor. Dies ist auch der Grund, warum sich bei derartigen Versuchen ein entsprechendes „Interferenzfeld" erst allmählich aufbaut. Die Behauptung der Physiker, dass jedes Teilchen eben seinen Weg gleichzeitig durch beide Spalten nehmen muss, ist schizophren und schlichtweg unhaltbar. Dies würde ja bedeuten, dass sich diese Teilchen teilen, also eine Spaltung von Elementarteilchen oder Atomen stattfinden würde. Das ist wirklich starker Tobak.
Wenn man sich diese physikalischen Vorgänge einmal klar macht, dann wird nachvollziehbar, warum die Kernphysiker lehren, dass die physikalischen Größen, die ein Objekt besitzt, kontextabhängig sind. Schließlich können sie diese Objekte nicht direkt

beobachten und müssen aus den jeweiligen Messergebnissen und den entsprechenden Berechnungen versuchen, sich ein Bild zu machen. Da ihre Messergebnisse aber von der jeweiligen Messsituation abhängen, können sie dem zu untersuchenden unbekannten Objekt nicht unabhängig vom Messgerät und dem Akt des Messens zugeordnet werden. Aus diesem Sachverhalt erklärt sich Bohrs berühmtes Prinzip der Komplementarität, das besagt, dass es von der Messsituation und nicht nur vom Objekt selbst abhängt, ob das Objekt Welleneigenschaften oder Teilcheneigenschaften zeigt. Doch zurück zu meiner Interpretation von Quarks und Protonen.

Das rechtsdrehende Proton erzeugt ein spiegelbildliches Elektron zu dem Elektron des linksdrehenden Antiproton. Elektronen sind nach geltender Lehrmeinung immer von einem Schwarm virtueller Teilchen umgeben. In der Quantenmechanik versteht man unter virtuellen Teilchen, etwas Stoffliches, das man nicht direkt nachweisen kann, dessen Existenz aber messbare Auswirkungen hat. Es ist deshalb nach meiner Überzeugung davon auszugehen, dass es sich bei diesen virtuellen Teilchen um eine Ansammlung von Urstoffteilchen, Gravitonen, WIMPs oder wie auch immer man diese Elementarpartikel bezeichnen mag. Diese Teilchen umschwärmen also das jeweilige Elektron. Wenn zwei Elektronen derart dicht zusammen kommen, dass ihre Felder hinreichend beieinander sind, kann ein vom ersten Elektron emittiertes Photon vom zweiten Elektron absorbiert werden. Je näher sich die Elektronen kommen, um so häufiger soll sich nach offizieller Lehre dieser wechselseitige Photonenaustausch ereignen. Beide Elektronen absorbieren Photonen, die das jeweils andere Elektron emittiert hat. So entsteht wie bei der Photographie stets ein Positiv und ein Negativ von einer durch Licht (Photonen) weitergegebenen Information. Der amerikanischen Nobelpreisträger Richard Feynman versuchte eine anschauliche Darstellung dieser elektromagnetischen Wechselwirkung zwischen Elektronen durch Photonenaustausch in dem sog. Feynmann-Diagramm.

Die elektromagnetische Wechselwirkung wird nach dieser Auffassung durch Photonen vermittelt. Deshalb haben die Physiker die Abstoßungskraft zwischen den Elektronen, die nach ihrer Überzeugung auf dem Austausch von Photonen beruhen soll, durch den Begriff Wechselwirkung ersetzt. So kann, wie bei einem Abdruck, ein Negativ ein Positiv erzeugen und umgekehrt. Dies ist aber auch der Mechanismus, der in den Kernen schwerer Atome dazu führt, dass sich Protonen in Neutronen umwandeln und umgekehrt. Währe dem nicht so, müsste ein Neutron wie ein Proton völlig stabil sein. Ein freies Neutron (Masse 1675,0 x 10^{-30} g) zerfällt aber spätestens nach 17 Minuten in ein Proton (Masse 1672,6 x 10^{-30} g), ein Elektron (Masse 0,91090 x 10^{-30} g) und ein Antineutrino, dessen Masse unmessbar klein oder gleich null sein soll. Wie das Massedefizit von 1,4891 x 10^{-30} g zu erklären ist, wird nicht erklärt. Im Atomkern sind jedoch die Neutronen stabil, da die Bindungsenergie des Neutrons so hoch ist, dass zur Erzeugung des Elektrons mehr Energie gebraucht wird, als durch die schwächere Bindung des entstehenden Protons aufgebracht wird. So die geltende Lehrmeinung. Ganz nebenbei wird so von den Experten völlig ungewollt zugegeben, dass Elektronen keineswegs das Produkt eines fiktiven Urknalls sind, sondern auch heute noch ständig entstehen und vergehen.

In den Atomkernen herrschen starke Gravitationskräfte, obwohl dies die Kernphysiker bestreiten, so dass das Gleichgewicht zwischen den abstoßenden elektromagnetischen Kräften und den Gravitationskräften sich nur dadurch aufrecht erhalten lässt, dass sich dauernd Protonen in Neutronen und Neutronen in Protonen durch Austausch der Elektronen umwandeln. Ist als Folge eines ungünstigen Verhältnisses von Protonen zu Neutronen das fein austarierte Gleichgewicht zwischen sich abstoßenden elektromagnetischen Kräften und Gravitationskräften gestört, explodiert der Atomkern und wir haben es mit dem sog. radioaktiven Zerfall eines Atoms zu tun. Es ist also nicht die schwache Wechselwirkung, die die Atomkerne zum Explodieren bringt - wie sollte auch eine schwache Kraft über eine starke Kraft obsiegen? - sondern das Aufschaukeln einer Störschwingung, entsprechend dem Schmetterlingseffekt, den wir ja bereits aus der Chaosforschung kennen. Die schwache Wechselwirkung ist folglich gar keine der vier Naturkräfte, wie die Kernphysik lehrt, sondern das Ergebnis einer Rhythmusstörung beim Wechselspiel der elektromagnetischen Kräfte und den Gravitationskräften. In radioaktiven Atomen lässt sich ein ständiger Wandel von Protonen in Neutronen und umgekehrt nachweisen, wobei auch noch andere „Teilchen" mitproduziert werden. Auf diese Weise wechselwirken Protonen und Antiprotonen miteinander und tauschen Informationen aus, indem sich abwechselnd, je nach Abstrahlung Protonen im Atomkern in Neutronen und Neutronen in Protonen umwandeln. Das bedeutet aber, dass Proton und Antiproton abwechselnd die Elektronen austauschen, so dass in der Realität entweder ein Proton oder ein Antiproton Photonen abstrahlen kann. Gleichzeitig können beide keine Photonen abstrahlen. Strahlt ein Proton ein Lichtquant ab, so steht sozusagen das Antiproton (Neutron) auf Empfang und umgekehrt. Ein Sachverhalt, der von entscheidender Bedeutung ist und auf den ich später genauer eingehen werde.

Die vier unterschiedlich strukturierten Quarks haben folglich je ein entsprechendes, aber spiegelbildlich spinendes Gegenstück, das Antiquark, das an dem jeweils entgegengesetzten Pol eines Quasars ausgestoßen wurde. Da sich Quark und entsprechender Antiquark im Halo des Quasars aneinander lagern, und zwar auf Grund ihrer Innenstruktur und ihres entgegengesetzten Spins (elektromagnetischen Felder), kommt es durch die enormen Gravitationskräfte, in Verbindung mit den zusätzlich nach innen wirkenden magnetischen und elektrischen Kräften zu der von Physikern als „starke Wechselwirkung" oder „starke Kernkraft" bezeichneten Kraft. Die Bezeichnung starke Wechselwirkung oder starke Kernkraft ist insofern falsch, als die Physiker sie für eine von vier Grundkräften ansehen, die unsere Welt so funktionieren lassen, wie sie funktioniert. Die starke Kernkraft hat nach ihrer Überzeugung von allen vier Grundkräften die kürzeste Reichweite,

während die Gravitationskraft die größte Reichweite besitzen soll. In der Realität handelt es sich bei der starken Kernkraft (starken Wechselwirkung) um das Ergebnis des Aufeinandertreffens, von drei Kräften auf engstem Raum: der Gravitationskraft, der elektrischen Kraft und der magnetischen Kraft.
Die starke Wechselwirkung reicht nur so weit, wie der Durchmesser eines Protons. Ist der Abstand größer, kommen die nach außen wirkenden elektromagnetischen Kräfte zum Tragen, vergleichbar den Vorgängen in und um die Quasare. Die „elektromagnetische Kraft", die als zweitstärkste der vier Grundkräfte gilt, wirkt der Gravitationskraft entgegen und hebt die „starke Wechselwirkung" auf, sobald der Abstand vom Atomkern größer als der Durchmesser eines Protons ist. Etwa 10^{-14} m vom Atomkern entfernt, kommt die „elektromagnetische Kraft" zur Wirkung und baut die Atomhülle auf, die eine Schalendicke zwischen 10^{-14} m bis 10^{-10} m hat. Ab 10^{-10} m kommt die Gravitationskraft, die in dem Bereich zwischen 10^{-14} m bis 10^{-10} m von der turbulenten elektromagnetischen Kraft überlagert worden war, wieder bei den Atomen zum Tragen. Allerdings nimmt ihre Wirkung mit dem Quadrat der Entfernung ab.
An dem Übergang von dem Feld der starken Kernkraft zu dem Feld der elektromagnetischen Kraft entsteht eine Art Grenzwall, der das Anlagern weiterer Protonen und Neutronen an den Atomkern ohne extremen zusätzlichen Energieaufwand verhindert. Kann dieses elektromagnetische Feld, das letztlich die gesamte Atomhülle bildet und so die Ausdehnung des jeweiligen Atoms bestimmt, von einem Proton oder Neutron trotzdem durchquert werden, wird das betreffende Proton bzw. Neutron mit der Macht der ungeheuren Gravitationskräfte der Nukleonen (vergleichbar den Vorgängen, die im Bereich der sog. Schwarzen Löcher beschrieben werden) in den Atomkern gezogen. Der Vorgang lässt sich am Beispiel eines reißenden Flusses erklären, bei dem als Folge eines plötzlichen Gefälleunterschiedes seine laminare Strömung abreißt und plötzlich in der Form einer sog. Walze turbulent wird.

Dagegen ist der erneute Übergang, diesmal vom elektromagnetischen Feld zum Gravitationsfeld, nicht so scharf abgegrenzt.

Schematische Skizze

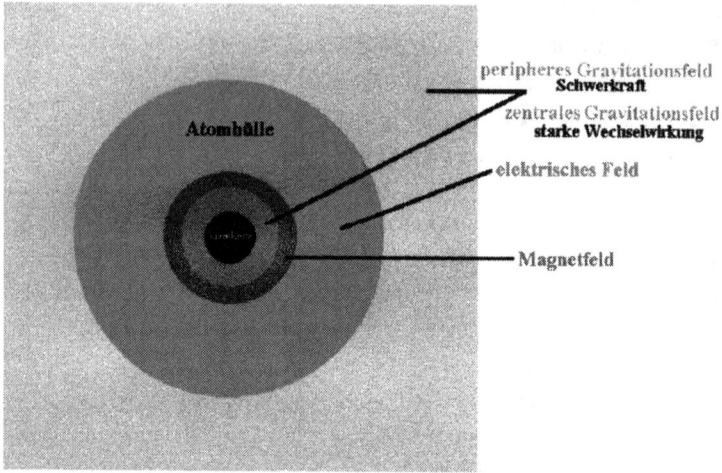

Das extrem starke Magnetfeld verhindert, dass Elementarteilchen zum Atomkern vordringen. Erst nach hohem Energieaufwand kann diese natürliche Grenze überwunden werden. Lediglich der Äther (Urstoffteilchen) kann diese Abschirmung problemlos durchdringen.

Das geradeaus strömende Wasser kann den Höhenunterschied nicht mehr ausgleichen, die laminare Strömung reißt vorübergehend ab und wird turbulent. Das Wasser dreht sich nun hinter diesem Gefälleunterschied wie eine Walze in entgegengesetzter Richtung zur bisherigen laminaren Strömung. Holz oder anderes Treibgut, das in diese Walze gerät, wird nicht mehr freigegeben und rotiert oft stundenlang, bis es durch irgendeinen Zufall in den Uferbereich gelangt, wo die laminare Strömung nicht vollkommen abgerissen ist und so vom Wasser weiterbefördert werden kann. Paddler nutzen diesen Sachverhalt, um sich mühelos vor dem Walzenkamm zu tummeln und die Walze „abzureiten", ohne von der Strömung fortgerissen zu werden. Gelangen sie jedoch gewollt oder ungewollt hinter den Walzenkamm, werden sie sofort von der reißenden Strömung förmlich weggespült oder der Paddler muss einen extremen Kraftaufwand betreiben, um diese Walze zu überwinden und erneut mühelos vor der Walze sich in der Strömung zu spielen. Für so manchen Paddler wurden derartige Walzen zur tödlichen Falle, wenn er darin kenterte. Hier wird also eine laminare Strömung von einer lokalen Verwirbelung, einer Turbulenz, unterbrochen, um dann wieder in eine laminare Strömung überzugehen. So wie die gleiche Wassermenge trotz der Turbulenz weiterhin den Fluss hinunter fließt, so wirkt auch die Gravitationskraft über den engen Bereich des elektromagnetischen Feldes - als Folge der Verwirbelung der Elementarpartikel (Urstoffteilchen) durch die Quarks - kontinuierlich weit in den Weltraum hinaus. So wie die Wasserwalze für ein Treibgut ein unüberwindliches Hindernis darstellt, so lange es im Zentrum dieser Walze treibt, so ist der „Grenzwall" zwischen Atomhülle und Atomkern ohne extremen zusätzlichen Energieaufwand von Protonen/ Antiprotonen nicht zu durchdringen. Ist diese Turbulenz allerdings überwunden, stürzen die Protonen/Antiprotonen förmlich in den Atomkern. Die derzeit gültige Lehrmeinung der Atomphysik ist jedoch, dass es vier prinzipiell unterschiedliche Arten von Wechselwirkungen zwischen letztlich drei verschiedenen Elementarteilchen, den Protonen, den Neutronen und den Elektronen gibt. Da aber Neutronen außerhalb des Atomkerns zerfallen, können sie gar nicht elementar sein. Doch das sei nur nebenbei bemerkt. Die vier Wechselwirkungen werden in die starke Wechselwirkung, die schwache Wechselwirkung, die elektromagnetische Wechselwirkung und die Gravitationswechselwirkung eingeteilt. Sie gilt als die schwächste Wechselwirkung. In Fachkreisen ist man sogar der Ansicht, dass sie in der Mikrophysik fast immer vernachlässigt werden kann. Eine grobe Fehleinschätzung der Realität, wie ich meine. In der Realität haben wir es nach meiner Theorie jedoch keineswegs mit vier, sondern mit drei Grundkräften zu tun, die auf zwei Grundformen der Bewegung von Urstoffteilchen zurückzuführen sind. Es

handelt sich um Translationsbewegungen und Rotationsbewegungen der neutralen und elastischen Urstoffteilchen, denen durch diese sehr speziellen Bewegungsmuster auch ganz bestimmte Eigenschaften zukommen. Die Translationsbewegungen verleihen diesen Elementarpartikeln das, was wir als Masse bezeichnen. Da die Geschwindigkeit der Urstoffteilchen unterschiedlich, aber grundsätzlich endlich ist und da sich diese Urstoffteilchen aus unterschiedlichsten Richtungen und Entfernungen aufeinander zu bewegen können, bilden sich regionale Ansammlungen in Form der Schwarzen Körper. Sie positionieren Planeten und Sterne ebenso wie die Galaxien und bilden schließlich hierarchische Muster in Form von Kammern und Waben durch stehende Wellen, sogenannte morphogene Felder. Man könnte die Waben mit einer Gewebezelle vergleichen, die ebenfalls eine bedingte Permeabilität besitzt. In einem unendlichen Universum stößt letztlich jedes Teilchen irgendwann in einer bestimmten Entfernung auf Himmelskörper, die dann für dieses Teilchen eine wandähnliche Begrenzung bilden und deshalb eine weitere geradlinige Bewegung dieses Teilchens unmöglich machen. So wie in einem Gefäß die Gasmoleküle völlig ungeordnet herumfliegen, immer wieder zusammenstoßen und dabei die kinetische Energie und den entsprechenden Impuls aufeinander übertragen, so verhalten sich die Urstoffteilchen idealen Gasen vergleichbar. Ihre Geschwindigkeit ist um einen Mittelwert verteilt und die Impulsübertragung beim Stoß auf eine Begrenzung erzeugt den Gasdruck p.
Die kinetische Gastheorie erklärt den Druck als das Ergebnis von Übertragung der Impulse durch Moleküle auf eine Oberfläche.

1/6 x n/V Moleküle prallen an jede Wand und erzeugen den Druck p.

p = n/V x Boltzmannkonstante (k) x **Temperatur (T)**

Gasdruck p = n/V x k x T

Druck durch aufprallende Urstoffteilchen

Unterdruck als Folge fehlender Urstoffteilchen

Da die Urstoffteilchen völlig neutral sind, können sie mit Ausnahme der Quarks alles durchdringen, auch die Atomhülle. Lediglich an den kompakten Quarks werden sie reflektiert und hinter den einzelnen Quarks verwirbelt, da hier als Folge der Reflexion ein Urstoffteilchendefizit, ein Unterdruck, entstanden ist. Siehe Skizze oben.
Die überwiegende Mehrzahl der Urstoffteilchen, die auf ein Objekt treffen, vermag einen solchen Körper reaktionslos zu durchdringen. Urstoffteilchen, die jedoch auf die Quarks dieser Objekte aufprallen, werden von den Oberflächen der Quarks reflektiert. Da die Urstoffteilchen die Materie von allen Seiten durchströmen können und die Reflexion an den Quarks von allen Seiten gleich ist, heben sich die von allen Seiten auf ein Objekt einwirkenden Kräfte

gegenseitig auf. Die einzelnen Himmelskörper schweben folglich in einem Meer von Urstoffteilchen. Nähert sich jedoch ein weiterer Himmelskörper hinreichend dem oben beschriebenen Objekt, so kommt es zwischen diesen beiden Körpern zwangsläufig zu einer Verminderung der Urstoffteilchendichte, da (siehe Abbildungen) beide Objekte einander vor Urstoffteilchen abschirmen, also eine Art „Schatten" bilden und deshalb zwischen ihnen (als Folge der verringerten Urstoffteilchenzahl) ein Unterdruck entsteht.

Je dicker und je kompakter die zu durchdringende Materie ist, um so weniger Urstoffteilchen können dieses Objekt durchqueren, um so größer ist der Unterdruck und um so schneller nähern sich diese Objekte einander und um so schwerer sind sie - oder wie die Physiker sagen, um so mehr Masse besitzen sie. Die Körper werden durch den sie umgebenden Überdruck so lange aufeinander zugeschoben, bis der Teilchendruck zwischen den beiden Himmelskörpern durch die seitlich zuströmenden Urstoffteilchen wieder ausgeglichen werden kann oder sie aufeinanderprallen. Wenn sich der Druckunterschied ausgeglichen hat, also die Schwerkraft kompensiert wurde, behalten die beiden Objekte ihren Abstand so lange bei, so lange nicht ein erneuter Störfaktor dieses labile Druckgleichgewicht aufhebt. In dieser Phase bilden sich stehende Längswellen aus, die, wie bereits früher dargelegt strukturbildende Eigenschaften haben und den gesamten Kosmos so aussehen lassen, wie wir ihn kennen.

Man kann jetzt diese Primärpartikel auch im Labor indirekt durch den sog. Casimir-Effekt nachweisen. Im Los Alamos National Laboratorie wurde im Bereich des absoluten Nullpunktes dieser schon länger bekannte Versuch wiederholt, weil er unter normalen Bedingungen unterschiedliche Interpretationen zu ließ. Wenn sich in einem Vakuum, nahe dem absoluten Nullpunkt, zwei Plättchen im Abstand von etwa ein tausendstel Millimeter frei beweglich gegenüber befinden, bewegen sie sich aufeinander zu. Niemand hat sie angestoßen, selbst die Wärmestrahlung ist bei dieser

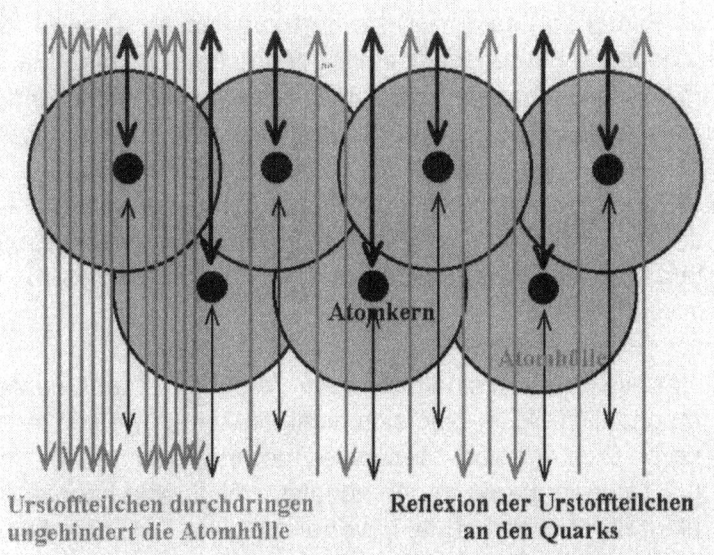

Urstoffteilchen durchdringen ungehindert die Atomhülle

Reflexion der Urstoffteilchen an den Quarks

Druckeinwirkung von Urstoffteilchen auf Atome der Materie

In dieser Skizze sind Atomkerne und Atomhülle nicht maßstabsgerecht widergegeben. Die Atomkerne haben in dieser Skizze einen Durchmesser von etwa 4 Millimeter. Bei dieser Vorgabe müsste die zugehörige Atomhülle einen Durchmesser von 40 Metern haben. Diese extremen Größenunterschiede stellen ganz erhebliche Probleme für unser Vorstellungsvermögen dar. Die Urstoffteilchen müssen deutlich kleiner als 1×10^{-33} Zentimeter Planck-Länge sein. Das entspricht einer 1 mit mehr als 33 Nullen. Solche Größenunterschiede lassen sich nur noch in kosmischen Maßstäben darstellen und überfordern unser Vorstellungsvermögen.

Temperatur nicht mehr vorhanden. Die Physiker sprechen von einer Nullpunkt-Energie, die von virtuellen Teilchen aufgebracht werden soll, wenn sie dieses Experiment zu erklären versuchen. Die Teilchen sollen sich nach dem Verständnis dieser Physiker wie Wellen verhalten. Nur wenn die Wellenlänge genau zwischen die

beiden Plättchen passt, sind sie dort zugelassen. Diese Wellen sollen dann die Plättchen auseinander drücken. Um die Plättchen herum können sich jedoch die verschiedensten Wellen bilden, die dann zwangsläufig einen größeren Druck von außen aufbauen und so die Plättchen aufeinander zuschieben.
Objektiv bleibt festzuhalten: Im Vakuum übt also etwas eine Kraft auf die Plättchen aus. Die Experten heben hier gesicherte, elementare physikalische Gesetze auf, um diesen Sachverhalt zu erklären. Aber

1. virtuelle Teilchen sind nach dem Verständnis der Quantenmechanik Teilchen, die sich nicht direkt nachweisen lassen, deren Existenz aber messbare Auswirkungen hat.
2. bei Temperaturen um den absoluten Nullpunkt kann es sich nicht um Wellen handeln, da der absolute Nullpunkt keine Wellen zu lässt.
3. der Begriff Nullpunkt-Energie ist ein Widerspruch in sich. Der Nullpunkt bedeutet absolute Bewegungslosigkeit, also Stillstand und dies beinhaltet, dass es auch keine kinetische Energie gibt.

Was man bei diesem Versuch beobachtet ist genau das, was ich gerade weiter oben beschrieben habe. Die Urstoffteilchen beginnen in dem Augenblick, in dem der Abstand zwischen den beiden Plättchen so gering ist, dass sie im jeweiligen „Teilchenschatten" des anderen Plättchens stehen, die beiden Objekte aufeinander zuzuschieben, um den Unterdruck zwischen den beiden Plättchen auszugleichen, bis sie aufeinandertreffen, da ein Ausgleich des Teilchendruckes zwischen den Plättchen und der Umgebung unter den vorgegebenen Bedingungen nicht mehr möglich ist. Dieser Versuch zeigt eindrucksvoll das Wirken der Gravitationskräfte, die durch die dauernde Bewegung von Urstoffteilchen verursacht werden.
Ebenso lassen sich die sog. „bags" um die Atomkerne, das sind bisher undurchdringliche „Wolken" um die Atomkerne, nur als

Anreicherung von Urstoffteilchen erklären. Doch zurück zu den Verhältnissen im Kosmos.

Da von den Quarks der jeweiligen Objekte, die sich gegenseitig „anziehen" die Urstoffteilchen wechselseitig reflektiert werden, führt dies zu folgender Konsequenz: Die Urstoffteilchen, die ja eine bestimmte Zeit zur Bewältigung der Strecke zwischen den sich gegenseitig beeinflussenden Objekten benötigen, kommen nicht mehr auf den selben Punkt zurück, von dem sie ausgesandt wurden. Dies führt zu einer Krängung der jeweiligen Objekte. Jede Krängung erzeugt jedoch ein Drehmoment. Auf diese Weise halten die einzelnen Himmelsobjekte ihre jeweiligen Positionen und drehen sich um ihre eigenen Achsen. Dieser Sachverhalt ist auch die Ursache dafür, dass sich alle Objekte und Galaxien in Rotationsbewegung befinden. Da gleichzeitig die stützenden Komponenten der so erzeugten stehenden Wellen im vorderen Bereich dieser Körper (also in ihrer Flugrichtung) wegfällt, entsteht dort ein Unterdruck in Richtung anderer Himmelskörper, weshalb ihre, zunächst tangentiale Flugbahn eine Krümmung erfährt. Aus diesem Grunde „fallen" die betreffenden Himmelskörper gleichsam umeinander und ziehen so ihre kreisförmigen bis elliptischen Bahnen. Dieses Beispiel erklärt auch, warum in einem luftleeren Raum eine Feder ebenso schnell fällt wie ein Apfel. Besteht z.B. eine Feder aus 100 Quarks und ein Apfel aus 100.000 Quarks, dann drücken auf die Quarks der Feder von oben und unten im Verhältnis ebenso viele Urstoffteilchen wie auf die Quarks des Apfels. Drücken z.B. bei der Feder 100 Urstoffteilchen von oben und 90 Urstoffteilchen von unten, so ist die Differenz 10. Drücken z.B. beim Apfel 100.000 Urstoffteilchen von oben und 90.000 Urstoffteilchen von unten, so ist die Druckdifferenz ebenfalls um 10% geringer. Auf die Quarks der Feder und des Apfels wirkt eine gleichstarke Kraft. Deshalb fallen sie auch gleich schnell. Da die Zahl der Urstoffteilchen, die z.B. durch den Erdmittelpunkt gehen, deutlich geringer ist, als die Zahl der Urstoffteilchen, die den Rand unseres Planeten durchdringen, ist der Urstoffteilchenunterdruck zum Erdmittelpunkt hin deutlich ausgeprägter als zum Rand unseres Planeten. Unser Planet bildet folglich ein trichterförmiges Unterdruckprofil. Aus diesem Grunde „fallen" alle Objekte immer in Richtung Erdmittelpunkt.

Da es auf dem Mond keine Luft gibt, konnte der Astronaut David Scott nach seiner Landung auf diesem Trabanten über den Fernsehschirm allen Zuschauern zeigen, dass eine Feder und eine schwere Kugel unter natürlichen Bedingungen gleich schnell fallen.

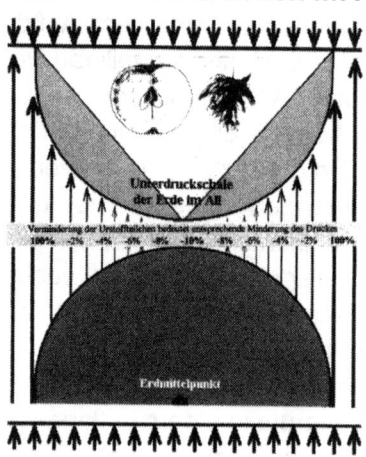

Die Stärke der Pfeile soll die Druckunterschiede verdeutlichen.

Auf der Erde sind wegen des Luftwiderstandes dazu aufwendige Versuchsanordnungen notwendig. Deshalb lässt sich auf unserem Planeten dieser Versuch nicht so eindrucksvoll und mediengerecht darstellen.

Wenn sich zwei Himmelskörper hinreichend nähern, bildet sich, wie von Einstein in der allgemeinen Relativitätstheorie gefordert, ein Gravitationstrichter. Allerdings verformt sich nicht der Raum trichterförmig, wie man Einsteins mathematische Ergebnisse interpretierte. Vielmehr bildet sich im Raum als Folge von Druckunterschieden ein trichterförmiges Unterdruckgebiet zwischen den jeweiligen Himmelskörpern aus, da bei den kugelförmigen Gestirnen von ihrem Mittelpunkt die meisten Urstoffteilchen abgeschirmt werden, während zu ihrem Rand hin die Abschirmung

Druck durch Urstoffteilchen im All 100 %

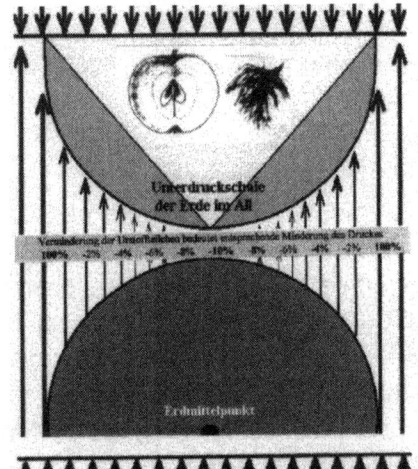

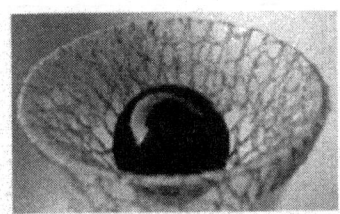

Die Stärke der Pfeile soll die Druckunterschiede verdeutlichen.

Nach **meiner Theorie** *ist die Gravitationskraft das Ergebnis von Druckunterschieden als Folge unterschiedlicher Urstoffteilchendichte. Da durch den Erdmittelpunkt weniger Urstoffteilchen gelangen als gegen den Rand hin, entsteht eine Art Unterdrucktrichter. Die jeweiligen Objekte sind auch keineswegs bestrebt, sich gradlinig fortzubewegen. Sie folgen vielmehr zwangsläufig dem Profil des geringsten Unterdruckes. Verwerfen oder verformen kann sich nur etwas Stoffliches. Etwas Stoffliches ist aber immer etwas Körperliches. Raum und Zeit sind aber geistige Konstruktionen, um Positionen, das Volumen von Objekten oder die Schnelligkeit von Veränderungen mathematisch beschreiben zu können.*

> *Die* **allgemeine Relativitätstheorie** *beschreibt die Gravitation als eine Verwerfung der Raumzeit durch die in ihr enthaltene Masse und Energie, ohne jedoch zu definieren, was Masse und Energie eigentlich sind. Ferner wird behauptet, dass Objekte grundsätzlich bestrebt sind, sich gradlinig fortzubewegen. Ihre Bahn erscheint jedoch gebeugt, weil die fiktive Raumzeit durch die Masse der jeweiligen Objekte gekrümmt wird. Wie soll sich aber etwas, dass nicht stofflich ist, sondern nur virtuell eingeführt wurde, krümmen?*

abnimmt. Der Raum kann sich nicht verformen. Lediglich die Urstoffteilchendichte kann sich verändern. So wie ein Körper auf einem Röntgenbild unterschiedliche Schatten wirft und auf diese Art seine Innenstruktur abbildet, wenn er von einem Lichtteilchenstrom (energiereichen Photonen) durchflutet wird, weil er, je nach Dichte, unterschiedlich viele Lichtteilchen hindurch lässt, die die Photoplatte entsprechend unterschiedlich stark schwärzen, so bildet ein Körper ein Unterdruckprofil, das einem Negativ seiner Dichte entspricht, wenn er von Urstoffteilchen durchströmt wird.

Dass Teilchen ursächlich für die Gravitationskräfte sind, geht schon daraus hervor, dass die Lichtintensität ebenso wie die Schwerkraft mit dem Quadrat der Entfernung abnimmt. Auch die Präzession des Merkur-Perihels von einer Umlaufbahn zur nächsten, lässt sich nur so erklären, dass der Merkur noch so nahe an der Sonne ist, dass deren inneren Dichteunterschiede zu entsprechenden Unterdruckprofilen im Raum führen, die der Merkur lediglich „nachzeichnet". Die anderen Planeten sind zu weit von der Sonne entfernt, als dass sich diese Druckunterschiede im Raum noch derart deutlich erkennbar auswirken.

Dieses Unterdruckprofil wird für uns aber erst erkennbar, wenn ein oder mehrere andere Objekte in dieses Unterdruckgebiet gelangen. So wie die Röntgenplatte die Photonendichte erkennen lässt, so kann man vom Gravitationsverhalten der jeweiligen Objekte auf ihre Dichte schließen. Auf so einfache Weise lassen sich unsichtbare Photonen ebenso wie unsichtbare Urstoffteilchen indirekt nachweisen. Die Urstoffteilchen bilden ein relativ dynamisches Gefüge, das sich umgekehrt gleich zum Beharrungsvermögen der Quarks als Folge der jeweiligen Druckverteilungen verhält.

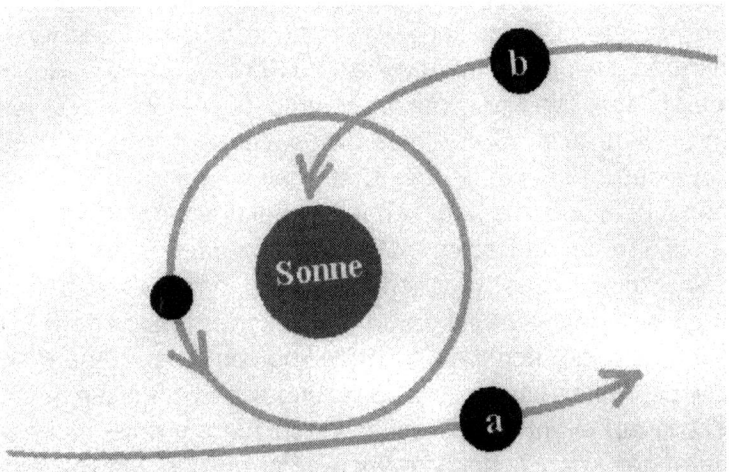

Weitgehend stabile Druckprofile zwischen der Sonne und den einzelnen Planeten garantieren ihre stabilen Bahnen. Wäre dies nicht so, würden die Planeten von der Sonne wegfliegen (a) oder in einer spiralförmigen Bahn in die Sonne stürzen (b).

Da jedes Urstoffteilchen neutral, begrenzt komprimierbar, massiv und elastisch ist, ist die kinetische Deutung entsprechend der eines idealen Gases nach dem Selbstähnlichkeitsprinzip naheliegend. In einem Gas fliegen die Moleküle völlig ungeordnet herum. Sie stoßen immer wieder zusammen und übertragen dabei kinetische Energie und Impuls aufeinander. Ihre Geschwindigkeit ist um einen Mittelwert verteilt. Die Impulsübertragung beim Stoß auf undurchdringliche Hindernisse (Quarks) erzeugt den Urstoffteilchendruck.

Die Urstoffteilchen bauen nicht nur unterschiedlichen Druck auf, der sich auf die Materie auswirkt, sie bilden auch gleichzeitig durch stehende Wellen strukturbildende Stützen zwischen den einzelnen Objekten. So strukturieren die stehenden Wellen der Urstoffteilchen den gesamten Kosmos. Man kann diesen Vorgang mit stehenden Schallwellen vergleichen, die in der Kundtschen Röhre, bei den Chladnischen Klangfiguren oder in der Kymatik Strukturen aus gleichmäßig verteiltem Korkmehl bzw. Bärlappsporen bilden. Die Himmelskörper stützen und formen die jeweiligen Strukturen im All durch derartige stehende Wellen, die sich durch stetige Reflexionen der Urstoffteilchen zwischen den einzelnen Objekten aufgebaut haben. So bekommt der Kosmos eine Struktur, die an die Bälkchenstruktur von einem Schwamm bzw. der Spongiosa eines Knochengewebes erinnert. Auf diese Weise wird einerseits eine zu große Massekonzentration vermieden, andererseits ist durch die Überbrückung von „Leerräumen" durch stehende Wellen eine stabile Struktur gewährleistet, die jederzeit elastisch auf eventuelle Druckunterschiede mit entsprechenden Änderungen eben dieser Struktur reagieren kann. Man muss sich den Vorgang ähnlich dem Umbau in der Knochenspongiosa vorstellen. Auch hier verändert sich die Struktur entsprechend der jeweiligen Zug- und Druckverhältnisse. So täuschen das Universum wie die Spongiosa der Knochen bzw. der Schwämme eine scheinbar unveränderliche Gestalt bzw. ein scheinbar unveränderliches Aussehen vor. In der Realität findet aber, wie bei allen offenen Systemen, ein reger Materie- und Energieaustausch statt. Dieser Sachverhalt erklärt auch, warum das Universum einerseits so gleichförmig und andererseits so klumpig ist, je nachdem, in welchem Maßstab man den Kosmos betrachtet.

Der Kosmos ist also weder statisch, noch treibt er explosionsartig auseinander, sondern er wandelt sich durch stetige Rückkopplung und passt sich so den jeweiligen Bedingungen an. Ein Vorgang, den uns die Evolution nachhaltig und eindrucksvoll immer wieder demonstriert. Auch hier zeigt sich wieder das Selbstähnlichkeitsprinzip. Man muss nur, wie unsere Altvorderen, die Augen offen halten.

Das Weltraumteleskop „Hubble" hat Gas- und Materieansammlungen im „Adlernebel" (einer Region rund 7000 Lichtjahre von unserer Erde entfernt) nachgewiesen, wie sie nach meiner Theorie zu erwarten waren. Säulenförmige Gaswolken waren ebenso zu erkennen, wie die sich zu Sternen verdichtenden Materiekonzentrationen, die mittels der Kymatik, z.B. mit Bärlappsporen, anschaulich nachgebildet werden können.

Nach geltender Lehrmeinung müssten die neu entstandenen Sterne als Folge der Gravitationskräfte in das Zentrum des Adlernebels stürzen. In der Realität bilden sich aber inhomogene Zonen, die sich durch stehende Wellen positionieren. Diese Zonen verdichten sich im Laufe der Zeit immer stärker und die Rotation nimmt auf Grund der Erhaltung des Drehimpulses zu. Schließlich kollabiert das Gas unter dem starken Gravitationsdruck und wird ein Stern. Wegen der bereits erwähnten Erhaltung des Drehimpulses entsteht, wie bei einem Eisläufer, der bei einer Pirouette plötzlich die zunächst ausgebreiteten Arme an seinen Körper anlegt, eine enorm hohe Rotationsgeschwindigkeit. Die Magnetisierung des ursprünglichen Gasgebildes führt, plötzlich auf ein so kleines Volumen zusammengedrückt, zu einem entsprechend starken Magnetfeld. Dieses wirkt seinerseits wiederum wie ein Dynamo und erzeugt eine extrem große Spannung zwischen den Polen. Da sich gleiche Kräfte abstoßen, steigt der Stern aus dem ihn umgebenden Nebel in das All und stürzt nicht, wie es die gültige Lehrmeinung erwarten lässt, in das Zentrum des Nebels. Vielmehr bewegt er sich zunächst gegen die Schwerkraft, die ihn aber dann wieder einfängt, wenn der durch die elektromagnetischen Kräfte bewirkte Fluchtimpuls von den Gravitationskräften zu einem späteren Zeitpunkt wieder aufgehoben wird. Wie bereits erwähnt, ist die elektromagnetische Kraft im „Nahbereich" stärker, während die Gravitationskräfte eine größere Reichweite haben. Durch die sich aufbauenden stehenden Wellen wird der neue Stern schließlich

positioniert. An dieser Stelle möchte ich darauf hinweisen, dass das entscheidende Merkmal für eine richtige Theorie ist, dass sie Vorhersagen macht, die zu einem späteren Zeitpunkt durch Beobachtungen bestätigt werden.
Da in einem oszillierenden System die Ist-Werte nie die Sollwerte erreichen, kann es auch keinen stationären Zustand des Kosmos geben. So kommt es zu regionalen Ansammlungen von sich gegenseitig anziehenden Galaxien, die immer größere Haufen bilden. Schließlich werden die Gravitationskräfte so stark, dass einzelne Galaxien beinahe mit Lichtgeschwindigkeit aufeinander zu rasen und, wie bereits geschildert, Materie in Urstoffteilchen, die ursprünglichen Bausteine des ganzen Systems, zerfällt. Es findet also ein erneuter Phasenübergang, diesmal in der umgekehrten Richtung statt. Dies hat zur Folge, dass sich andere Galaxieformationen durch die veränderten Gravitationsverhältnisse umstrukturieren müssen, was wiederum bewirkt, dass sich neue Konzentrationen von Urstoffteilchen, die Vorläufer künftiger Schwarzer Körper und Quasare, bilden. Somit ist der Kreislauf geschlossen. Innerhalb des offenen Kosmos kapseln sich geschlossene Systeme ab, die mit dem Energievorrat auskommen müssen, den sie als „Startkapital" mitbekommen haben. Diese abgeschlossenen Systeme unterliegen so lange dem Entropiesatz, bis sie eines Tages wieder zerfallen. Dann greift wieder das Perpetuum mobile des offenen Kosmos. Es besteht also ein kontinuierliches Fließgleichgewicht zwischen Entstehung von Galaxien und ihrem Untergang. Meine Theorie zeigt im Gegensatz zur geltenden Lehrmeinung, dass Naturgesetze und elementare Wechselwirkungen zeitlos wie das Universum sind.
Die elektromagnetischen Kräfte sind das Ergebnis von Rotationsbewegungen der Urstoffteilchen. Die elektrische Kraft unterscheidet sich von der magnetischen Kraft lediglich dadurch, dass die jeweiligen Rotationsfelder der Elementarpartikel senkrecht zueinander stehen. Die Ursache für diesen Sachverhalt ist im Aufbau der Atomkerne begründet, wie ich auf der Seite 119

gezeigt habe. Von Kraftfeldern spricht man deshalb, weil die so beschleunigten Urstoffteilchen innerhalb eines Raumes in der Umgebung des jeweiligen Körpers auf andere Körper eine Kraft ausüben. Diese Wechselwirkungen werden von den Physikern als die vier Naturkräfte (starke Wechselwirkung, elektromagnetische Wechselwirkung, schwache Wechselwirkung, Gravitationswechselwirkung) beschrieben. Sie werden letztlich durch die Rotation der Quarks bzw. der Reflexion von Urstoffteilchen an deren Oberfläche erzeugt. Es sind also unterschiedliche Bewegungen von Urstoffteilchen, die die unterschiedlichen Naturkräfte erzeugen. Die Kraft, die die Elementarpartikel in ewiger Bewegung hält, eine Art einheitlicher Urkraft, hat vermutlich ihre Ursache in einer geringen Asymmetrie der Verteilung der Urstoffteilchen im Kosmos. In einem unendlichen Kosmos kann weder eine völlige Synchronisation aller Urstoffteilchenbewegungen erreicht werden noch eine vollkommen gleichmäßige Verteilung der Urstoffteilchen gelingen. Zwangsläufig muss es deshalb immer wieder verschiedene Regionen mit unterschiedlichen Konzentrationen und unterschiedlichen Bewegungsformen und Bewegungsintensitäten der Urstoffteilchen geben, vergleichbar den Hochdruck- und Tiefdruckgebieten in unserer Atmosphäre. So pendeln die Ist-Werte stets um den Soll-Wert der völligen Symmetrie. Schließlich besagt ja auch der Entropiesatz, dass der absolute Nullpunkt, also ein völliger Stillstand aller Teilchen, nicht erreicht werden kann. Aus den oben dargelegten Gründen kann es auch keine Ladung ohne Ladungsträger und keine Gravitation ohne Materie geben.

Von Hideki Yukawa wurden 1935, also zu einer Zeit, als man von Quarks noch gar nichts wusste, auf Grund mathematischer Berechnungen Teilchen postuliert, die für die starke Kernkraft verantwortlich sein sollten. Einige Jahre nach ihrer Vorhersage wurden Teilchen in der kosmischen Höhenstrahlung nachgewiesen, die den Berechnungen Yukawas entsprachen. Diese als Mesonen bezeichneten Teilchen haben jedoch einige „Schönheitsfehler". Zum einen ist auffallend, dass sie nur äußerst selten

vorkommen, zum anderen, dass sie ausschließlich in der Höhenstrahlung nachgewiesen werden, also dort, wo eine weitaus geringere Zahl an Atomen vorkommt. Unwillkürlich stellt man sich die Frage, welchen Sinn es wohl macht, dass Teilchen der starken Kernkraft frei beweglich an Orten vorkommen, wo sie gar nicht benötigt werden? Schließlich gehören diese Teilchen, wenn die Theorie stimmt, in den Atomkern. Yukawa wusste allerdings zu seiner Zeit noch nichts von Quarks. Aus weiter oben angeführten Gründen halte ich die nachgewiesenen Mesonen für vagabundierende Quarks, die, aus welchen Gründen auch immer, keinen Reaktionspartner gefunden haben. Darüber hinaus zeigen die Wechselwirkungen der Quarks untereinander, dass es sich bei der Einschätzung der Bedeutung der Gravitationskräfte in der Mikrophysik um einen schwerwiegenden Fehler mit weitreichenden Folgen handelt. Für meine Überzeugung, dass es sich bei den Mesonen um Quarks handelt, spricht auch, dass es positiv geladene, negativ geladene und neutrale Elementarteilchen aus der Gruppe der Mesonen gibt. Die Träger der positiven bzw. negativen Ladung besitzen eine Ruhemasse von 273, während das neutrale Meson eine Ruhemasse von 264 besitzt. Wenn man bedenkt, dass ein Elektron die Ruhemasse 1 und ein Proton die Ruhemasse 1836 hat, so fällt es schwer zu glauben, dass es sich bei den Mesonen um die starke Kernkraft handelt. Es ist vielmehr davon auszugehen, dass sie Verursacher der starken Kernkraft sind. *Nach gültiger Lehrmeinung (6, S.458) ist die Wechselwirkung eine allgemeine Bezeichnung für die gegenseitige Beeinflussung physikalischer Objekte (insbesondere Elementarteilchen). Aus einer Wechselwirkung ergibt sich stets auch ein Energieaustausch. Die Kernkraft ist die starke Wechselwirkung zwischen Kernen und Nukleonen bzw. ihren Unterstrukturen, den Quarks.*
Die Quarks gewährleisten durch ihre Gravitationskräfte, dass die stabilen Kerne der Atome nicht explodieren. Die Kernkräfte sind nach offizieller Lehre unabhängig von der Ladung der Nukleonen

(6, S.458). Das bedeutet letztlich, dass sie alle der Schwerkraft unterliegen. Deshalb scheinen innerhalb ihrer Reichweite die Nukleonen untereinander die gleiche Anziehung aufeinander auszuüben. Es ist aus diesem Grunde viel wahrscheinlicher, dass es sich bei den drei Mesonen um u-Quarks und d-Quarks handelt, die von Quasaren erzeugt, als Singles durch das All oder im Halo eines Quasars bzw. Schwarzen Loches vagabundieren und beim Auftreffen auf Materie sofort wechselwirken.

Nach der geltenden Lehrmeinung besteht ein Proton aus zwei u-Quarks und einem d-Quark. Wie ich aber bereits weiter oben dargelegt habe, sind diese beiden u-Quarks bzw. das d-Quark nicht, wie bisher gelehrt wird, drei Elementarteilchen, sondern sie bestehen aus je einem Quark und einem Antiquark. Wir haben es also nicht mit 3 sondern mit 6 Quarks zu tun, die ein Proton, den Atomkern des Wasserstoff bilden. Setzt man für jedes positiv geladene u-Quark und Anti-u-Quark die Masse **273** ein, so erhält man für die beiden u-Quark/Anti-u-Quarkpaare die Masse **4 x 273 = 1092** und für das d-Quark und das Anti-d-Quark die Masse **2 x 264 = 528**. Die sechs Quarks haben somit gemeinsam die Masse **1620**. Zieht man die Masse der sechs Quarks von der Ruhemasse des Protons **1836** ab, so ergibt sich eine Restmasse von **216**. Sechs Quarks haben 12 Bindungsstellen untereinander **216 : 12 = 18**. Das bedeutet, dass die starke Wechselwirkung eine stehende Welle aus Urstoffteilchen mit der Masse **18** pro Bindung ist.

Die offizielle Lehrmeinung geht davon aus, dass Gluonen die Träger der starken Kernkraft sind. Diese Teilchen sollen allerdings die Masse null und den Spin 1 haben. Als freie Quanten wurden die Gluonen allerdings bisher noch nicht beobachtet. Da es sich also um ein „mathematisches Gluon" handelt, besagt das nichts über seine realen Eigenschaften. Nach oben durchgeführten einfachen Berechnungen müsste ein Gluon die Masse 18 haben. Das bedeutet eine extreme Urstoffteilchenverdichtung in Form von Verwirbelungen zwischen den einzelnen Quarks. Es handelt sich somit nicht um eine, mit einem besonderen Zustand des Raumes verbundene Fernwirkungserscheinung, sondern schlicht um stehende Wellen zwischen den einzelnen Quarks, wobei das Medium extrem verdichtet ist. Die Masse 18 für ein Gluon oder wie auch immer man diese lokale Verwirbelung von Urstoffteilchen nennen will, ist auch eine realistische Größenordnung, zumal die auf die Umgebung wirkende Anziehungskraft 100fach stärker sein soll als die elektrische Abstoßung, welche so lange erfolgt, so lange der Abstand zwischen Nukleon und Atomkern größer ist als der Durchmesser eines Protons. Ist der Abstand kleiner, wird das Nukleon durch die Gravitationskräfte der Quarks in den Atomkern hineingezogen.

Die derzeit gültige Lehrmeinung besagt, dass sich das Proton, der Atomkern des Wasserstoffs, aus zwei u - Quarks mit der elektrischen Ladung von je +2/3 der Protonenladung und einem d - Quark mit der elektrischen Ladung von je -1/3 der Protonenladung aufbaut (6, S.109). Diese Aussage verstößt zwar gegen die Definition, dass jede Ladung ein ganzzahliges Vielfaches der Elementarladung ist (Unteilbarkeit der Elementarladung), wird aber - allgemein anerkannt - als Sonderheit der Quarks erklärt. Dies ist um so erstaunlicher, als die Quarks die elementare Stufe der Materie sind. Niemand wagt es, diese widersprüchliche Behauptung zu hinterfragen, obwohl sie weittragende Konsequenzen hat. Wenn es richtig ist, dass jede Ladung ein ganzzahliges Vielfaches der Elementarladung ist und wenn Ladungsträger der Elementarladung die Elementarteilchen sind, dann ist es falsch, für Quarks die Ladung $2e/3$ und $-e/3$ zu postulieren. Das bedeutet, dass man ganz offensichtlich noch nicht die kleinste Ladung gemessen hat und deshalb die berechnete Ladung des Protons diese unnatürlichen Ladungsverhältnisse ergeben. Wenn die Definition von Elementarladung und Ladung auf alle Elementarteilchen zutrifft, muss sie auch für die Quarks Geltung haben. Aus meinen bisherigen Ausführungen ergibt sich, dass ein Proton, wie oben bereits dargelegt, aus 6 Quarks besteht.

Quarks sind die Miniaturausgabe von Schwarzen Löchern. Ihre Gravitationskräfte sorgen dafür, dass Protonen nicht ohne weiteres auseinanderfallen können. Die beschriebene Innenstruktur der Quarks und ihr Spin bewirken die elektromagnetischen Eigenschaften und sind für die Topologie der Quarks innerhalb des Protons verantwortlich. Die Gravitationskräfte halten auch die einzelnen Protonen und Neutronen in den schwereren Atomkerne zusammen, während die elektromagnetischen Wechselwirkungen die Atomhülle aufbauen sowie Struktur, Umbau und Stabilität von Molekülen bestimmen. Durch die unterschiedliche Ausrichtung der Urstoffteilchen in den Quarks entsteht ein Effekt, wie er von der Wicklung bei Magnetspulen bekannt ist. Auch hier wieder das Selbstähnlichkeitsprinzip. So kann jedes einzelne Quark bzw. Antiquark die für seine Gruppe spezifische Ladung aufbauen. Die Ausrichtung der Urstoffteilchen parallel oder antiparallel zur Rotationsachse bedeutet, dass die beiden u-Quark / Anti-u-Quarkpaare für die Erzeugung der elektrischen Ladung verantwortlich sind, während das d-Quark/ Anti-d-Quark den kleinsten Stabmagneten innerhalb eines Protons bildet. d-Quark und Anti-d-Quark sind folglich die lange gesuchten Magnetmonopole. Sie sind aber im d-Quarkpaar so fest miteinander verbunden, dass es bisher nicht gelungen ist, sie in den Teilchenbeschleunigern zu trennen und so nachzuweisen. In der Höhenstrahlung sind sie jedoch bereits als vagabundierende Mesonen (Quarks) festgestellt worden, ohne dass man erkannte, was man da eingefangen hatte. Da es zwei spiegelbildliche d-Quark/ Anti-d-Quarkpaare gibt, aber nur eines der beiden Quarkpaare in den Protonkern eingebaut werden kann, gibt es auch zwei spiegelbildliche Protonen, das Proton und das Antiproton (die Physiker nennen es fälschlicher Weise Neutron, obwohl das freie Neutron instabil ist und mit einer Halbwertszeit von etwa 10,4 Minuten in ein Proton, ein Elektron und ein Antineutrino zerfällt). Proton und Antiproton bauen nicht nur die Atomkerne der gesamten Atome auf, sondern sie wechselwirken auch im Atomkern untereinander. So entstehen auch schwerere Atome und Antiatome, wie der Stern-Gerlach-Versuch auf eindrucksvolle Weise betätigt. Hierbei spielt die Kombination und Position der Quark/ Antiquarkpaare in den Protonen und Antiprotonen die entscheidende Rolle für den Aufbau und die Entstehung des jeweiligen Elementes. Bei den chemischen Reaktionen ordnen sich dagegen nur die äußeren Elektronenhüllen der Reaktionspartner unter dem Einfluss elektromagnetischer Kräfte um. Da diese elektromagnetischen Kräfte ebenfalls von den Quark/Antiquarkpaaren gesteuert werden, sind sowohl die sog. Selbstorganisation der Materie wie auch die einzelnen Konfigurationen der Atome in den anorganischen und in den organischen Verbindungen von der Anordnung der Quark/Antiquarkpaare abhängig. Die Quark/Antiquarkpaare „informieren" nämlich das jeweilige Atom wo oben, unten, links, rechts, vorne und hinten ist. Dabei können bei schwereren Atomen „Störschwingungen" entstehen, die sich nach dem Schmetterlingseffekt so aufschaukeln, dass der Atomkern explodiert, also radioaktiv wird. Die Physiker sprechen bei diesem Vorgang von der schwachen Kernkraft. Der Widerspruch, dass eine schwache Kernkraft über eine starke Kernkraft obsiegt, scheint die Experten keineswegs zu stören. Die beschriebenen Vorgänge innerhalb der Atomkerne erklären auch den Aufbau des Periodensystems der chemischen Elemente. So wird auch verständlich, warum dieses Periodensystem auffallende Lücken erkennen lässt. Hier fehlen die Elemente, die auf Grund der oben beschriebenen Wechselwirkungen zwischen Protonen und Antiprotonen (Neutronen) zu instabil waren und deshalb wieder schnell zerfallen sind. Weil sich Proton und Antiproton wie Materie und Antimaterie spiegelbildlich zueinander verhalten, kennt man in der Chemie Racemate. Das sind äquimolare Gemische von zwei optischen Antipoden, also Verbindungen, die linear polarisiertes Licht um genau gleichgroße Beträge, aber in entgegengesetzter Richtung drehen. Die Quark/Antiquarkpaare „informieren" nämlich das jeweilige Atom nicht nur wo oben, unten, links, rechts, vorne und hinten ist, sie sind auch für die Entstehung von Racematen im Verhältnis 50% zu 50% verantwortlich. Ja der Einfluss der vier unterschiedlichen Quark/Antiquarkpaare geht so weit, dass sie über die vier stickstoffhaltigen Basen den genetischen Code der RNS und der DNS aufgebaut und verschlüsselt haben. Die heutigen Lebewesen erhalten ihre Erbinformation durch die jeweilige Anordnung der Nukleinsäuren (RNS und DNS), die im Zellkern jeder ihrer Zellen gespeichert sind. Der Gencode ist wie der Atomkern des Wasserstoffs aber nicht aus vier, sondern lediglich aus drei Komponenten (jeweils drei Quark/Antiquarkpaare) zusammengesetzt. Während zwei dieser Komponenten immer gleich bleiben (im Proton und Antiproton sind es die beiden u-Quark/Antiquarkpaare, im Gencode die Nukleinsäuren Adenin und Thymin), werden die d-Quark/Antiquarkpaare im Proton bzw. Antiproton ebenso gegeneinander ausgetauscht wie Guanin gegen Cytosin im Gencode. Das Tripel im Proton ist ebenso wie das Tripel im Gencode für die Ausrichtung und Orientierung der Atome und Moleküle im Raum verantwortlich. Gleichzeitig bestimmt es den Aufbau des zweiten Stranges der Doppelhelix im Zellkern. Wird das d-Quark/Antiquarkpaar gegeneinander ausgetauscht, so erhält man die Antimaterie, die, obwohl spiegelbildlich zur Materie, den gleichen Gesetzen unterworfen ist. Wird das Guanin gegen das Cytosin ausgetauscht, entsteht folglich ein „Antilebewesen". Es verhält sich spiegelbildlich zu dem entsprechenden „Lebewesen". Wer das nicht glaubt, braucht nur in den Spiegel zu schauen. Die linke Gesichtshälfte ist ähnlich der rechten Gesichtshälfte und umgekehrt. Die linke Hand und der linke Fuß sind spiegelbildlich zur rechten Hand und zum rechten Fuß. Die rechte Gehirnhälfte kontrolliert die Motorik der linken Körperhälfte und die linke Gehirnhälfte die der rechten Körperhälfte. Die drei Quarkpaare sind ebenso wie das Tripel im Gencode zur Ausrichtung und Orientierung im dreidimensionalen Raum notwendig. Die vierte Dimension der Zeit, die von Physikern einer gläubigen und kritiklosen Menschheit eingeredet wird, ist lediglich eine Fehlinterpretation mathematischer Operationen. Die

Zeit wurde vom Menschen erschaffen, um Dinge und Ereignisse in ein jetzt, ein davor und ein danach systematisch einzuordnen und gegebenenfalls mathematisch beschreiben zu können. Nach der allgemeinen Erfahrung, und die sollten wir uns nicht ausreden lassen, ist die Welt dreidimensional. Man benötigt drei Maße (Länge, Breite und Höhe), um ein Volumen zu definieren oder sich gezielt im Raum zu bewegen. In der Mathematik nutzt man Dimensionen, wie bereits wiederholt erwähnt, in einer abstrakten Weise: Räume mit vier oder sogar einer unendlichen Anzahl von Dimensionen sind hier durchaus üblich. Diese Räume haben keine praktische Bedeutung, sind aber entscheidend für die Behandlung von Fragestellungen aus solchen Fachgebieten wie der Quantenphysik und der Relativitätstheorie.

Die 3 Quarkpaare, die ein Proton aufbauen, bestehen aus 2 u-Quarks, 2 Anti-u-Quarks, 1 d-Quark und 1 Anti-d-Quark. Jedes u-Quark und Anti-u-Quark hat auf Grund seiner Innenstruktur eine doppelt so große und entgegengesetzte Ladung +2/6 e wie ein d-Quark -1/6 e.

Das Protonmodell erklärt auch, warum die Richtung des elektrischen Feldes und die Magnetfeldrichtung immer senkrecht aufeinander stehen und warum sich Ladungen im Gegensatz zum Magnetfeld trennen lassen. Ist doch das magnetische d-Quark senkrecht zu den beiden u-Quarks positioniert. Zwischen beiden Feldern besteht eine energetische Verknüpfung. Dabei umschlingen sich die Felder gegenseitig. Wird ein elektrisches Feld abgebaut, nimmt also die elektrische Energie ab, nimmt die magnetische Energie zu und baut ein magnetisches Feld auf. Das elektrische Feld und das magnetische Feld werden nie vollständig abgebaut, so dass sich die Oszillationen zwischen zwei Grenzwerten hin und her bewegen, wie dies z.B. von den Dipolantennen eines Senders bekannt ist. Dieser Vorgang ist, wie alle elementaren Abläufe, umkehrbar und somit ein schönes Beispiel für Oszillationen, Wechselwirkungen und Veränderungen ohne Zeitpfeil.

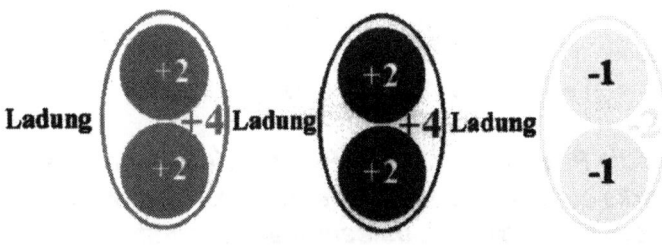

Proton

Drei Quarks und drei Antiquarks bilden drei bisher nicht teilbare Quarkpaare. Man erhält also zwei u-Quark/Anti-u-Quarkpaare, die jeweils die Ladung (+4/6 e) haben und ein d-Quark/ Anti-d-Quarkpaar mit der Ladung (-2/6 e). Die Ladung eines Protons ist also (+4/6 e + 4/6 e – 2/6 e) = 1 e.

$4/6e + 4/6e - 2/6e = 6/6e = e.$

wenn man diese Gleichung durch 2 kürzt, erhält man mit

$2/3e + 2/3e - 1/3e = 3/3e = e$

die Ladung, die die Experten für ein Proton berechnet haben. Das Antiproton hat zwangsläufig die entsprechende entgegengesetzte Ladung.

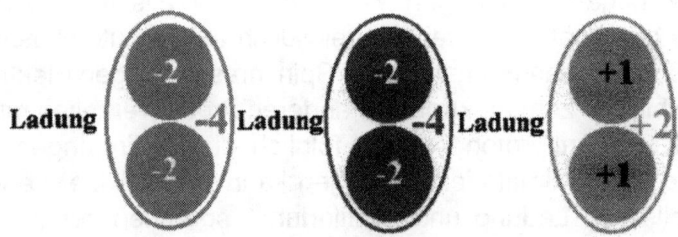

Antiproton

Nach gültiger Lehrmeinung werden Protonen aus der Kombination (u u d) gebildet, wobei die Spinkombination wegen des Pauli-Prinzips

(↑↓↑) = ↑ ist. Für das Antiproton gilt entsprechend (↓↑↓) = ↓. Die Ladungen werden ebenfalls addiert und ergeben
(2/3 + 2/3 - 1/3) e = 1 e bzw. (-2/3 -2/3 + 1/3) = -1e.

Würden die Physiker nicht aus Symmetriegründen die Anzahl der Quarks eines Protons mit 3 festlegen, sondern davon ausgehen, dass ein Proton aus sechs Quarks mit unterschiedlicher Ladung besteht, wäre es völlig überflüssig, den Lehrsatz über die Ladung wegen der Quarks außer Kraft zu setzen. Statt Symmetriegründen könnte man ja auch einmal der Logik eine Chance geben, zumal die Astrophysiker lehren, dass bei Neutronensternen die Elektronen der Atome als Folge des extremen Druckes in den Atomkern gepresst werden. Wenn das so stimmt, dann kann dieser Hohlraum unmöglich von drei Quarks gebildet werden. Für einen derartigen Hohlraum sind mindestens sechs Quarks notwendig. Vier Quarks in der Horizontalen und zwei Quarks in der Vertikalen.

Das von mir entwickelte Quarkmodell und der Aufbau des Protons zeigen auch, warum man Ladungen nicht erzeugen kann. Die in der Natur vorkommenden Ladungen lassen sich grundsätzlich nur trennen. Dieser Sachverhalt wird durch mein Atommodell bestätigt. Bei einer Ladungstrennung erhält man immer gleichviel positive und negative Ladungen. Wie oben schematisch dargestellt, gibt es grundsätzlich zwei spiegelbildlich aufgebaute Protonen. Das bedeutet, dass sich auch der Spin ihres jeweiligen Elektrons spiegelbildlich zum Elektron des anderen Proton verhalten muss. Proton und Antiproton erfüllen folglich die Bedingungen von Materie und Antimaterie. Deswegen kann man bei der Ladung ebenfalls von Ladung und „Antiladung" sprechen, wenn man entgegengesetzte Kräfte beschreiben will, zumal Ladung immer an Materie gebunden ist. Die Physiker tun dies übrigens bereits, indem sie vor die jeweilige Ladung ein + oder ein – setzen. Das Wechselwirkungsgesetz wird wie folgt definiert: *Übt ein Körper A*

auf einen Körper B die Kraft F1 aus, so übt stets auch der Körper B auf den Körper A eine Kraft F2 aus, deren Betrag gleich dem von F1 und deren Richtung entgegengesetzt zu der von F1 ist. F2 bezeichnet man als Gegenkraft (reactio) von F1. Kräfte treten also stets paarweise auf. Zu jeder „actio" gehört eine „reactio".
Gleichnamige Ladungen stoßen einander ab, ungleichnamige Ladungen ziehen sich an. Der Aufbau der einzelnen Quarks erklärt, weshalb sich gleiche Ladungen abstoßen und gegensätzliche Ladungen anziehen. Das Wechselwirkungsgesetz macht verständlich, warum es einen halbzahligen Spin gibt. Der halbzahlige Spin bringt zum Ausdruck, dass auf eine „actio" noch keine „reactio" erfolgt ist, also bei dem betreffenden System eine „Aktionsbereitschaft" bzw. „Reaktionsbereitschaft" besteht. Das Wasserstoffatom besteht aus einem Atomkern, dem positiv geladenen Proton und einer Atomhülle, die von einem negativ geladenen Elektron gebildet wird. Es ist folglich nach außen hin elektrisch neutral. Trotzdem bestehen die Moleküle der sog. Elementargase wie Wasserstoff (H2), Chlor (Cl2) oder Sauerstoff (O2) aus gleichartigen Atomen. Dies ist nur möglich, wenn ihre jeweiligen Elektronen spiegelbildlich spinnen. Diese Elektronen können aber nur spiegelbildlich spinnen, wenn der Atomkern spiegelbildlich aufgebaut ist.
Interessanterweise lassen sich meine Ausführungen über den Aufbau des Protons auch durch die Superstringtheorie untermauern. Dieses mathematische Modell ist allerdings nicht unumstritten. Die Superstringtheorie gilt unter ihren Anhängern deshalb als so aufregend, weil sie ein echter Ersatz für Feldtheorien mit punktförmigen Teilchen sein soll. Gleichzeitig ist sie von höchster Brisanz für die Philosophie. In der Superstringtheorie wurden die dimensionslosen Punktteilchen durch Objekte von begrenzter Ausdehnung ersetzt, einem String mit der Ausdehnung von unter 10^{-33} cm, der sog. Planck-Länge. Damit enthält die Stringtheorie bei den mathematischen Operationen eine fundamentale Länge von endlicher Größe. In der Realität sind aber alle Objekte dreidimen-

sional. Man muss, wie bereits wiederholt erwähnt, unterscheiden zwischen dem, was der Mathematiker für seine Rechenoperationen definiert und was Realität ist. In diesem Zusammenhang sei auch noch einmal an das Paradoxon von Zenon von Elea und dem Wettlauf von Achilles und der Schildkröte erinnert. Doch zurück zur Superstringtheorie. Das Eindrucksvollste an dieser Theorie ist, dass es sich bei dieser Theorie um eine sog. lokale Theorie handelt. Das bedeutet, dass die Kausalität im Gegensatz zur Quantentheorie erhalten bleibt und sich raumartige Ereignisse gegenseitig nicht stören. Die Strings sind nach der Theorie nicht nur Modelle für Materieteilchen, sondern auch Modelle für die Art der Wechselwirkungen der Teilchen untereinander. Die Befürworter der Superstringtheorie sind deshalb fest davon überzeugt, dass sich durch diese Theorie die ganze Natur beschreiben lässt. Die Superstringtheorie geht von 10 Raumzeitdimensionen aus. Vier dieser zehn Raumzeitdimensionen werden als die vier Dimensionen der Raumzeit verstanden, entsprechend unserem dreidimensionalen Raum und der Zeit. Die restlichen sechs Dimensionen stellt man sich als kompaktifizierte innere Dimensionen vor, ohne eine Vorstellung zu haben, wie diese Dimensionen aussehen sollen und welche Eigenschaften sie besitzen. Ganz allgemein neigt man jedoch zu der Ansicht, dass sie elektrische Ladungen oder Kernladungen repräsentieren. Nach diesem Denkmodell begann die vierdimensionale Raumzeit nach einem Phasenübergang. Die Superstringtheorie ist nach Ansicht ihrer Anhänger tief in der Geometrie verankert. Denkt man an die griechische Antike, so kann man feststellen, dass die Wissenschaft des Abendlandes mit der Geometrie begann. Mit der Superstringtheorie scheint sich ein Kreis zu schließen, indem man erkennt, dass sich alle fundamentalen Dinge letzten Endes mit Hilfe der Geometrie aufbauen lassen. Der englische Physiker Lord Kelvin (1824 - 1907) hatte schon recht wenn er feststellte (10, S.152): *„Ich bin erst zufrieden, wenn ich von dem zu untersuchenden Gegenstand ein mechanisches Modell entworfen habe.*

Gelingt mir das, habe ich die betreffende Erscheinung verstanden, sonst nicht. Deshalb vermag ich auch die elektromagnetische Lichttheorie nicht zu begreifen. Ich möchte das Licht so vollständig wie möglich verstehen, ohne Dinge einführen zu müssen, die ich noch viel weniger begreife." Ende des Zitates.
Doch zurück zur Superstringtheorie. Ersetzt man das Wort String durch Urstoffteilchen, dann ist die Annahme der Vertreter der Superstringtheorie, dass nach ihrer Vorstellung die vierdimensionale Raumzeit nach einem Phasenübergang begann, deckungsgleich mit meiner Theorie. Ich gehe davon aus, dass sich die Quarks in den Quasaren als Folge eines Phasenüberganges aus eben diesen Urstoffteilchen gebildet haben. Jeweils 6 verschiedene Quarks bilden 3 verschiedene Quarkpaare. Diese 3 Quarkpaare bilden ein Tripel und lagern sich so aneinander, dass sie die Koordinaten, also die drei Dimensionen unseres Raumes bilden. Dieses dreidimensionale Miniobjekt wird als Proton bezeichnet. Es ist nicht nur der kleinste Atomkern, sondern auch gleichzeitig der Baustein aller Materie, die im Universum existiert. Somit stellt das Proton ein 9 dimensionales Objekt dar. 6 Dimensionen sind im wahrsten Sinne des Wortes eingerollt (sechs verschiedene Konvektionsströmungen wurden in den sechs verschiedenen Quarks sozusagen auskristallisiert oder eingefroren) und sind von uns zur Zeit nicht nachweisbar. Siehe Seite 115. Interessant ist in diesem Zusammenhang, dass bereits Schrödinger die elektromagnetischen Wellenpakete in der Atomhülle des Wasserstoffatoms in einem sechsdimensionalen Konfigurationsraum schwingen ließ. Hinzu kommt, dass Photonen die einzigen Elementarteilchen sind, die sich mit Lichtgeschwindigkeit ausbreiten. Sie stellen folglich in sich völlig bewegungslose, sozusagen eingefrorene „Wellenpakete" oder „Felder" - gespannten Federn vergleichbar - dar, da sich nach der Relativitätstheorie nichts schneller als Licht bewegen darf. Photonen sind folglich zwangsläufig starre Objekte. Die sechs Quarks eines Protons würden, wenn man die Superstringtheorie zugrunde legt, die 6 elementaren mathematischen

Dimensionen bilden, die eine „übergeordnete" Dimension, unseren dreidimensionalen Raum, aufbauen. Bleibt die 10. Dimension, die Zeit. Sie kommt in dem Augenblick zum Tragen, wenn die Mathematiker eine Bewegung, z.B. einen Ortswechsel beschreiben wollen. Mathematiker arbeiten nicht gerade selten mit den verschiedensten Koordinatensystemen, die sie auch als Dimension bezeichnen, je nach Problemstellung. Es wird also jede Größe, die von Interesse ist, als eine neue Dimension betrachtet und in die Berechnung als solche einbezogen. Eine Dimension muss also keineswegs eine räumliche Ausdehnung beschreiben, wie uns immer wieder mit der vierdimensionalen Raumzeit suggeriert wird. Die Zeit ist nichts anderes als eine Ordnungsgröße, mit der Mathematiker Ereignisse beschreiben und einordnen können.

Der entscheidender Faktor, der die Selbstorganisation der Materie steuert, kann z.Z. von der Physik nicht erklärt werden. Wenn man sich den Aufbau des oben beschriebenen Atommodells genau ansieht, so wird verständlich, warum die Ausrichtung der Urstoffteilchen in den beiden d-Quarkpaaren (vergleichbar den Wicklungen von Magnetspulen) und ihr Spin für die Selbstorganisation der Materie verantwortlich sind. So wie eine Magnetspule „Nord" und „Süd" „erkennen" kann, so kann das senkrecht zum magnetischen Feld ausgerichtete elektrische Feld der d-Quarkpaare „links" und „rechts" „unterscheiden". Atomkerne können sich durch diese Eigenschaften entsprechend im Raum „orientieren" und sich folglich auch „organisieren", indem sich Atome und Moleküle mit spiegelbildlichen Spin aneinander Lagern.

Das Elektron des Protons verhält sich spiegelbildlich zu dem Elektron vom Antiproton. Ebenso verhalten sich die Photonen, die von den jeweiligen Elektronen abgestrahlt werden. Auf diese Weise erhält das Proton eine spiegelbildliche Information von dem Elektron des Antiprotons und das Antiproton von dem Proton. Somit handelt es sich auf der energetischen Ebene um das gleiche Prinzip, das auf der materiellen Ebene z. B. in der Chemie als Reaktion zwischen positiv und negativ geladenen Atomen, Ionen und Molekülen beschrieben wird und das in der Biochemie als Reaktion zwischen Rezeptor und Ligand bekannt ist. In diesem Sachverhalt ist die Bildung von Racematen ebenso begründet wie die Wirkung der Homöopathie, die im Vergleich zu den chemischen Reaktionen nicht auf der atomaren, sondern bereits auf der energetischen Ebene zur Wirkung kommt und durch das bereits von Hahnemann intuitiv erkannte „Gegenbild" = „Spiegelbild" die Krankheit auslöscht.

An dieser Stelle möchte ich auf die Veröffentlichung von Englert, Scully und Walther (11, S.50-55) hinweisen, die unter dem Titel: Komplementarität und Wellen-Teilchen-Dualismus, folgende Überlegungen anstellen: „... *Die meisten quantenphysikalischen Objekte (etwa ein Silberatom) haben eine innere Struktur, die sich in magnetischen Eigenschaften äußert. Bei gewissen Messungen können nun solche winzigen Magnete entweder aufwärts oder abwärts weisen, bei anderen nach rechts oder nach links. Doch niemals vermag man einen Quanten-Magnet zu beobachten, der sowohl aufwärts als auch nach links gerichtet ist. Demnach ist die Eigenschaft „aufwärts oder abwärts" komplementär zur Eigenschaft „rechts oder links" - ganz analog zum Dualismus von Welle und Teilchen."* Ende des Zitates.

Wenn man den Aufbau von Atomen so versteht, wie er von mir weiter oben dargelegt wurde, so wird verständlich, warum sich „links und rechts" komplementär zu „aufwärts und abwärts" verhalten. Wir haben es bei „links - rechts" bzw. „Ost - West" mit einer elektrischen Ladung der parallel bzw. antiparallel zur Rotationsebene ausgerichteten Urstoffteilchen der u-Quarks und Anti-u-Quarks zu tun, die ein elektromagnetisches Feld um sich aufbauen. Dieses elektromagnetische Feld steht senkrecht auf dem magnetoelektrischen Feld der parallel bzw. antiparallel zur Rotationsachse orientierten Urstoffteilchen der d-Quarks und Anti-d-Quarks. Wenn man dieser Interpretation folgt, dann braucht man sich auch nicht zu wundern: *„Noch überraschender, ja einigermaßen rätselhaft ist, dass komplementäre Eigenschaften sich nur* *eingeschränkt vorhersagen lassen. Angenommen, eine Messung ergibt, dass unser atomarer Magnet aufwärts zeigt, und in einem zweiten Versuch wollen wir anschließend feststellen, ob der selbe Magnet nun nach links oder rechts weist. Wie sich zeigt, ist das Ergebnis überhaupt nicht vorhersagbar: Mit 50% Wahrscheinlichkeit kommt entweder links oder rechts heraus. Fehlt uns etwa eine gewisse Information für die richtige Vorhersage? Nein, das Problem ist ernster: Man kann prinzipiell nicht wissen, wie die Links-Rechts-Messung ausgehen wird."* Ende des Zitates.

Eine Seite weiter beschreiben dann die Autoren einen „Quantenradierer" als eine Variante des Welcher-Weg-Detektors, um zu beweisen, dass jedes quantenphysikalische Objekt stets sowohl Wellen- als auch Teilcheneigenschaften hat. Beim Quantenradierer sollen einzelne Atome, die ein bestimmtes Blendensystem passiert haben, durch Laserstrahlen angeregt werden, bevor sie einen Hohlraum passieren, der durch eine bewegliche, vertikal verlaufende Zwischenwand so getrennt ist, das die Atome, die den linken Hohlraum passieren ebenso ein Photon abstrahlen können wie die Atome, die den rechten Hohlraum durchqueren. Während dieses Vorganges fallen die zunächst angeregten Atome wieder auf ihr niedrigeres Ausgangsenergieniveau zurück. Anschließend passieren alle Atome einzeln und nacheinander eine Platte mit Doppelspalt, bevor sie auf einen Schirm prallen. Sobald ein Atom auf den Schirm aufgetroffen ist, wird die Trennwand in dem Hohlraum beseitigt. Hat ein Photosensor das im Hohlraum befindliche Photon absorbiert wird der Auftreffpunkt des entsprechenden Atoms auf dem Schirm rot markiert. Wurde kein Photon gemessen, wird der Punkt grün markiert. Die Autoren kommen dann zu folgendem verwegenen Schluss (11, S.50-55): *„Das Experiment beginnt mit leeren Hohlräumen und geschlossenen Verschlüssen. Wir schicken durch den Apparat ein einzelnes Atom, das in einem Hohlraum ein Photon hinterläßt; die Wahrscheinlichkeit, daß es sich in dem einen oder anderen Hohlraum aufhält beträgt je 50 Prozent. Während das Photon in einem der beiden Hohlräume* *zurückbleibt, erreicht das Atom den Schirm und erzeugt dort einen Fleck. Sobald dies geschehen ist, öffnen wir gleichzeitig beide Verschlüsse und verwandeln die zwei separaten Hohlräume in einen einzigen, größeren. Das Öffnen der Verschlüsse hat eine ganz unerwartete Wirkung auf das Photon. Man sollte annehmen, dass es sich jetzt überall im Hohlraum aufzuhalten vermag, so daß der Sensor auf jeden Fall ein Signal registrieren würde. Doch als quantenmechanisches Objekt hat das Photon Welleneigenschaften. Zur Erinnerung: Vor Öffnen der Verschlüsse war es mit gleicher Wahrscheinlichkeit in dem einen oder dem anderen Hohlraum. Die dem Photon zugeordnete Welle besteht also aus zwei Partialwellen - in jedem Hohlraum eine. Werden nun die Verschlüsse geöffnet, so passt sich die Photon-Welle dem neuen, größeren Hohlraum an. Diese Veränderung läßt sich als Verschmelzen der beiden Teilwellen zu einer einzigen Gesamtwelle veranschaulichen."*

Zum Schluss stellen sich die Autoren die Frage: *„Welches Muster entsteht schließlich auf dem Schirm? Alle roten Punkte zusammen bilden das Doppelspalt-Interferenzmuster, das auch ohne die Hohlräume des Welcher-Weg-Detektors entstanden wäre. Durch Löschen des verräterischen Photons tritt somit wieder das Interferenzmuster auf. Hingegen erzeugen die grünen Punkte insgesamt das komplementäre Muster: grüne Wellenberge am Ort roter Wellentäler und umgekehrt. Auf einer Schwarzweiß-Photographie des Schirms wäre das Interferenzmuster nicht zu erkennen; nur durch Korrelation der Atome mit der Reaktion des Photosensors wird die Interferenz buchstäblich ans Licht gebracht. ... Weil das Radieren erst nach dem Auftreffen eines Atoms auf dem Schirm stattfindet, vermag es die Bewegung des Atoms gewiss nicht mehr zu beeinflussen. Der Experimentator hat die Wahl: Will er lieber wissen, durch welchen Spalt ein Atom gekommen ist - oder interessiert ihn die komplementäre Eigenschaft, ob der Photosensor aktiv wurde (rot) oder nicht (grün)? Beides zugleich kann er nicht haben."* Ende des Zitates.

Völlig unbewusst wird mit dem oben erwähnten Versuch ein Weg beschrieben, wie man mit diesem Versuchsmodell genau die Frage „oben - unten", „links - rechts", beantworten kann. Die Protonen strahlen nämlich bei diesem Versuch ein Photon ab, während die Antiprotonen (Neutronen) durch den Laserstrahl gar nicht angeregt wurden, da das Antiproton spiegelbildlich zum Proton aufgebaut ist und deshalb auch kein Photon absorbiert hat, das es anschließend in den Hohlraum abstrahlen konnten. Wäre es anders, gäbe es als Folge von Interferenz überhaupt kein Licht, keinen Informationsaustausch und letztlich auch nicht uns.

Genau diesen Sachverhalt macht sich die Homöopathie zu eigen, wenn sie durch Zuführen kinetischer Energie Atomkerne als Speicher für Arzneimittelinformationen nutzt. Dies ist der Mechanismus, der beim Potenzieren von zuvor verdünnten Arzneimitteln in der Homöopathie genutzt wird, um die Arzneimittelinformation auf das Verdünnungsmedium weiterzugeben. Auf diesen Tatbestand werde ich in dem Kapitel über Homöopathie noch näher eingehen.

Jede Form von Organisation ist zwangsläufig informationsgesteuert. So gesehen erweisen sich alle Strukturen in der Natur als eine Hierarchie immer komplexerer Randbedingungen. Diese Randbedingungen sind es, die die Entstehung und Entwicklung eines organischen Systems bestimmen. Zunächst werden durch die oben beschriebene Selbstorganisation lokale Modelle gebildet, die nach dem Prinzip der selbstähnlichen Reproduktion sich zu globalen Strukturen auswachsen können. So ist es keinesfalls erstaunlich, dass die Materie im Kosmos nicht willkürlich verteilt ist, sondern systematisch in Planeten, Sterne, Galaxien und Galaxienhaufen hierarchisch aufgegliedert ist. Je weitläufiger die untersuchten Himmelsregionen sind, um so „homogener" erweisen sich aus oben angeführten Gründen diese Bereiche. Die Kenntnis dieser Abläufe versetzt uns in die Lage, die Entstehung der Materie und die Entwicklung organischer Systeme zu verstehen.

Während man in der Elektrostatik positive und negative Ladungsträger trennen bzw. entsprechende Träger getrennt laden kann, ist dies aus oben geschilderten Gründen beim Magnetismus nicht möglich. Ein d-Quark ist auf Grund seiner Innenstruktur und seines Spin „nordpolorientiert" (Nord-Monopol), das Anti-d-Quark „südpolorientiert" (Süd-Monopol). D-Quark und Anti-d-Quark sind extrem stark miteinander verbunden und bilden so den kleinstmöglichen Magneten. Diese Ausführungen bestätigen auch eine Voraussage der GUT (Große Vereinheitlichte Theorien), dass es spezielle Träger des magnetischen Feldes geben müsse, Teilchen, die man als magnetische Monopole zu bezeichnen hätte, ähnlich wie für das elektrische Feld. So kann man einen Stabmagneten immer wieder teilen, bis zum letzten Atom und trotzdem behält er einen Nordpol und einen Südpol. Aus diesem Grunde lassen sich auch alle Atome in einem entsprechenden Magnetfeld in eine Nord - Südrichtung ausrichten. Damit die Protonen die elektrischen und magnetischen Kräfte so zur Wirkung bringen können, wie man es beobachtet, müssen die beiden u-Quarks und das d-Quark so angeordnet sein, dass sie ein gleichschenkliges Dreieck bilden. Das gleiche gilt für die beiden Anti-u-Quarks und das Anti-d-Quark.
In einem Proton bestehen demnach 6 ungleichnamige Punktladungen. Sie befinden sich sozusagen isoliert im Raum, der durch das Proton eingenommen wird. Dies bedingt eine hohe Dielektrizitätskonstante und stellt die aktive und kreative Komponente dar. Der Grund für diesen Sachverhalt ist, dass innerhalb des Atomkernes die positiv geladenen u-Quarkpaare und das negativ geladene d-Quarkpaar derart miteinander wechselwirken, dass die Schwerpunkte der positiven und negativen Ladungen nicht zusammenfallen und so eine Verschiebung der elektrischen Ladung eintritt. Die Quarkpaare erhalten auf diese Art im elektrischen Feld den Charakter von elektrischen Dipolen.
Das hat aber zur Folge, dass das Quark, welches später im Proton den Nordmonopol und das Antiquark, welches später den

Südmonopol bilden wird, in eine Schräglage von 45° positioniert werden. Das ist so lange bedeutungslos, so lange das Wasserstoffatom nicht mit einem anderen Atom in Wechselwirkung tritt. Ab diesem Zeitpunkt muss sich der Atomkern ausrichten. Bringt man das Proton z.B. wie beim Stern-Gerlach-Versuch zwischen einen Magneten, so wird das Proton um 45° gedreht und exakt nach Norden und Süden ausgerichtet.

Der Nordmonopol und der Südmonopol gehen bei der Protonbildung eine derart feste Bindung ein, dass es, obwohl die Physiker alle Anstrengungen unternommen haben, bisher nicht gelungen ist, diesen Dipol zu trennen. Magnetische Kraftlinien sind den elektrischen Kraftlinien sehr ähnlich. Wie diese durchkreuzen sie sich nie gegenseitig. Ein wesentlicher Unterschied besteht jedoch darin, dass magnetische Feldlinien stets geschlossene Kurven bilden, die weder einen Anfang noch eine Ende besitzen. Der Grund ist die oben beschriebene feste Bindung zwischen Nordmonopol und Südmonopol. In der Elektrostatik kann man dagegen positive und negative Ladungsträger trennen. Deshalb bilden elektrische Felder „Quellen" oder „Senken" der Kraftlinien.

Wie bereits beschrieben, besitzen die einzelnen Quarks einen Spin, also eine Drehbewegung nach links oder nach rechts. Vergleichbar einem sich schnell drehenden Kreisel ist es entsprechend schwer, die Lage eines Quarks zu verändern, also seine Rotationsachse zu neigen. Wie der Kreisel wird das Quark versuchen, seine natürliche Lage einzunehmen. Da aber in einem Proton in der Äquatorialebene vier Quarks positioniert sind, von denen sich je zwei genau entgegengesetzt drehen, schwächen sie sich derart stark, dass der Nordmonopol und der Südmonopol mit ihrer Rotationsachse dominieren. So lange sich das Wasserstoffatom in seinem Grundzustand befindet, sein Elektron also ein möglichst niedriges Energieniveau einnimmt, lässt sich für seine Aufenthaltswahrscheinlichkeit ein kugelförmiger Raum berechnen. Wird diesem Wasserstoffatom (z.B. durch Wärme) Energie zugeführt, dann erhöht sich auch die Rotationsgeschwindigkeit seiner Quarks, die Atomhülle dehnt sich aus und das Elektron springt auf eine höhere Energieschale. Es vollzieht den berühmten Quantensprung, von dem zwar alle reden, aber „keiner nichts Genaues nicht weiß". Von nun an ist auf dieser Energiestufe die Aufenthaltswahrscheinlichkeit des Elektrons nur durch drei senkrecht aufeinander stehende hantelförmige Orbitale darzustellen. Dies erklärt sich dadurch, dass von diesem Zeitpunkt an das Wasserstoffatom über ausreichend Energie verfügt, um Photonen abzustrahlen, also als Sender zu fungieren. Das Proton bildet einen geschlossenen Schwingkreis. Da die einzelnen Quarks unterschiedlich schnell rotieren, entsteht jeweils über demjenigen Quark, welches am stärksten rotiert (also die meiste Energie besitzt) durch Verwirbelung der Urstoffteilchen, die ja auch die jeweiligen Felder bilden, ein Elektron, das, vergleichbar einem Wirbelsturm (Zyklon, Hurrikan, Tornado), einen festen Körper vortäuscht. Bedarf es doch, entsprechend dem Planckschen Postulat, eines um so höheren Energieaufwandes, je kürzer eine anzuregende Welle ist. Das heißt aber nichts anderes, als dass es ein Medium geben muss, das nicht beliebig beweglich ist, sondern mit einer gewissen, wohl definierten Starrheit ausgestattet ist und aus dem sich in unserem Falle das Elektron aufbaut. Hier sei noch einmal daran erinnert, dass die Vorstellung von Niels Bohr, die Elektronen würden in festgelegten Umlaufbahnen den Atomkern umkreisen, vergleichbar den Planeten, die ihre Bahnen um die Sonne ziehen, überholt ist oder, wie die Physiker heute zu sagen pflegen: „Das Modell erhielt im Laufe der Zeit eine Verfeinerung und bekam schließlich einen letzten Schliff, der bis heute Gültigkeit besitzt." Die Elektronen kreisen nun nicht mehr als winzige Quasiplaneten um den Atomkern, sondern sind zu einer wabernden „Elektronenwolke" verkommen, nämlich unscharf abgegrenzt und nicht kompakt, wie es sich eigentlich für ein richtiges Elementarteilchen gehört. Geblieben ist nach heutiger Lehrmeinung eine seltsam unbestimmte Teilchenwelle, die sich weder auf einen genauen Aufenthaltsort noch auf eine bestimmte

Geschwindigkeit festlegen lässt. Dieses Verschwimmen von Teilchen und Wellen ist eine grundlegende Eigenschaft der Quantentheorie und bestätigt nur meine Aussage, dass das Elektron kein fester Körper sondern eine starke Verwirbelung von Urstoffteilchen ist. Doch zurück zum Atomkern des Wasserstoffs. Sobald das Proton in einen energieärmeren Zustand zurückfällt, indem das Elektron ein Photon abstrahlt, bricht das System zusammen und es baut sich über einem anderen Quark ein neues Elektron auf. So „springt" das Elektron nach einer ganz bestimmten Reihenfolge von einem Quark zum nächsten. Dass Verwirbelungen spontan entstehen und plötzlich wieder verschwinden können, um wo ganz anders wieder aufzutauchen, kennt man z. B. auch von Wasserstrudeln. Da Photonen im Durchschnitt alle 10^{-8} Sekunden abgestrahlt werden, ist dieser Wechsel entsprechend schnell und so entsteht als Ergebnis statistischer Berechnungen das Scheinbild der Aufenthaltswahrscheinlichkeit eines Elektrons, wie es die Quantenphysik beschreibt. Dies alles geschieht in der sogenannten Atomhülle, in der sich, bedingt durch die etwas exzentrisch gelagerten 3 Quarks und 3 Antiquarks 6 entsprechend exzentrische Schalen in der Form von Feldern um den Atomkern ausgebildet haben. Als Folge der Interferenz der 6 Kugelwellen, die von den 3 Quarks und drei Antiquarks erzeugt werden, bildet sich am „Rand" der Atomhülle eine 7. Schale, die die Atomhülle nach außen sozusagen abgrenzt.

Diese sieben Schalen sind als die oben beschriebenen 7 Energiestufen eines jeden Atoms bekannt. Sie entsprechen den „erlaubten" Bahnen des Elektrons, die nach den Quantenbedingungen vorgegeben sind. Befindet sich das Elektron auf der innersten Schale, die das unterste Energieniveau darstellt, sprechen die Physiker vom Grundzustand. Wird von außen Energie z.B. in Form von Wärme oder kinetischer Energie zugeführt, so kann das Elektron die nächst höheren Energiestufen erreichen. Der Physiker nennt diesen Vorgang einen „Quantensprung", da

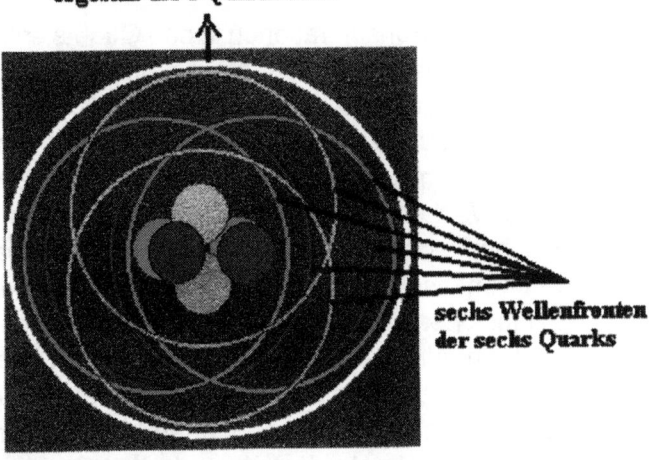

7. Wellenfront als Interferenzergebnis der 6 Quarkwellen

sechs Wellenfronten der sechs Quarks

Durch Interferenz der sechs Kugelwellen entsteht eine neue siebente Wellenfront, die die Atomhülle nach außen weitgehend begrenzt.

der Übergang von einer Energiestufe auf eine andere nicht kontinuierlich, sondern sprunghaft erfolgt, wobei interessanter Weise das Elektron nicht den Raum durchquert. Das Wasserstoffatom befindet sich dann in einem „angeregten" Zustand. Auf der energetisch höheren „Energieschale" „verweilt" das Elektron etwa eine milliardstel Sekunde. Nach dieser, für uns nicht mehr vorstellbar kurzen Zeit, erfolgt ein erneuter Quantensprung auf eine niedrigere, energieärmere „Energieschale". Dabei strahlt das Elektron „Energiepakete" als sichtbare oder unsichtbare Lichtquanten (Photonen) ab. Ein Atom besitzt also nur dann die Fähigkeit zu strahlen, also bestimmte Informationen weiterzugeben, wenn es vorher aus seiner Umgebung hinreichend mit Energie versorgt wurde. Aus diesem Grunde muss bei der Zubereitung von homöopathischen Arzneimitteln nach jeder Verdünnungsstufe dem neuen Gemisch durch Verschütteln oder Verreiben kinetische Energie zugeführt werden, damit die Arzneimittelin-

formation auf die Atome und Moleküle des Verdünnungsmittels übertragen werden können.
Durch die Urstoffteilchenkonzentrationen in den Quarks entstehen starke Gravitationsfelder, die sowohl für die Statik des Protons wie aller zu bildenden Elemente verantwortlich sind. Gleichzeitig „saugen" die Quarks durch ihre ungeheuren Gravitationskräfte Urstoffteilchen aus ihrem Umfeld an und wirken so als Energielieferanten für alle Wechselwirkungen und für die Elektronen.
Elektromagnetische Felder und Gravitationsfelder bilden gemeinsam die morphogenetischen Felder. In den Sternen und nach Supernovae-Explosionen positionieren diese morphogenetischen Felder die einzelnen, ein elektrisches Feld bildenden Protonen derart, dass sich ihnen entsprechende Antiprotonen jeweils so anlagern, dass neue Elemente entstehen können. Sind die elektromagnetischen Wechselwirkungen zwischen Protonen und Neutronen harmonisch, bleibt das neu gebildete Element stabil. Ansonsten zerfällt es früher oder später, wie die Lücken im Periodischen System und die radioaktiven Substanzen beweisen. Proton und Neutron wandeln sich innerhalb des Atomkerns abwechselnd unter Austausch der Elektronen ineinander um. Auf diese Art werden in den Atomkernen die elektrischen Felder und die magnetischen Felder kontinuierlich auf- und abgebaut. Dies ist auch gleichzeitig ein wichtiger Beitrag zur Stabilität der Atomkerne. Ein derartiger Sachverhalt erlaubt auch, dass sich in den Sternen unter genau definierten Bedingungen aus Protonen und Antiprotonen schwerere Atome aufbauen können. Im Bereich eines Sternzentrums ist die Dichte so groß und die Temperatur so hoch, dass sich einzelne Protonen und Antiprotonen trotz der elektrischen Abstoßung zu neuen Atomkernen zusammenschließen können. Sie verbinden sich in einer Reihe von Schritten zunächst zu Heliumkernen, die jeweils aus zwei Protonen und zwei Neutronen (Antiprotonen) bestehen. Bei diesem Prozess sollen gleichzeitig zwei Positronen, zwei Neutrinos und Energie frei werden. Aber kein Teilchenphysiker definiert, was unter „freiwerden von

Energie" zu verstehen ist. Da muss ja etwas Stoffliches freigesetzt werden, denn diese Energie ist ja eine Eigenschaft von Etwas, sie bedarf also eines Trägers. Was ist naheliegender, als dass es sich dabei um besagte Urstoffteilchen handelt. Das Helium reichert sich im Zentrum entsprechend großer Sterne an. Steigen Dichte und Temperatur weiter an, lagern sich einzelne Heliumkerne aneinander. So sollen nach geltender Lehrmeinung, und der schließe ich mich in diesem Punkte kritiklos an, instabile Isotope von Beryllium mit vier Protonen und vier Neutronen (Antiprotonen) entstehen. Diese Kerne können unter definierten Bedingungen mit einem weiteren Heliumkern den Atomkern des Kohlenstoffs bilden. Dabei handelt es sich aber nicht, wie offiziell gelehrt wird, um einen äußerst unwahrscheinlichen nuklearchemischen Prozess, weil die Energien des Heliumkernes und des instabilen Berylliumkernes zufällig genau zueinander passen, sondern genau um das Gegenteil. Wenn man mein Atommodell akzeptiert, dann ist unter entsprechenden Rahmenbedingungen dieser Vorgang zwangsläufig. Schlimmer noch! Diese neuen Atomkerne erzeugen auch die für sie typischen Elektronen, die wiederum Photonen aussenden werden, die mittels der Spektralanalyse wie ein Fingerabdruck die einzelnen Elemente erkennen lassen. Und das alles, obwohl doch nach offizieller Lehre schon kurz nach dem Urknall diese Elektronen entstanden sein sollen. Erst viel später, als sich das Universum entsprechend abgekühlt hatte, verbanden sie sich mit den Protonen. Dies alles glaubt man zu wissen, weil man mit willkürlich gewählten Vorgaben und unerlaubten Extrapolationen das errechnet hat, was man haben wollte. Und gnade Gott dem Ketzer, der diese Form der mathematischen Beweißführung nicht nur anzweifelt, sondern für fachlich unhaltbar erklärt.
Die Sterne sind also die Produzenten der chemischen Elemente. Welche Elemente erzeugt werden können, hängt allerdings von der jeweiligen Größe der Sterne ab. Ein Stern von der Größe unserer Sonne kann Elemente bis hin zum Kohlenstoff und Sauerstoff „erbrüten". In entsprechend größeren Sternen verbinden

sich Kohlenstoffatome weiter zu Neon und Magnesium, während Sauerstoffatome zu Silicium oder Schwefel umgebaut werden können. Eisen ist schließlich das schwerste Element, das in einem Stern gebildet werden kann. Durch den erneuten Zerfall von schwereren Atomkernen und aus Zwischenstufen der beschriebenen Fusionsprozesse entstehen alle Elemente mit einem geringeren Atomgewicht als Eisen. Von entscheidender Bedeutung ist die Tatsache, das durch die Entstehung der Elemente bis hin zum Eisen Energie freigesetzt wird. Der Aufbau der schwereren Elemente verbraucht dagegen Energie.

Die übrigen bekannten Elemente, die alle schwerer sind als Eisen, entstehen bei und nach der Explosion eines Sternes in Form einer Supernova durch die enormen frei werdenden Energiemengen. Weil dieser Sachverhalt so entscheidend ist für unsere Existenz, möchte ich noch einmal auf die Kohlenstoff-Synthese eingehen. Wie bereits weiter oben erwähnt, wird in Fachkreisen die Kohlenstoff-Synthese als das Ergebnis an sich unwahrscheinlicher Beziehungen unter den Naturkonstanten bestaunt. Wenn man aber den von mir dargelegten Aufbau eines Protons zu Grunde legt, so ist die Selbstorganisation auch der Kernteilchen zwangsläufig, sofern die Randbedingungen, z.B. hinreichend große Sterne, berücksichtigt werden. Durch die elektromagnetischen Felder der in der Wechselwirkung dominierenden, unterschiedlich strukturierten, jedoch gleich starken u-Quarkpaare (elektrische Ladung +2/3 je u-Quarkpaar) werden die Heliumkerne räumlich so ausgerichtet, dass sie, bedingt durch extreme Druck- und Temperaturverhältnisse einander so nahe kommen, dass sie zu Beryllium fusionieren müssen. Erst jetzt kommt das schwächere magnetoelektrische d-Quarkpaar (elektrische Ladung -1/3) zum Tragen, da die u-Quarkpaare bei der Bildung von Beryllium durch stehende Wellen miteinander verbunden sind und auf diese Art untereinander wechselwirken. Erst jetzt kann der dritte Heliumkern an den Beryllium-Kern angelagert werden. Da nun alle drei Quarkpaare der Heliumkerne miteinander wechselwirken können, besteht ein sehr stabiles Schwingungsmuster in Form der morphogenen stehenden Wellen. Der geschilderte Mechanismus macht auch verständlich, dass große Atomkerne überhaupt gebildet werden können und erklärt, warum es besonders stabile und unterschiedlich labile Atomkerne gibt. Ferner wird verständlich, wie sich das Periodische System aufbaut und warum bestimmte Atome so instabil sind, dass sie erst gar nicht nachgewiesen werden können, weil sie zu schnell zerfallen.

So phantastisch sich dieses Szenario auch darstellt, darf man nicht vergessen, dass alle diese Vorgänge und Abläufe nur durch den geschilderten Aufbau der Protonen möglich sind, wie ich ihn dargelegt habe. Die verschiedenen Atomkerne entstehen in allen hinreichend großen Sternen immer wieder nach den gleichen physikalischen Gesetzen und niemand könnte sagen, dass das eine Atom vom Stern X und das andere vom Stern Y stammt. Die einzelnen Elemente aus den verschiedensten Supernovae sind nicht zufällig identisch aufgebaut. Wäre dies tatsächlich der Fall, dürften nicht immer wieder in allen bekannten Sternen und Galaxien die gleichen Vorgänge nachweisbar sein und die gleichen typischen Spektralmuster zu beobachten sein. Durch Zufall lässt sich eine derart genaue Übereinstimmung, die einem Fingerabdruck vergleichbar ist, nicht erreichen. Die Reproduzierbarkeit von Vorgängen ist doch genau das, was für einen wissenschaftlichen Nachweis zwingend gefordert wird. Genau mit diesem Argument greift man ja auch die Homöopathie an. Nicht beliebig häufig reproduzierbare Beobachtungen werden als Beweis abgelehnt. Die Gralshüter der Wissenschaft haben aber keine Bedenken zu lehren, dass zufällig innerhalb von Minuten nach einem fiktiven Urknall, also einer Singularität, alle Bausteine unseres Universums so fein abgestimmt entstanden sind, dass derartige Zufälligkeiten im Kosmos beliebig häufig beobachtet und reproduziert werden können. Niemanden stört die Tatsache, dass zum Zeitpunkt des Urknalls gar nicht abzusehen war, wie die weitere Entwicklung ablaufen würde und dass schon geringste Abweichungen der extrem

fein aufeinander abgestimmten Naturgrößen diese Entwicklung unmöglich gemacht hätten. Gleichzeitig erklärt man aber die Existenz des Universums damit, dass Materie und Antimaterie zwar gleichzeitig, aber in unterschiedlichen Mengen entstanden sein sollen. Und welch ein weiterer Zufall; die Mengenunterschiede waren exakt so, dass sie die ansonsten so fein aufeinander abgestimmten weiteren Evolutionsschritte nicht im geringsten störten. Ein unwahrscheinlicher Zufall jagt den anderen. Hinzu kommt, dass nach dem Standardmodell der Teilchenphysik Mesonen aus einem Quark und einem Antiquark aufgebaut sind. Da fragt man sich schon, wo die Antiquarks plötzlich herkommt und warum sie nicht wie die gesamte Antimaterie nach dem Urknall auch nihiliert wurden. Aber das wird alles durch entsprechende Vorgaben so hingerechnet, das man das bekommt, was man gerade zur Erklärung einer bestimmten These benötigt und wehe dem, der Zweifel hegt und das auch noch ausspricht. Eine derartige Theorie verstößt zwar gegen das allgemeingültige Wechselwirkungsgesetz, aber da darf man eben nicht so kleinlich sein. Hier haben wir es wieder mit einem typischen Verhalten von Gurus zu tun. Was nicht passt, wird passend gemacht und wehe dem Studenten oder sonst Abhängigen, der sich dieser Logik nicht anschließt.
Aber wie soll man sich die Vorgänge und Funktionsabläufe in dem Proton, dem Baustein aller Atomkerne, vorstellen? Da die Quarks mit Geschwindigkeiten von bis zu 15000 km/sec rotieren (12, S.82), sind sie die kleinsten und zugleich leistungsfähigsten Generatoren, die möglich sind. Sie sind sozusagen die Prototypen aller Generatoren, vergleichbar den Generatoren in den Kraftwerken, die die öffentliche Stromversorgung sicherstellen, den Lichtmaschinen in den Kraftfahrzeugen oder dem Dynamo beim Fahrrad. Angetrieben werden die „Atomkerngeneratoren" durch die Schwerkraft. Da die Urstoffteilchen neutral sind, können sie problemlos jede Atomhülle durchdringen. Lediglich an der Oberfläche der Quarks und Antiquarks werden sie reflektiert. Da ein Quark so kompakt ist, dass sich in ihm keine Teilchen bewegen

können, vermag es den Energiestrom (Urteilchenstrom) auch nicht in Wärme umzuwandeln, was zur Folge hat, dass die gesamte Energie in die Rotationsbewegungen der Quarks umgesetzt werden muss. In einem Generator entsteht grundsätzlich immer eine Elektrizitätsströmung in wechselnder Richtung, also ein Wechselstrom. Man unterscheidet Wechselströme nach der Zeitdauer ihrer Periode bzw. deren reziprokem Wert, der Frequenz (d.h. der Wechselzahl pro Sekunde; Einheit: 1 Hertz [Hz]). Wechselströme hoher Frequenz bis zu einigen GHz (1Gigahertz = 10^9 = 1 Milliarde Hertz) finden in der Funktechnik ihre Anwendung. Dies hat seine Ursache darin, dass ein Wechselstrom ein mit seiner Frequenz in Richtung und Stärke schwankendes Magnetfeld erzeugt und selbst von einem elektrischen Feld derselben Frequenz erzeugt wird. Dieses elektromagnetische Feld wandert mit Lichtgeschwindigkeit durch den Raum, d.h. mit rund 300 000 km je Sekunde. Dabei wird Energie (Urstoffteilchen mit unterschiedlichsten Bewegungsmustern) in Form von Photonen, als elektromagnetische Strahlung in den Raum abgegeben. Dieser Energieverlust wird dem jeweiligen Atomkern, wie beschrieben, durch die Gravitationskräfte in Form von Urstoffteilchen kontinuierlich wieder zugeführt. Wegen des periodischen Charakters dieser Strahlung spricht man von einer elektromagnetischen Schwingung und wegen der vermuteten Ähnlichkeit der Ausbreitung mit der einer Wasserwelle von einer elektromagnetischen Welle. Elektromagnetische Wellen treten immer dann auf, wenn elektrische Ladungsträger sich beschleunigt bewegen, wodurch sich die elektrischen Strom- und Ladungsdichten räumlich und zeitlich ändern. Sie entstehen z.B. beim Fließen hochfrequenter Wechselströme in Antennen und in Schwingkreisen, als Abstrahlung eines Hertzschen Dipols, durch Quantensprünge der Elektronen in angeregten atomaren Systemen (Emission von Licht, Infrarot-, Ultraviolett- oder Röntgenstrahlung) bzw. der Protonen in angeregten Atomkernen. Ihre Frequenzen bzw. Wellenlängen bilden das sog. elektromagnetische Spektrum. Die Entstehung der in der Funktechnik genutzten elektromagne-

tischen Wellen geht stets auf hochfrequente Wechselströme zurück. Für die Erzeugung höchstfrequenter Schwingungen ist der sog. Hohlraumresonator ein wichtiges Bauelement. Das Proton ist so ein Hohlraumresonator, der aus einem Schwingkreis kleinster Kapazität und Selbstinduktion geradezu in idealer Weise die Anforderungen an einen Hohlraumresonator erfüllt. Dabei entsprechen die u-Quarks/Anti-u-Quarks und das d-Quark/Anti-d-Quark den Platten eines Kondensators. Schwingkreise dienen z.B. als Abstimmungsvorrichtungen in Rundfunkempfängern, als offene Schwingkreise in Form von Antennen und als Sende- und Empfangsvorrichtung für elektromagnetische Wellen. Der Energieverlust durch die Abstrahlung von elektromagnetischen Wellen des Senders (Proton), wird durch die Gravitationskräfte kontinuierlich ausgeglichen. Wie bei der Antenne eines Empfängers bringen die einfallenden elektromagnetischen Wellen zahlreicher Sender das elektrische Feld in den Atomhüllen zum Schwingen. Vergleichbar kommunizieren auch Atome untereinander, indem sie über Photonen und elektromagnetische Felder Informationen empfangen bzw. abstrahlen. Ein spezieller Eingangsschwingkreis in Form des Elektrons wählt aus dem Gemisch der unterschiedlichsten Photonen die Trägerschwingung eines bestimmten Senders aus. Sender und Empfänger stehen also in Resonanz. Entscheidend für die jeweilige Selektion des Signals ist die Eigenfrequenz des „Empfängeratoms". Wie bereits auf Seite 119 beschrieben, bilden drei Quarks und drei Antiquarks ein Proton, den Atomkern des Wasserstoffs. Die Topologie der Quarks und Antiquarks bedingt, dass ein Proton in seinem Zentrum einen Hohlraum besitzt, von dem acht Kanäle eine Verbindung zur Atomhülle herstellen.
Vier Kanäle bilden eine Verbindung zwischen der „nördlichen" Atomhüllenhälfte und dem Zentralhohlraum, indem sie in einem Winkel von 45 Grad zwischen Nordpol und Äquatorebene zum bzw. von dem Zentralhohlraum abgehen. Die einzelnen Kanäle sind horizontal jeweils um einem Winkel von 90 Grad versetzt (nach vorne, nach hinten, nach rechts und nach links). Die an-

deren vier Kanäle sind spiegelbildlich gelagert und stellen so die Verbindung zwischen der „südlichen" Atomhüllenhälfte und dem zentralen Hohlraum her. Nach diesen Ausführungen wird verständlich, warum Atomhüllen eine bestimmte Struktur aufweisen. Die Ursache hierfür liegt in dem unterschiedlichen Energiegehalt der einzelnen Elektronen innerhalb dieser Atomhülle. Bohr erkannte als erster, dass die Elektronen nur ganz bestimmte Energiezustände einnehmen können. Das Gebiet um einen Atomkern, in dem sich ein Elektron bestimmten Energiegehaltes mit größter Wahrscheinlichkeit aufhält, wird als Orbital bezeichnet. Jedes Orbital erstreckt sich im Prinzip ins Unendliche, es gibt also keine scharfe Grenze. Die Wahrscheinlichkeit, ein Elektron weiter als in einer Entfernung der Größenordnung von 10^{-10} m vom Atomkern anzutreffen, ist jedoch sehr gering.

Aus diesem Grunde wird ein Orbital willkürlich auf einen Raumabschnitt begrenzt, in dem sich das Elektron mit einer Wahrscheinlichkeit von 90% bis 95% aufhält. Dieser „Wahrscheinlichkeitsraum" wird auch als „Elektronenwolke" oder „Ladungswolke" bezeichnet. Man achte auf die Wortwahl der Atomphysiker für das Elementarteilchen „Elektron". Wichtig ist festzuhalten, dass die einzelnen Atomorbitale eine ganz bestimmte räumlich symmetrische Struktur besitzen. Da eine Leere keine Struktur besitzen kann, muss etwas Stoffliches vorhanden sein, das formbar ist und gleichzeitig ein gewisses Beharrungsvermögen besitzt, so dass die Struktur auf-, um- und abgebaut werden kann. Dass dies auch so ist, lässt sich durch obige Ausführungen beweisen. In einer völligen Leere können keine Wellen entstehen. Eine Welle benötigt ein Medium, um zu entstehen und um sich auszubreiten. Einem völlig frei beweglichen Medium mit hinreichender Dichte wäre die Entstehung kurzer Wellen ebenso leicht möglich wie die Entstehung von langen Wellen.

Das Plancksche Postulat fordert und die Realität bestätigt dies, dass um so mehr Energie aufgebracht werden muss, je kürzer die anzuregenden Wellen sind. Das bedeutet, dass a ein Medium vorhanden sein muss und b, dass dieses Medium eine bestimmte Dichte hat und nicht beliebig beweglich sein kann. Es verfügt folglich über eine bestimmte Starrheit. Aus diesem Grunde entspricht jeder geometrischen Gestalt ein ganz bestimmter Energiezustand der Elektronen seiner Atome. Zu jeder durch die Hauptquantenzahl n gekennzeichneten Hauptenergiestufe gehört ein s-Orbital. Es ist kugelsymmetrisch. Sein Radius hängt von der Hauptquantenzahl n ab und wird mit wachsendem n entsprechend größer. Die Anzahl der innerhalb der s-Orbitale kugelförmigen Knotenflächen (d.h. Flächen, in denen die Aufenthaltswahrscheinlichkeit eines Elektrons gleich Null ist) beträgt n-1.

In der zweiten Hauptenergiestufe ($n = 2$) kommen erstmals p-Orbitale vor. In jeder Hauptenergiestufe in der n gleich oder größer als 2 ist, existieren drei p-Orbitale mit gleicher Energie, Größe und Gestalt. Sie sind nicht mehr kugelförmig sondern hantelförmig und stehen senkrecht aufeinander, sind also räumlich gerichtet.

Ab der dritten Hauptenergiestufe treten d-Orbitale auf. Zu jeder Hauptenergiestufe in der n gleich oder größer als 3 ist, gehören fünf d-Orbitale. Vier dieser d-Orbitale sind vierlappig und rosettenförmig. Das fünfte d-Orbital ist bezüglich der z-Achse rotationssymmetrisch. Es besteht aus einem hantelförmigen Bereich längs der z-Achse und einem Kranz in der xy-Ebene. Seine Knotenfläche ist kegelförmig.

Die bisherigen Beschreibungen von Orbitalen gelten in reiner Form nur für das lediglich ein Elektron besitzende Wasserstoffatom. Denn nur für dieses einzelne Elektron kann mit Hilfe der Schrödinger-Gleichung die Aufenthaltswahrscheinlichkeit in den verschiedenen Energiezuständen exakt berechnet werden. Die Berechnung der Orbitale anderer Atome bereitet erhebliche Schwierigkeiten, da bei einem Mehrelektronensystem die einzelnen Elektronen Wechselwirkungen aufeinander ausüben, die mathematisch schwer zu erfassen sind. Die mathematische Behandlung von Mehrelektronensystemen gelang daher bislang nur näherungsweise. Molekülorbitale sind dementsprechend noch schwieriger zu bestimmen.

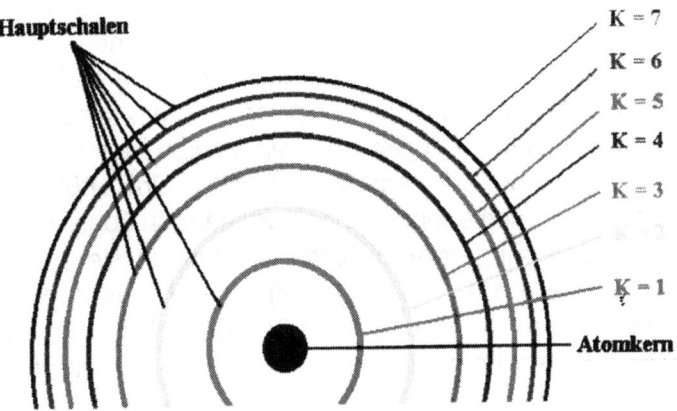

Alle zur gleichen Hauptquantenzahl n gehörenden Energiezustände der Elektronen werden zu einer gemeinsamen Hauptschale zusammengefasst. Zur Beschreibung der Grundzustände der bis heute bekannten Atomarten genügen 7 Hauptschalen. Sie werden nach steigender Energie entweder nummeriert, wobei die Schalennummer gleich der Hauptquantenzahl n ist, oder mit Buchstaben K,L,M,N,O,P,Q bezeichnet.
Hauptschale: K, L, M, N, O, P, Q
Hauptquantenzahl n: 1, 2, 3, 4, 5, 6, 7

Sinn dieser ausführlichen Beschreibung über den Aufbau der Wasserstoffatome und die schwierig darzustellenden Vorgänge in der Atomhülle war zu zeigen, dass die Atomhülle ein äußerst komplex strukturiertes Gebilde ist, in dem bereits auf elementarer Ebene derart vielschichtige Vorgänge ablaufen, dass auf alle Veränderungen im Umfeld sofort und nach genau vorgegebenen Gesetzen reagiert werden kann. In diesem Zusammenhang erscheint es mir wichtig, noch einmal daran zu erinnern, dass sowohl im Antiproton wie im Proton alle Vorgänge nach den gleichen Gesetzen ablaufen, aber, und das ist der entscheidende Unterschied, spiegelbildlich!
An dieser Stelle möchte ich auf eine Veröffentlichung (14) von Bodo Hamprecht, Professor für theoretische Physik, hinweisen. Unter der Überschrift: „Materie als Musik" geht er auf Schwingun-

gen, Schwingungsspektren sowie strukturbildende Eigenschaften von Schwingungen ein und beschreibt dies Anhand des Verhaltens von Gasen. Er legt sehr anschaulich dar, dass Stoffe beim Erwärmen nicht nur schmelzen und verdampfen, sondern auch, wenn sie schon gasförmig geworden sind, durch weiteres Erhitzen oder durch elektrische Anregung zunächst in eine unüberschaubare Fülle von verschiedenen inneren Zuständen übergehen können. Aus diesen angeregten Zuständen kehren sie aber meist sehr schnell, jeweils unter sehr spezifischer Lichtaussendung, in ihren sogenannten Grundzustand zurück. Diese Sachverhalte sind unstrittig und werden durch die Spektralanalysen eindrucksvoll bestätigt.

Professor Hamprecht ist der Überzeugung, dass das Rätsel der diskreten Zustände im Inneren der Materie in der Quantentheorie seine Auflösung durch Begriffe wie »Eigenschwingungen«, »Eigenfrequenzen« und »Resonanzen« findet, die ihren klassischen Ursprung in der Akustik haben. Er überprüfte deshalb, wie weit die Analogie zwischen Klang und Materie trägt. In der Akustik bezieht sich, wie er ausführt, die Berechnung nicht auf Töne und Klänge, sondern auf Schwingungen, und zwar letztlich auf solche Luftschwingungen, die von unseren Ohren wahrgenommen, dort in elektromagnetischen Schwingungen transformiert und an das Gehirn weitergeleitet werden. Diesen so gewonnenen Informationen werden dann erst die Töne, Klänge, Laute und Geräusche gemäß empirischer Regeln zugeordnet. Ganz entsprechend rechnet die Quantentheorie nicht eigentlich mit Elektronen, nicht einmal mit Elektronenwolken oder sonst irgendeiner Größe, die nach dem Muster klassischer materieller Kategorien gebaut ist, sondern mit etwas nicht Materiellem, was da schwingt. Er meint, dass man dieses etwas poetischer als den »Äther« bezeichnen könnte oder notfalls einfach von »Vakuum« sprechen sollte. Ganz offensichtlich glaubt er den Physikern mehr, als seinen eigenen Überlegungen. Ein weiteres Beispiel dafür, dass sich selbst derart eigenständig denkende Menschen der Diktatur falsch angewandter Mathematik und dem Terror der Gurus fügen. Und deshalb stehen wir heute da, wo wir sind, aber auf Grund unserer gesicherten Erkenntnisse gar nicht stehen dürften. Ganz abgesehen davon, dass durch diese Vorgehensweise besagter Kreise ungeheure Mengen an Steuergeldern fehlinvestiert werden, um diesen Irrsinn auch noch zu stabilisieren.

Wenn man statt der Begriffe „poetischen Äther" oder „Vakuum" die von mir postulierten Urstoffteilchen einsetzt, stimmen meine Überlegungen völlig mit den Ausführungen von Professor Hamprecht überein. Ich bringe seine Erklärungsversuche so ausführlich, weil sie nach meinem Verständnis zeigen, wie nah Hamprecht an die Beschreibung der Realität kommen würde, wenn er die Urknalltheorie und die Leugnung des „Äthers" nicht mitmachen würde. Dass sich die Urstoffteilchen wie ideale Gase verhalten, habe ich wiederholt ausführlich beschrieben. Sie sind deshalb auch ein ideales Medium für Schwingungen.

An dieser Stelle möchte ich an die Energiezustände der Elektronen erinnern, die man zu einer gemeinsamen Hauptschale zusammenfasst. Zur Beschreibung der Grundzustände der bis heute bekannten Atomarten genügen 7 Hauptschalen. Diese Schalen wirken nach meiner Überzeugung wie Saiten, Membranen oder Resonanzkörper.

Die Zahl 7 spielt auch in der Musik eine entscheidende Rolle. Unserem Tonsystem liegt nämlich primär eine heptatonische (siebentönige) Leiter aus 5 Ganz- und 2 Halbtonstufen im Abstand von 2 oder 3 Ganztönen zu Grunde. Diesen spezifischen Wechsel von Ganz- und Halbtonstufen bezeichnet man als Diatonik (gr. = durch ganze Töne). Erinnert man sich an die sieben Energiestufen in jeder Atomhülle, so wird verständlich, warum 5 Ganz- und zwei Halbtonstufen die Tonleiter ausmachen. Die d-Quarks und Anti-d-Quarks haben nur eine halb so große Ladung wie die 2 u-Quarks und die 2 Anti-u-Quarks. Entsprechend ist die elektromagnetische Schwingung nur halb so stark, so dass man sie als einen Halbton wahrnimmt, vergleichbar einer Saite. Im Unterschied zu den Photonen, die direkt auf die Rezeptoren im Augenhintergrund treffen, müssen die mechanischen Schallwellen von den Sinneszellen des Cortischen Organs in elektrische Impulse, sog. Aktionspotentiale, umgewandelt und über Nervenfasern dem Gehirn vermittelt werden. Der 5. Ganzton ist das Interferenzergebnis der 4 Ganztöne und der 2 Halbtöne, wie bereits bei den 7 Energiestufen der Atomhülle beschrieben. So lässt sich die siebentönige Leiter mit 5 Ganztönen und 2 Halbtönen z.B. die Stufenfolge der c-Dur Tonleiter wie folgt schreiben: **c - d - e - f - g - a - h - (c')**. Nach diesen sieben Tönen erfolgt eine Wiederholung der einzelnen Töne in der gleichen Reihenfolge, allerdings in doppelt so hoher Grundfrequenz wie die ersten Töne. Sie klingt also eine Oktave höher. Wir haben es folglich mit einer Periodenverdopplung zu tun. Dieser Vorgang ist aus der Chaosforschung bekannt. Auch in diesem Falle leistet die Chaosforschung einen entscheidenden Beitrag zum Verständnis von Wechselwirkungen und Funktionsabläufen.

Wie ist es aber möglich, dass man 7 bis acht Oktaven hören kann, obwohl die 7 Energiestufen der Atomhülle nur 7 Tonstufen zulassen. Im Innenohr übertragen die Gehörknöchelchen - Hammer, Amboss und Steigbügel - die Schwingungen des Trommelfells auf die flüssigkeitsgefüllte Schnecke des Innenohres. Sie besteht aus drei nebeneinander aufgerollten Röhrchen, die voneinander durch Membranen getrennt sind. Die Flüssigkeit schlägt je nach Tonhöhe kurze energiereiche und lange energieschwache Wellen im Inneren der Schnecke. Die trennenden Häute schwingen im Rhythmus dieser Wellen mit. So entsteht ein Wellenmuster, das sich mit dem Aufsteigen der Töne in der Innenohrschnecke innerhalb einer Oktave um einen Wellenberg der Grundfrequenz verschiebt. Das Wellenmuster ist dann gleich dem der Ausgangssituation. Auf einer der oben erwähnten Membranen, der Basilarmembran, sitzen feine Härchen mit Nervenzellen, die die Wellenmuster in elektromagnetische Impulse umsetzen und an das Gehirn zur Weiterverarbeitung und Analyse fortleiten. Würden

die Ohren schwingenden Mikrofonmembranen ähnlich, als rein passive Empfänger dienen, so ist die allgemeine Ansicht, könnten sie die jeweiligen Tonhöhen nicht so deutlich trennen und so fein unterscheiden. Deshalb wird das Gehör als ein aktives System mit „Rückkopplung" zwischen Innenohr und Gehirn verstanden. Wie das aber funktioniert, ist bisher unklar.
Diatonik: 7 tönige Leiter mit 5 Ganz- und 2 Halbtönen, z.B. der c-Dur Tonleiter: c - d - e - f - g - a - h - (c') Stufenfolge: 1 - 1 - ½ - 1 - 1 - 1 - ½
Ich habe diesen Sachverhalt so ausführlich beschrieben, weil er nach meiner Überzeugung zeigt, dass das Hören nicht auf molekularer bzw. atomarer Ebene beschränkt ist, sondern wie das Sehen und die Homöopathie auch die Innenstruktur der einzelnen Atome, also Atomhüllen und Atomkerne, einbezieht. Die sieben Energiestufen jeder Atomhülle, wobei die siebente ebenso die energiereichste Schale ist, wie der siebente Ton die kurzwelligste und damit ebenfalls die energiereichste Schwingung (Frequenz) darstellt, ermöglichen die entsprechenden Verrechnungen im Gehirn des jeweiligen Betrachters bzw. Zuhörers, so dass er das Erlebnis des Hörens und Sehens haben kann. Für den kranken Patienten wird durch die Homöopathie auf dieser elementaren Ebene die Gesundheit wieder hergestellt.
Durch die Resonanz der jeweiligen Energiestufen in den Atomhüllen ergibt sich, wie bei unterschiedlich gestimmten Stimmgabeln, die erstaunliche Trennschärfe zwischen den einzelnen Tonhöhen innerhalb einer Oktave. Die entsprechend höheren Oktaven werden an der Zahl der Wellenverschiebungen im Innenohr registriert, ähnlich wie dies bei mechanischen Rechenmaschinen der Fall ist. Es erfolgt also eine Summation oder Subtraktion der Oktaven. Mit Computern lässt sich dieser Vorgang simulieren.
Nur ein reiner Sinuston, wie ihn ein elektronischer Tongenerator erzeugen kann, besteht aus einer einzigen Frequenz. Natürliche Schallquellen strahlen jedoch gewöhnlich ein ganzes Spektrum von Tönen und damit Schallfrequenzen ab. Dabei handelt es sich

um den Grundton und harmonische Obertöne, die ganzzahlige Vielfache der Grundfrequenz sind. Aus der Sicht der Chaosforschung ist jedes Tonspektrum unendlich vieler Obertöne fraktal. Fraktale sind selbstähnlich, d.h. Ausschnitte aus einer Struktur oder Frequenz gleichen sich selbst. So ähnelt ein Ast dem ganzen Baum, ein Zweig dem ganzen Ast. Die meisten natürlichen Formen, wie Gebirge, Pflanzen oder Wolken haben im Unterschied zu geometrischen Gebilden wie Kegel oder Kugeln fraktale (lat. fractum = gebrochen) Eigenschaften. Die fraktale Geometrie ist eine der „Sprachen", mit deren Hilfe sich Ordnungsprinzipien im Chaos zeigen lassen. Anders als z.B. die Begrenzungslinien von Rechtecken, Dreiecken oder Kreisen, wie sie aus der Geometrie bekannt sind, sind die Begrenzungslinien fraktaler Strukturen nicht glatt, sondern rau und jede Vergrößerung zeigt wiederum neue Strukturen. Auch viele nichtlineare Systeme verhalten sich fraktal. So stellte schon Leonardo da Vinci fest, dass sich Wirbel aus immer kleineren Wirbeln zusammensetzen. Luftdruckschwankungen beim Wetter zeigen ebenso wie die Druckschwankungen des Schalles (also von Tönen) in jedem Zeitmaßstab wieder neue Schwankungen. Programmierer von Computerspielen setzen Fraktale ein, um besonders natürlich wirkende Landschaften vorzutäuschen. Diese Sachverhalte kann man sich zu Nutze machen, um das Gehör einerseits zu täuschen, andererseits aber auch seine Funktionsweise aufzuzeigen. Natürliche Schallquellen strahlen ein ganzes Spektrum von Tönen ab, wobei der Grundton von harmonischen Obertönen, die ein ganzzahliges Vielfaches der Grundfrequenz sind, überlagert wird. Mathematisch gesehen ist ein Spektrum derart vieler Obertöne fraktal, also selbstähnlich. Die Überlagerung dieser Schallwellen geht aus einer Verdopplung oder Halbierung aller Frequenzen im Prinzip unverändert hervor. Die unterschiedliche Intensität der einzelnen Obertöne verleihen dem jeweiligen Musikinstrument seinen charakteristischen Klang. Erzeugt man jedoch „nichtharmonische" Töne, indem man z.B. einen Radiorecorder an einen Heimcomputer anschließt, werden die ganzzahligen Obertöne in einzelne Bruchstücke zerlegt. Auch ein Spektrum „nichtharmonischer" Obertöne hat selbstähnliche Struktur. Allerdings schwingen diese Obertöne nicht auf ganzzahligen Vielfachen der Grundfrequenz. In der Hierarchie der Obertöne kann jeder in einer Frequenz schwingen, die im Vergleich zu dem darunterliegenden Ton etwas mehr als doppelt so groß ist. Auf einem Monitor lässt sich das als eine zerklüftete Wellenform darstellen. Das Gehör wird durch den verzerrten Klang irritiert und „versucht" das Tongemisch harmonisch einzuordnen. Da aber, wie bereits oben beschrieben, jedes Atom nur sieben Energieschalen besitzt, wird diejenige in Schwingung geraten, vergleichbar einer Stimmgabel, die dem verzerrten Ton am ähnlichsten ist. Der Akustiker würde sagen, dass das Gehör das Lautgemisch als Harmonie zu interpretieren versucht. Dieser Sachverhalt kann dazu führen, dass man durch Verdoppeln aller Teiltöne also um eine Oktave, nicht etwa einen Anstieg, sondern ein leichtes Absinken des Tones hört. Da die betreffenden Obertöne etwas größer gewählt waren, als die im Vergleich darunterliegenden Töne, hat nun jeder in seiner Frequenz verdoppelte Oberton eine etwas kleinere Frequenz als der nächst höhere Oberton vor der Verdoppelung. Durch die Selbstähnlichkeit ist der Effekt der gleiche, als seien alle Töne leicht abgesenkt worden. Würde man also unter diesen Voraussetzungen eine Tonleiter spielen, würde man nie die nächste Oktave erreichen. Die Tonleiter würde vielmehr jedes Mal mit einem Grundton beginnen, der ein wenig tiefer als zuvor ist.

Diese lange Ausführung war notwendig, um zu zeigen, dass das Gehör die Tonhöhe nach dem Wellenmuster im Innenohr und der Resonanz der Energieschalen in den Atomhüllen festlegt. Allein die Kenntnis der anatomischen Gegebenheiten erklärt das Geheimnis des Hörens nicht. Und jetzt schließt sich wieder der Kreis zur Homöopathie.

Die Urstoffteilchen, unterschiedliche Felder, vier Quarks und vier Antiquarks sind alles, was unsere Welt aufbaut, umbaut, funktionieren lässt, temporär zusammenhält und auch wieder zerstört.

Der ganze „Teilchenzoo", den man in den Teilchenbeschleunigern nachgewiesen hat sind Artefakte, die bei den energiereichen Zusammenstößen entstehen. In der Form des Menschen haben es diese einfachen Elementarpartikel mit den angeführten Minimalvoraussetzungen geschafft, über sich selbst nachzudenken und die Wirkungsmechanismen zu erkennen.

Die Konsequenzen aus dem neuen Weltbild

Der Ton, also eine nicht stoffliche Information im Sinne der Physik, und damit etwas „Geistiges" im Sinne Hahnemanns, gehorcht streng den Gesetzen der Physik. Aus diesem Grunde spricht auch Hahnemann immer wieder von der Harmonie in einem gesunden Körper und einer Störung eben dieser Harmonie bei einem Kranken.

Der Physiker A. Popp (13, S.38) zitiert in seinem Buch: „Biologie des Lichtes" erstaunliche Versuche aus der ehemaligen UdSSR, in denen beschrieben wird, dass eine keimfreie Zellkultur die gleichen pathologischen Zellveränderungen entwickelte wie eine Zellkultur, die durch Viren infiziert wurde, sofern sich beide Kulturen in Quarzglasgefäßen befanden und man beide Gefäße dicht nebeneinander stellte. Dieser Effekt bleibt jedoch aus, wenn man anstelle der Quarzglasgefäße entsprechende Gefäße aus herkömmlichen Glas verwendet oder die Quarzgläser zu weit auseinander stehen. Wir erinnern uns, dass die Lichtintensität, also die Strahlung, mit dem Quadrat der Entfernung abnimmt und dass herkömmliches Glas eine Schmelze und kein Kristall ist wie Quarzglas.

Natürlich fragt man sich: Welche Eigenschaft besitzt der Quarz, die dem Glas nicht zu eigen ist? Die Lösung ist in diesem Falle recht einfach: Quarzkristalle sind optisch aktiv und haben die Eigenschaft, die Polarisationsebene des Lichtes zu drehen. Glas hingegen ist eine sogenannte Schmelze, also ein in seiner überwiegenden Masse nicht kristalliner Stoff und somit optisch inaktiv. Es streut das Licht und ist somit im Gegensatz zum Quarzkristall zur exakten Weiterleitung von Lichtsignalen, also von bestimmten Informationen durch Photonen ungeeignet, vergleichbar einer Milchglasscheibe, die zwar Licht durchlässt, aber keine exakte Information ermöglicht, was hinter der Scheibe vorhanden ist bzw. vorgeht. Man kann also wie im Nebel nicht sehen, was hinter der Milchglasscheibe wirklich ist.

Dieser von Popp angeführte Versuch ist in mehrfacher Hinsicht hoch interessant:
1. beweist er, dass die gesunde Zellkultur eine genau definierte Information erhalten haben muss.
2. legt er dar, dass es Photonen, also elektromagnetische Schwingungen sind, welche durch die isolierenden Quarzgläser hindurch eine permanente informative Kommunikation zwischen den beiden Zellkulturen ermöglichen.
3. zwingt er, unseren althergebrachten Krankheitsbegriff neu zu überdenken, bzw. zu erweitern. Eine zuvor gesunde und keimfreie, vor Fremdeinflüssen materieller Art abgeschirmte Zellkultur zeigt die gleichen krankhaften Veränderungen, wie die neben ihr völlig isoliert stehende infizierte Zellkultur, weil sie über elektromagnetische Wellen eine bestimmte Störinformation erhalten und diese aufgeprägt bekommen hat! Wie man sieht, haben wir hier den gleichen Effekt, den wir bei gesunden Probanden im Rahmen einer Arzneimittelprüfung mit Hochpotenzen beobachten können. Dies alles beweist, dass elektromagnetische Wechselwirkungen (sog. Resonanzen) die Lebensvorgänge steuern und harmonische Funktionsabläufe durch elektromagnetische Störschwingungen beeinflusst werden können. Hahnemann, der als Sohn seiner Zeit von elektromagnetischen Wellen noch keine Kenntnis hatte, sprach bereits von „geistartigen Kräften", welche in der Lage sind, die Lebenskraft eines Menschen zu „verstimmen".

Doch zurück zu den beiden Zellkulturen: Beide Zellkulturen haben zunächst ein vergleichbares physiologisches Grundschwingungsmuster. Nach der künstlichen Infektion mit Viren wird das Grundschwingungsmuster der infizierten Zellkultur durch die von den Krankheitserregern ausgehenden elektromagnetischen Störschwingungen (Fehlinformationen) derart verändert, dass innerhalb ihres zuvor harmonischen Schwingungsmusters Störfelder auftreten. Diese Störfelder sind es, welche primär zu Fehlinformationen und sekundär zu Fehlfunktionen mit den entsprechenden krankhaften Zellveränderungen führen. Setzt man nun die noch gesunde Zellkultur neben die erkrankte, kommt es zwischen beiden zu elektromagnetischen Wechselwirkungen. Die Grundschwingung dieser völlig keimfreien Kultur vermag die von der erkrankten Kultur ausgehenden Störschwingungen offensichtlich nicht „abzupuffern". Den gesunden Zellkulturen wird also die Störschwingung „aufgezwungen" oder aufmoduliert und sie zeigen die gleichen krankhaften Veränderungen wie die von den Viren befallenen Zellen, obwohl sie selbst nicht infiziert, sondern völlig keimfrei sind. Durch diesen Versuch wird auch verständlich, warum die Einnahme von homöopathisch aufbereiteten Arzneien bei einem gesunden Probanden eine „künstliche Krankheit" provozieren kann, wenn sie zu lange eingenommen wird.

Lebende Zellen sind also nicht nur in der Lage, elektromagnetische Wellen (Informationen) gezielt zu senden, sondern sie vermögen auch diese Informationen detailgetreu zu empfangen, zu „verstehen", zu verarbeiten, darauf zu reagieren und selbst wieder abzustrahlen.

Da alle Informationen letztlich an elektromagnetische Wechselwirkungen gebunden sind, wird auch verständlich, warum homöopathisch aufbereitete Arzneien ebenso wie die Bachblüten, Musik ebenso wie Farben, Einfluss auf unser Befinden ausüben und warum eine Störung durch ein „Gegenbild", wie es Hahnemann nennt, gelöscht werden kann. Mit dem heutigen Wissensstand würde Hahnemann von einem Spiegelbild und von Interferenz sprechen. Wenn also ein Arzt an einem Patienten eine Krankheit diagnostiziert, so beschreibt er biochemische Fehlsteuerungen oder unterschiedlich manifeste Organschäden. Beide Befunde sind aber im eigentlichen Sinne die Folgeerscheinungen einer Störung, die in den morphogenen Feldern und damit in einer Störung der Schwingungsmuster des jeweiligen Organismus ihre Ursache haben, lange bevor der Patient oder der Schulmediziner etwas bemerken bzw. feststellen können. Interessant ist in diesem Zusammenhang, dass in der Akustik beim Zusammenklingen zweier annähernd gleich hoher Töne, also zweier Töne, deren Frequenzen sich nur um einen geringen Betrag unterscheiden, man ein periodisches An- und Abschwellen nur eines Tones hört, eine Erscheinung die man als Schwebung bezeichnet. Die Frequenz mit der diese Amplitudenschwankung erfolgt, wird entsprechend als Schwebungsfrequenz bezeichnet. Eine vergleichbare Erscheinung kennen wir auch in der Homöopathie. So hatte Hahnemann beobachtet, dass zwei ähnliche Krankheiten nie am gleichen Patienten zur gleichen Zeit auftreten, während ein Mensch durchaus gleichzeitig an mehreren unterschiedlichen Krankheiten gleichzeitig erkranken kann, diese Krankheiten also nebeneinander bestehen können. Da die periodischen Umwandlungen von elektrischer Energie in magnetische Energie und umgekehrt von magnetischer Energie in elektrische Energie als elektromagnetische Schwingungen bezeichnet werden, wird verständlich, warum nach dem Simileprinzip Hahnemanns zwei ähnliche Krankheiten nicht gleichzeitig bei ein und demselben Patienten auftreten können. Es ist schon erstaunlich, wie der Begründer der Homöopathie beobachten und vernetzt denken konnte. Es zeigt aber auch, dass seine Lehre auf festen Füßen steht. So fest, dass die Physiker und die Chemiker künftig auf bestimmten Gebieten umdenken müssen. Es ist nur eine Frage der Zeit, wann das Umdenken beginnen wird. Sagte nicht schon der alte Bismarck: „Eine Wahrheit kann nicht auf Dauer niedergelogen werden?"

Das ausführliche Hinterfragen der gültigen Lehrmeinung war erforderlich, um die Vorgänge beim Potenzieren in der Homöopathie zu verstehen. Es ist eben nicht das Heilen mit dem „Nichts", wie die Gegner der Homöopathie spotten (da unstrittig nach einer Verdünnung von 1 : 10^{24} kein einziges Molekül der Ausgangssubstanz mehr vorhanden ist), sondern es handelt sich bei der Therapie mit Hochpotenzen um ein Heilen auf elementarer, weil rein energetischer Ebene. Durch das Verschütteln oder Verreiben nach jedem Verdünnungsschritt, also durch die Zufuhr von kinetischer Energie, wird von den Atomen des arzneilichen Ausgangsstoffes eine ganz spezifische Information über Photonen auf die Atome des entsprechenden Verdünnungsmediums (alkoholische Lösung oder Milchzucker) übertragen. Nach dem jeweils nächsten Verdünnungsschritt wird den Atomen der verbliebenen Moleküle des Ausgangsstoffes und den bereits von der Information geprägten Atomen der verbliebenen Molekülen des Verdünnungsmittels erneut kinetische Energie zugeführt. Daraufhin strahlen wiederum sämtliche, als Träger der arzneispezifischen Information dienende Atome (= die Atome des Ausgangsstoffes wie die Atome des bereits geprägten Verdünnungsmittels) ihre arzneispezifische Nachricht an die Atome der Moleküle des neu hinzugesetzten Verdünnungsmediums ab und prägen diese ebenfalls. Derartig aufgezeichnete Informationen können, wie Aufzeichnungen auf einem Tonträger, unter gegebenen Bedingungen gesendet oder gelöscht werden. Wie Versuche mit homöopathisch aufbereiteten Arzneimitteln ergeben haben, werden homöopathisch aufbereitete Drogen wirkungslos, wenn sie auf 100 Grad erhitzt wurden. Dagegen blieb die Heilwirkung erhalten, solange die Erwärmung eines homöopathischen Präparates 60 Grad nicht erreichte. Besonders wichtig ist es auch darauf hinzuweisen, dass auf jeder Potenzierungsstufe nur eine begrenzte Wirkungssteigerung durch die übertragene Arzneimittelinformation in der so aufbereiteten Arznei möglich ist, egal wie lange, wie oft und wie intensiv die jeweilige Verdünnungsstufe geschüttelt oder verrieben wird. Die Speicherkapazität der Atome ist also ganz offensichtlich begrenzt, vergleichbar einem Tonband oder einer Diskette. Um die Heilwirkung einer homöopathisch aufbereiteten Arznei zu verstärken, genügt es also nicht, nur entsprechend lange zu schütteln oder zu verreiben, sondern es muss auf jeder Potenzierungsstufe eine erneute Verdünnung (Zufuhr von noch ungeprägten Atomen des verwendeten Verdünnungsmediums) mit anschließendem Verschütteln oder Verreiben (Zufuhr kinetischer Energie) erfolgen.

Bei der Potenzierung wird die überwiegende Zahl der Atome des jeweils neu hinzugefügten unarzneilichen Verdünnungsmediums mit der dominierenden arzneispezifischen Information der Atome des arzneilichen Ausgangsstoffes geprägt. Da aber die für die Aufbereitung homöopathischer Arzneien verwendeten arzneilichen Ausgangsstoffe unterschiedlich stark verunreinigt sind, werden zwangsläufig auch die von diesen Verunreinigungen ausgehenden Störinformationen auf das zugesetzte Verdünnungsmedium übertragen. Allerdings wird mit jedem Verdünnungsschritt der Einfluss dieser Störinformationen immer weiter abnehmen. Dies hat zur Folge, dass die reine Arzneimittelinformation, einem Radioempfänger vergleichbar, um so deutlicher zu verstehen ist, je weniger Störungen (Hintergrundrauschen) vorhanden sind. Diese Verunreinigungen haben aber keine direkte Wirkung auf den Patienten, da sie nicht dem von ihm zur Gesundung benötigten Simile entsprechen. Sie behindern lediglich die Wirkung des eigentlichen Simile durch unerwünschte Interferenzen. Alle durch den Potenzierungsvorgang geprägten Atome des Verdünnungsmittels vermögen die ihnen aufgeprägten Informationen nach entsprechender Energiezufuhr nun auch ihrerseits abzustrahlen. In den Potenzen jenseits der Avogadroschen Zahl (Loschmidtsche Zahl) D23 ist infolge der durchgeführten Verdünnungsschritte kein Molekül der Ausgangsdroge mehr vorhanden. Ab hier gibt es nichts mehr zu verdünnen, zumindest nicht im herkömmlichen Sinne, weil eine derart hochpotenzierte homöopathische Arznei aus stofflicher Sicht nur noch aus den Molekülen des jeweils verwendeten Verdünnungsmittels besteht, das man mit sich selbst nicht verdünnen kann. Deshalb ist es auch falsch, wenn die Gegner der Homöopathie von „unendlichen" Verdünnungen der homöopathisch aufbereiteten Arzneien sprechen. Was bei allen folgenden Potenzierungsschritten durch eine erneute Zufuhr des verwendeten Verdünnungsmediums nunmehr tatsächlich verdünnt wird, sind lediglich die bereits geprägten, als Informationsträger und Informationssender fungierenden Moleküle des

Verdünnungsmediums der vorhergehenden Verdünnungsstufe. Denn erst die neuerliche Zufuhr des arzneilich wirkungslosen Verdünnungsmittels auf jeder einzelnen Potenzierungsstufe macht es möglich, dass der gesamte oben beschriebene Prägungsvorgang bei entsprechender Energiezufuhr (verschütteln oder verreiben) von Potenzierungsstufe zu Potenzierungsstufe weitergehen kann und die von den Verunreinigungsstoffen herrührenden Störinformationen nach und nach eliminiert werden. Das ist von entscheidender Bedeutung und erklärt, warum als Folge der immer größer werdenden Informationsreinheit die Wirkungssteigerung einer Arznei von Potenzierungsstufe zu Potenzierungsstufe stetig zunimmt, obwohl in ihr kein Molekül der arzneilichen Ausgangsdroge mehr vorhanden ist.

Der oben beschriebenen Wirkungsmechanismus des Potenzierens macht nachvollziehbar, warum in der Homöopathie Heilung durch Informationsaustausch möglich ist. Diese Ausführungen verstoßen allerdings gegen die geltende Lehrmeinung, die lediglich chemische Reaktionen für die Heilwirkung von Arzneimitteln gelten lässt! In diesen Kreisen hat sich noch nicht herumgesprochen, dass z.B. das Hören oder Lesen einer schlechten Nachricht, bei der betreffenden Person zu schwersten gesundheitlichen Störungen führen kann, obwohl die Nachricht nichts Stoffliches ist oder war. Auch die Psychologie arbeitet auf nicht materieller Basis. Politiker und Militärs nutzten erfolgreich das Abspielen von Märschen, um Emotionen zu wecken oder zu schüren. In der Werbebrache werden Farben und Musik erfolgreich zum Manipulieren von Stimmungen eingesetzt. Alles lediglich unterschiedliche Informationen, die sehr individuelle Reaktionen bei den einzelnen Personen auslösen, ohne dass auch nur ein Atom für die ganzen chemischen Reaktionen eingesetzt wurde - alles auf nicht materieller, also nicht chemischer Basis. Auch der Volksmund weiß zu berichten, dass einem das „Wasser im Munde" zusammenläuft, wenn einem jemand ein tolles Essen beschreibt oder es einem „alles zusammenzieht" wenn jemand vom Hineinbeißen in eine Zitrone berichtet.

Seit 200 Jahren werden jedoch von Ärzten und Tierärzten Unmengen von Fallbeispielen beschrieben, welche sich keineswegs durch Placeboeffekte erklären lassen. Dies gilt insbesondere für Heilungen mit Hochpotenzen bei Bewusstlosen, Kleinkindern, Haus- und Wildtieren. Eine hochpotenzierte homöopathisch aufbereitete Arznei heilt (das ist ja gerade das Besondere dieser Heilmethode!) eben nicht auf der materiellen Ebene durch biochemische Reaktionen, sondern auf energetischer Ebene durch Informationsaustausch, Interferenz und der dadurch bedingten Veränderungen der morphogenen elektromagnetischen Felder. Das heißt, als Folge von störenden Umwelteinflüssen gleich welcher Art, die über ein bestimmtes Maß hinausgehen, verändern sich zunächst bestimmte elektromagnetische Felder, die für die Positionierung der Atome in den Molekülen verantwortlich sind und die chemischen Reaktionen steuern. Durch diese Veränderungen der elektromagnetischen Felder können die Atome in den betroffenen Molekülen unter Umständen nun so ihre Lage und damit auch ihre chemischen Reaktionen verändern, dass der auf elektromagnetischen Wechselwirkungen beruhende harmonische und für das Wohlbefinden verantwortliche körpereigene Energie- und Informationsfluss des jeweiligen Organismus gestört wird. Dies hat wiederum zur Folge, dass sowohl auf der körperlichen als auch auf der seelischen Ebene Missstimmungen in Form von krankhaften klinischen Symptomen auftreten können. Mit anderen Worten: **Krankheiten** (mechanische Störungen wie z.B. Frakturen, Darmverschluss u.s.w. sind hier nicht gemeint, da sich die Homöopathie als Regulationstherapie versteht) **bestehen also bereits auf energetischer Ebene, bevor sie sich zu einem späteren Zeitpunkt durch klinisch feststellbare Krankheitssymptome manifestieren. Diese energetische Ebene ist naturgemäß biochemischen Reaktionen nicht zugänglich. Vielmehr werden die biochemischen Reaktionen von den elektromagnetischen Feldern gesteuert. An dieser Stelle greift der Wirkungsmechanismus der Homöopathie. Dies**

der Schulmedizin klar zu machen, ist das Problem der Homöopathie und der Sinn dieser Arbeit. Schon Hahnemann ärgerte sich vor 200 Jahren über die unsachlichen Argumente seiner Gegner und schrieb, in der irrigen Annahme, dieses Missverständnis ein für allemal aus der Welt schaffen zu können, in einer Fußnote zum § 269 des Organon (Nr. 15): „*Man hört noch täglich die homöopathischen Arznei-Potenzen bloß Verdünnungen nennen, da sie doch das Gegentheil derselben, d.i. wahre Aufschließung der Naturstoffe und zu Tage-Förderung und Offenbarung der in ihrem innern Wesen gelegenen, specifischen Arzneikräfte sind, durch Reiben und Schütteln bewirkt, wobei ein zu Hülfe genommenes, unarzneiliches Verdünnungs-Medium bloß als Neben-Bedingung hinzutritt.*
Verdünnung allein, z.B. die, der Auflösung eines Grans Kochsalz, wird schier zu bloßem Wasser; der Gran Kochsalz verschwindet in der Verdünnung mit vielem Wasser und wird nie dadurch zur Kochsalz-Arznei, die sich doch zur bewunderungswürdigsten Stärke, durch unsere wohlbereiteten Dynamisationen, erhöht."
Ende des Zitates.
Aber lehrt nicht schon eine alte Volksweisheit: „Wer sich schlafend stellt, den kann man nicht wecken?" Allerdings muss man auch objektiver Weise darauf hinweisen, dass es der täglichen Erfahrung der Menschen entspricht, dass mit einer Verdünnung von etwas auch eine Minderung der jeweiligen Eigenschaften einhergeht, unabhängig davon, ob es sich um Farben, Arzneimittel, Nahrungsmittel u.a. handelt. Aber schließlich muten die Physiker sich selbst und ihren Mitmenschen ganz andere „Wirklichkeiten" zu, ohne dass es, im Gegensatz zur Homöopathie, vom „Kleinen Mann" überprüft werden kann.
Hahnemann, der nicht nur ein hervorragender Arzt, sondern ein ebenso tüchtiger Chemiker und Pharmakologe war, lässt, wie man sieht, nicht den geringsten Zweifel daran, dass Substanzen durch bloßes Verdünnen ohne das stufenweise durchgeführte mit Verdünnen und Verschütteln, bzw. mit Verdünnen und Verreiben

einhergehende Dynamisieren, zwangsläufig irgendwann zu einem unwirksamen „Nichts" werden; zu einem „Nichts", wie beispielsweise ein in einem See aufgelöstes Stück Zucker.

Es ist deshalb noch einmal darauf hinzuweisen, dass es sich bei der Herstellung von Arzneimitteln für die homöopathische Therapie nicht um bloße Verdünnungen von Drogen handelt, sondern dass Verdünnen und anschließendes Verschütteln bzw. Verreiben gemeinsam für die Wirkungssteigerung der jeweiligen Arzneimittel verantwortlich sind. Durch das Verreiben und/oder Verschütteln der arzneilichen Substanz und insbesondere der Hochpotenzen wird den informationstragenden Atomen kinetische Energie zugeführt, die dann diese Atome in die Lage versetzt, ihre jeweilige Information in Form von Photonen (Lichtquanten) abzustrahlen.

Die Elektronen der Atome des neu hinzugefügten Verdünnungsmediums vermögen die ihnen durch die Photonen übermittelten arzneispezifischen Informationen aufzufangen und dafür zu „sorgen", dass sie auf der Oberfläche ihrer Quarks aufgezeichnet und dort auch gespeichert werden. Jede dieser Informationsaufzeichnungen („informare" heißt interessanterweise „prägen"), hinterlässt auf der Quarkoberfläche ganz bestimmte, einem Abdruck oder einer CD vergleichbare „reliefartige" Veränderungen, welche, so lange sie nicht durch neue Informationsaufzeichnungen überschrieben werden, bei entsprechender Energiezufuhr, von den Elektronen dieser Atome wieder abgetastet, „gelesen" und immer wieder über Photonen als Information an andere resonanzfähige Atome abgestrahlt werden können.

Doch zurück zur Quantenphysik. Grundsätzlich ist festzuhalten, dass jegliche Wechselwirkung zwischen elektromagnetischer Strahlung und Materie in Form von Emission oder Absorption von Photonen erfolgt, wobei ein Photon (Lichtquant) immer als Ganzes entsteht oder verschwindet und seine Energie von einem mikrophysikalischen System aufgebracht oder einem solchen zugeführt wird. Ferner ist festzuhalten, dass jedes Photon (Lichtquant) bei einer Zustandsänderung entsteht, wobei der neue Zustand eine

begrenzte Lebensdauer hat und nur ein Quant endlicher Lebensdauer aussenden kann. In diesem Zusammenhang möchte ich auch noch einmal an meine Ausführungen zu Beginn der Arbeit verweisen, in denen ich bereits auf Professor Bohm hingewiesen hatte. Bohm, der bei Oppenheimer, dem „Vater der Atombombe" promoviert hatte, befasste sich später als Professor für Physik mit der Problematik der Quantenrealität. Er übernahm eine Idee von Louis de Broglie und entwickelte eine mathematisch konsistente Interpretation der Quantenrealität mit lauter normalen Objekten. Danach ist ein Quantenobjekt als ein Teilchen mit zugeordneter Pilotwelle anzusehen, welche die Funktion hat, die Umgebung zu „lesen" und Befunde an das Teilchen rückzumelden und es sozusagen darüber informiert, wie es sich zu bewegen und zu verhalten hat. Er beschreibt also letztlich Atome, deren Kerne von einem zehntausendfach größeren Feld, der Atomhülle, umgeben sind.
Es ist deshalb äußerst wichtig festzuhalten, dass auch in der Quantenphysik die Möglichkeit, die Umgebung zu „lesen" und die Befunde an das entsprechende Teilchen, also den Atomkern, zurückzumelden, durchaus diskutiert werden. Aus welchem vernünftigen Grund sollte dieser Sachverhalt gerade für die Homöopathie nicht zutreffen?
Die milliardenfache Emission von Lichtquanten (Photonen) durch die Elektronen angeregter Atome ergibt für das Auge den Eindruck von Lichtstrahlen. Die Ursache dieses Eindruckes ist in der Innenstruktur und dem Spin der Quarks begründet. Die oben beschriebenen vier Quarkpaare sind nach meiner Überzeugung auch für die Spektralfarben verantwortlich, die für jede Atomart, also jedes Element, so spezifisch sind, wie z.B. der Fingerabdruck für einen Menschen. Das Argument der Teilchenphysiker, dass Quarks keine Wellen abstrahlen können, weil sie wesentlich kleiner sind als die Wellenlänge des Lichtes, beruht auf dem falschen Verständnis von Welle und Teilchen. Wie bereits von mir ausführlich dargelegt, entstehen elektromagnetische Wellen erst, nachdem das Photon auf eine Atomhülle aufgeprallt ist und als Folge der so bedingten

Ladungsveränderungen innerhalb dieser Atomhülle Transversalwellen entstehen, die von unserem Gehirn als Farbe dargestellt werden. Wenn man vergleichsweise einen Stein in einen See wirft, so entstehen um die Stelle, in der er die Wasseroberfläche durchstoßen hat, ebenfalls Wellen, die um ein Vielfaches größer sind als der Stein selbst. Natürlich haben so gesehen die Quarks keine Farbe, aber die vier Quarkpaare formen die Strukturen der Photonen, die dafür verantwortlich sind, dass unser Gehirn die vier Grundfarben und durch Interferenz alle anderen Farben bzw. Farbeindrücke erzeugen kann. Ich möchte deshalb noch einmal nachdrücklich darauf hinweisen, dass Lichtwellen selbstverständlich keine Farbe haben. Die Farben entstehen erst in unseren Augen und im Gehirn. Ein Proton hat, wie bereits wiederholt dargelegt, drei Quark-/Antiquarkpaare. Die beiden u-Quark-/Antiquarkpaare sind für rot und blau verantwortlich. Dagegen werden gelb und grün durch die beiden d-Quarkpaare erzeugt. Dies lässt sich damit erklären, dass die beiden u-Quark-/Anti-u-Quarkpaare sowohl im Proton wie im Antiproton vorhanden sind, während von den beiden d-Quark/Anti-d-Quarkpaaren jeweils nur ein d-Quark-/Anti-d-Quarkpaar und zwar immer das gleiche entweder ausschließlich im Proton oder im Antiproton eingebaut ist. Da die Rezeptoren in den Zäpfchen des Augenhintergrundes nur auf energiereiche Strahlen (blau), energiearme Strahlen (rot) und Strahlen mittlerer Energie (grün und gelb) ansprechen, bilden die u-Quarks sozusagen die Begrenzung der Farbempfindung, während gelb und grün den mittleren Bereich des Farbenspektrums abdecken. Da man durch das Mischen der Spektralfarben grün und rot ebenfalls gelb erhält und die Mischung der Spektralfarben gelb und blau grün ergibt, können Proton und Antiproton nicht durch Spektralanalysen voneinander unterschieden werden. Da durch Interferenz sowohl die Kombination rot, blau, gelb wie rot, blau, grün das gesamte Spektrum abdecken. In dem beschriebenen Sachverhalt ist auch die Ursache dafür zu sehen, dass die Natur ein „schwacher Linkshänder" ist, da ein u-Quarkpaar das andere geringgradig dominiert. Dies ist daraus abzuleiten, dass ein u-Quarkpaar das kurzwellige, energiereiche „blaue" Licht erzeugt, während das andere u-Quarkpaar das langwelligere, energieärmere „rote" Licht aussendet. Da sowohl im Proton wie im Antiproton immer nur eines von beiden d-Quark/Anti-d-Quarkpaaren, und zwar immer das gleiche, eingebaut wird, kann das Proton immer nur entweder blau, rot, gelb oder blau, rot, grün abstrahlen, je nachdem, welche Quark/Antiquark - Kombination man wie bezeichnet. Dies ist auch die Ursache, dass noch niemandem aufgefallen ist, dass sowohl Wasserstoffatome wie auch Antiwasserstoffatome gleichzeitig existieren und diese Tatsache die Welt nicht verstrahlen lässt. Das Wechselspiel der Protonen und der Neutronen im Atomkern ist deshalb nur möglich, weil Proton und Antiproton entsprechend wechselwirken. Somit wäre das Neutron als das „getarnte" Antiproton zu verstehen. Das ist schon starker Tobak. Die Bezeichnung des Atomkerns des Wasserstoffs als Proton und nicht als Proton oder Antiproton ist folglich willkürlich, da sich die Physiker dieser Tatsache nicht bewusst sind. Durch geeignete Magnetfelder ließen sich jedoch Proton und Antiproton bzw. Wasserstoff und Antiwasserstoff durchaus trennen. An dieser Stelle möchte ich auch noch einmal darauf hinweisen, dass die d-Quarks und die d-Antiquarks die kleinst möglichen magnetischen Monopole sind, die nach ihrem Zusammenschluss den kleinsten magnetischen Dipol bilden. Bleibt noch das Problem, dass die Wellenlänge der Farben, die unser Auge wahrnimmt, viel größer ist, als der Durchmesser der Quarks. Dieser Sachverhalt erklärt sich, wie bereits erwähnt, durch das Wellenmuster, dass Photonen beim Auftreffen in der Atomhülle des Atoms auslösen, von dem es Absorbiert wird. Ein Vorgang, der zeigt, wie tiefgreifend und wie sensibel die Funktionsmechanismen sind, die unser Leben ermöglichen, steuern und beherrschen.

Schlussbetrachtung

Meine Ausführungen sollten zeigen, dass man weder einen Urknall benötigt, noch die Menschen an der Richtigkeit ihrer Wahrnehmungsfähigkeit zweifeln müssen, um ihnen den Kosmos und seine elementaren Wechselwirkungen zu erklären. Dies ist aber mehr ein Nebenbefund, denn die Menschheit konnte bisher auch gut ohne dieses Wissen leben. Das Erkennen dieser Zusammenhänge ist aber von entscheidender Bedeutung für das Verständnis von Krankheiten, weshalb ich so ausführlich auf diese Problematik eingegangen bin. Aus dem Verständnis der unterschiedlichen Wechselwirkungen auf allen Ebenen, ergibt sich nämlich eine völlig neue Sicht von Krankheiten, ihrer Entstehung und den Heilungsmöglichkeiten. Von entscheidender Bedeutung für die Einsicht in das Krankheitsgeschehen ist der Tatbestand, dass die Krankheit nicht primär auf einer Störungen biochemischer Abläufe und ihrer Regelkreise beruht, sondern dass die Störung eben dieser biochemischen Abläufe die Folge einer vorausgegangenen Störung elektromagnetischer Felder mit morphogenen, d.h. strukturbildenden Eigenschaften ist. Die elektromagnetischen Vorgänge sind elementarer Art und bestimmen deshalb die biochemischen Vorgänge. Diesen Sachverhalt durch Beobachtungen am Krankenbett intuitiv erfasst zu haben, ist der große Verdienst Hahnemanns. Es spricht für die scharfe Beobachtungsgabe und das klare Erkennen von Zusammenhängen dieses genialen Mediziners, dass er eben diese Zusammenhänge mit den sprachlichen Möglichkeiten seiner Zeit zu formulieren wusste, für die es weder Begriffe, geschweige eine Vorstellung gab. Elektromagnetische Felder wurden erst nach dem Verfassen seines Organon erkannt und beschrieben und sind bis heute ganz offensichtlich weder in ihrer Funktion noch in ihrer elementaren Bedeutung völlig verstanden. So ist äußerst interessant, dass Hahnemann von einem Gegenbild der Krankheit spricht und nicht, was eigentlich näher gelegen hätte, von einem Ebenbild. Er spricht auch vom Auslöschen einer Krankheit durch die geistartigen Kräfte der homöopathischen Arznei. Damit hat er mit anderen Worten, aber unmissverständlich klar gemacht, dass die homöopathische Arznei der Krankheit ähnlich, aber eben nicht gleich ist. Sie verhält sich wie ein Negativ zu einem Positiv. Das Auslöschen einer Krankheit kann nach meinen Ausführungen nur mit Interferenz „übersetzt" werden. Hahnemann warnt auch vor der unkontrollierten Einnahme von homöopathisch aufbereiteten Arzneien, da sie eine „künstliche Krankheit" erzeugen können, von der der Patient nicht mehr geheilt werden kann. Das bedeutet aber nichts anderes, als dass in diesem Falle das Schwingungsmuster der homöopathischen Arznei dem harmonischen Schwingungsmuster eines durch eben diese homöopathische Arznei genesenen Kranken nun durch das spiegelbildliche Schwingungsmuster der homöopathischen Arznei erneut aufgeprägt wird. Hier zeigt sich auch, dass ein Organismus nicht zwischen elektrischen und magnetischen Feldern zu unterscheiden vermag, da seine Steuerungsmechanismen auf dem Wechselspiel elektromagnetischer und magnetoelektrischer Felder beruhen. Ebenso können gesunde Personen, die z.B. vorbeugend ein homöopathisches Arzneimittel einnehmen, als Folge einer kurzfristigen Störung ihres harmonischen Schwingungsmusters, Symptome einer Arzneimittelprüfung zeigen und, wenn sie die Arznei weiterhin einnehmen, durch die so künstlich erzeugte dauerhafte Störung ihres zunächst harmonischen Schwingungsmusters erkranken. Während es in früheren Zeiten für derartige Erkrankungen keine Heilung gab, wie sollte auch der Patient an das geeignete Simile gelangen, ist heute für derartige „künstliche Erkrankungen" die Bioresonanztherapie zu empfehlen, da die Bioresonanztherapie auf den gleichen Mechanismen beruht wie die Homöopathie. Allerdings muss die Empfindlichkeit dieser Geräte noch deutlich verbessert werden. Um zu dieser Erkenntnis zu gelangen, war es notwendig, sich mit der offiziellen Lehre der Teilchenphysiker, Chemiker und Kosmologen auseinander zusetzen. Dies hat zwangsläufig die Folge, dass ich mich zwischen alle Stühle setzen musste und von keiner Seite Beifall erwarten darf. Ich halte es aber für wichtig, dass neue andere Denkanstöße gegeben werden, denn auf dem bisherigen Weg sind wir in einer Sackgasse gelandet, die nur durch eine Kehrtwendung im Denken verlassen werden kann.

Für Leser, die möglichst schnell das Ergebnis meiner Überlegungen kennen möchten und nicht an Details interessiert sind, eine kurze Zusammenfassung.

Die Physiker suchen nach einer Formel, oder wenigsten nach einem Verständnis der Dinge und Vorgänge, die unsere Welt zusammenhalten. Man hat diese Problematik unter der Überschrift „Große vereinheitlichte Theorie" (GUT = Grand Unified Theory) zusammengefasst. Dabei geht man davon aus, dass die physikalischen Gesetze drei verschiedenen Symmetrien unterworfen sind. Die Symmetrie C (Compatibility = Vereinbarkeit, Vergleichbarkeit) besagt, dass die Gesetze für Teilchen und Antiteilchen gleich sind. Nach Symmetrie P (Parity = Gleichheit) sind die Gesetze für jede Situation und ihr Spiegelbild gleich (das Spiegelbild eines Teilchens, das sich rechtsherum dreht, ist ein Teilchen, das sich linksherum dreht). Symmetrie T (Time = Zeit) besagt, dass das System in einen Zustand zurückkehrt, den es zu einem früheren Zeitpunkt eingenommen hat, wenn man die Bewegungsrichtung aller Teilchen und Antiteilchen umkehrt. Die Gesetze sind folglich für Vorwärts- und Rückwärtsrichtung der Zeit gleich. Die Anstrengungen der theoretischen Physiker gehen also dahin, eine Theorie zu entwickeln, welche die Leptonen und die Quarks in einer einzigen Familie vereint und auch beschreibt, wie sie sich ineinander umwandeln können. Die schwache Kraft, die elektromagnetische Kraft, die starke Kernkraft und die Gravitationskraft sind dann nach ihrer Überzeugung alles Aspekte einer einzigen, fundamentalen Kraft. Diese sog. große Einheitstheorie versucht nicht, die Verschiedenheit der Kräfte zu verbergen, aber sie geht davon aus, dass sich die Naturkräfte unter bestimmten Bedingungen einander angleichen. Solche Bedingungen herrsch-

ten nach Ansicht der Physiker im frühen Universum vor, als die Temperaturen sehr hoch waren und die Teilchen riesige Energien besaßen. Wie ich in den vorausgehenden Kapiteln gezeigt habe, ist dies ein falscher Ansatz mit irreführenden Ergebnissen. Symmetriebrüche finden nämlich nicht irgendwie statt, sondern folgen Gesetzen, die genauso streng sind wie jene, denen die Symmetrie folgt. Die Experimentalphysiker können nur bedingt bei der Klärung dieser Problematik helfen, da die Zustände eines hypothetischen frühen Universums im Labor nicht rekonstruierbar sind. So können Einzelergebnisse je nach Fragestellung und Interessenlage interpretiert und dann mathematisch begründet werden, denn bevor der Mathematiker anfängt zu rechnen, definiert er die Bedingungen und Voraussetzungen unter denen seine Berechnungen Gültigkeit haben. Sind einzelne Voraussetzungen oder Bedingungen falsch, dann liefert der Mathematiker unter Umständen zwar das gewünschte aber nicht das richtige Ergebnis. Da diese mathematischen Operationen äußerst schwierig sind, werden die jeweiligen Interpretationen, die irgend ein Guru verkündet, nicht angezweifelt und hinterfragt und es geschieht das Gleiche wie mit des Kaisers neuen Kleidern.
Aber wo kommen wir eigentlich her? Und wohin werden wir gehen? Die Quantentheorie besagt, Teilchen stammen aus dem leeren Raum. Was sich die Teilchenphysiker unter leerem Raum vorstellen, kann folglich gar nicht so leer sein, weil dann alle Felder, z.B. das Gravitationsfeld und das elektromagnetische Feld exakt gleich null sein müssten. Das ist jedoch nicht möglich, da es sonst diese Felder nicht geben würde. Die diese Felder aufbauenden Urstoffteilchen, werden als virtuell bezeichnet, weil sie im Gegensatz zu anderen Teilchen nicht mit einem Teilchendetektor zu beobachten sind. Da sich ihre indirekten Auswirkungen (z.B. kleine Veränderungen der Energie von Elektronenbahnen in den Atomhüllen oder die Beeinflussung der Gravitation von Galaxien durch die sog. dunkle Materie) messen lassen und bemerkenswert genau mit theoretischen Vorhersagen überein-

stimmen, müssen sie existent sein. Aber niemand weiß, wie sie aussehen. Das bedeutet, dass sie derart klein sind, dass sie z.Z. von unseren Messgeräten nicht erfasst werden können, also unter der Nachweisgrenze liegen. Einige Wissenschaftler sprechen von WIMPs (**W**eakly **I**nteracting **M**assive **P**articles). Von entscheidender Bedeutung ist, dass diese WIMPs (Urstoffteilchen, Elementarpartikel oder Apeiron, wie sie Anaximandros nannte) sich in einer dauerhaften, räumlichen und ungleichmäßigen Bewegung befinden. Bewegt sich eine bestimmte Anzahl von diesen Teilchen auf parallelen Geraden, dann spricht man von einer fortschreitenden Bewegung oder Translationsbewegung. Behält ein Teilchen dieser Gruppe eine feste Position im Raume bei, dann spricht man von einer Rotation oder Drehbewegung. Man unterscheidet also in der Kinematik geradlinige und krummlinige Bewegungen. Diese Ausführungen sind deshalb so wichtig, weil diese an sich neutralen Urstoffteilchen (WIMPs) als Folge ihrer unterschiedlichen Bewegung zu unterschiedlichen kräftetragenden Teilchen werden. Ein völlig neutrales massives Teilchen bewirkt als Folge seiner Bewegungsart und Bewegungsrichtung unterschiedliche Eigenschaften. So entsteht als Folge der gradlinigen Bewegungen die Gravitationskraft, während durch die Rotationsbewegungen die elektrischen und die magnetischen Kräfte erzeugt werden. Diese Urstoffteilchen (Elementarpartikel) können die Materie vollständig durchdringen, bestimmen was die Materie zu tun und zu lassen hat und welche Eigenschaften die Materie besitzt. Die Materie ist somit lediglich ein Mittel zum Zweck, denn ohne Materie könnten diese Urstoffteilchen nicht wirken bzw. Wirkung zeigen. Die Teilchenphysiker gehen davon aus, dass kräftetragende Teilchen je nach Stärke der Kraft und nach Art der Materie, mit der sie in Wechselwirkung stehen, in vier Kategorien eingeteilt werden können. Doch muss ich darauf hinweisen, dass diese Unterteilung in vier Klassen willkürlich ist und lediglich als bequemes Hilfsmittel bei der Entwicklung von Teiltheorien dient. In der Realität geht diese Einteilung am Kern der Dinge vorbei. In der Realität bilden sich im Universum als Folge seiner unendlichen Ausdehnung und der endlichen Geschwindigkeit aller Teilchen, zellenartige Regionen, die vergleichbar einem Schwamm den Kosmos strukturieren. Diese Spongiosa ist bedingt durchlässig, und steht so offen mit ihrem Umfeld in Verbindung. Diese Struktur ermöglicht aber andererseits, dass sich in diesen „Zellen" durch die Teilchenbewegungen ein Druck aufbaut, wie wir das von Gasen in unterschiedlichsten Behältnissen kennen. Wenn nun zwischen den einzelnen Himmelskörpern in einer derartigen „großräumigen Zelle" ein Unterdruck entsteht, weil diese Objekte, einem Schatten vergleichbar, Teilchenströme teilweise abschirmen, werden diese Himmelskörper aufeinander zugetrieben, bis sich die Druckunterschiede wieder ausgleichen und sie feste Bahnen einnehmen oder, falls dies nicht gelingt, schließlich zusammenprallen. Da aber diese Himmelskörper allesamt aus Atomen bestehen, wird eine bestimmte Anzahl der Urstoffteilchen, die den Überdruck erzeugen, an den Quark/Antiquarkpaaren der Atomkerne reflektiert. Gleichzeitig strömen Urstoffteilchen von allen Seiten nach, bis sich bei einem bestimmten Abstand der Himmelskörper zueinander der Druckunterschied wieder ausgeglichen hat. Die Urstoffteilchen (Elementarpartikel) wirken so dem Überdruck entgegen, indem sie selbst einen Druck aufbauen und stehende Wellen, den Schallwellen vergleichbar, zwischen den jeweiligen Himmelskörpern aufbauen. So entstehen morphogene Felder, die Abstand, Position und Bewegungsabläufe der Himmelskörper zueinander bestimmen. In diesem Zusammenhang sei an die Bilder aus der Kymatik erinnert. Da die Anziehungskraft der Körper untereinander mit dem Quadrat der Entfernung abnimmt, sind genaue Positionsbestimmungen möglich. Die Gravitation stellt sich somit als das Ergebnis stehender Wellen aus Urstoffteilchen innerhalb eines „Überdruckbehälters" dar. Die elektromagnetischen Felder sind dagegen das Resultat senkrecht aufeinanderstehender Rotationsfelder, die durch den Spin und die Topologie der Quark/Antiquarkpaare erzeugt werden. Haben elektromagnetische Felder den gleichen Spin, so hat ihr Feld die gleiche Ladung und sie stoßen sich ab. Haben sie einen spiegelbildlichen Spin, dann haben sie eine unterschiedliche Ladung und sie ziehen sich nicht nur an, sondern heben sich auch in ihrer Wirkung auf. In diesem Sachverhalt ist der Wirkungsmechanismus der Homöopathie begründet. Das Simile der homöopathisch aufbereiteten Arznei ist das Gegenbild der Störschwingung des Kranken. Das „Gegenbild" einer Krankheit löscht somit die Krankheit (Krankheitsbild) aus. Dieser Vorgang ermöglicht dem jeweiligen Organismus, seine ursprüngliche harmonische Schwingung wieder aufzubauen und lässt den Patienten gesunden. Dies alles geschieht, wie Hahnemann schreibt, schnell, rasch und ohne Nebenwirkungen. Elementarpartikel (WIMPs) sowie ihre unterschiedlichen Bewegungsformen verschiedener Stärke und vier Quarks und vier Antiquarks sind alles, was unsere Welt aufbaut, umbaut, funktionieren lässt und auch wieder zerstört. In der Form des Menschen haben es diese einfache Elementarpartikel mit den angeführten Minimalvoraussetzungen geschafft, über sich selbst nachzudenken und die Wirkungsmechanismen zu erkennen.

Zusammenfassend lässt sich sagen, dass der Kosmos aus extrem kleinen Urstoffteilchen besteht, die sich in unterschiedlich starker Bewegung befinden und sich in alle Richtungen beliebig bewegen können. Da die Geschwindigkeit dieser Teilchen begrenzt ist, andererseits aber eine absolute Ruhe der Teilchen ebenfalls unmöglich ist, bilden sich zwangsläufig im Kosmos zahlreiche regionale Verdichtungen dieser Teilchen, weil in einem unendlichen Kosmos unmöglich alle Teilchen mit einer endlichen Geschwindigkeit synchron schwingen können.

Diese Teilchen verdichten sich folglich zwangsläufig, bilden zunächst ein wolkenähnliches Gebilde und verdichten sich immer stärker, indem sie dem Zentrum dieser Teilchenwolke zuströmen, bis nicht mehr ausreichend Urstoffteilchen nachströmen können, weil die Teilchen aus immer größeren Entfernungen nicht mehr schnell genug nachkommen. Der Teilchenstrom reißt folglich ab. Auf diese Weise koppelt sich die Teilchenwolke vom übrigen

Teilchenfluss im Universum ab. Durch die Gravitationskräfte verdichten sich schließlich die Teilchen zum Zentrum hin derart, dass der Innendruck und die Innentemperatur dieses Gebildes, das von den Astrophysikern fälschlich als Schwarzes Loch beschrieben wird, einen Grenzwert erreichen. Jenseits dieses Grenzwertes kommt es zu einem Phasenübergang und die zunächst gasförmigen Teilchen werden zu kompakten „Kristallen", den Vorstufen der späteren Quarks. Um den Innendruck und die Innentemperatur dieses Schwarzen Loches, das in Wirklichkeit kein Loch sondern eine unvorstellbar große Urstoffteilchenkonzentration und Urstoffteilchendichte repräsentiert, zu stabilisieren, werden diese „Kristalle" durch die Corioliskraft zur Rotationsachse des Schwarzen Loches, der „Brutkammer der Materie", bewegt, durch die bei der Erstarrung frei werdende Energie nach außen gepresst und in Form von Jets am Südpol und am Nordpol mit annähernder Lichtgeschwindigkeit ausgestoßen. Nur den „Kristallen", die exakt definierte Bedingungen erfüllen, gelingt es, den extrem starken Magnetmantel um das mit hoher Geschwindigkeit rotierende Objekt zu durchbrechen. Alle anderen „Kristalle" fallen in das Schwarze Loch oder zutreffender gesagt den Schwarzen Körper zurück und werden wieder recycelt. Die „Kristalle aus Urstoffteilchen", die sich nun jenseits des Magnetmantels befinden sind die Quarks, aus denen sich die gesamte Materie des künftigen Systems Galaxie aufbauen wird. Diese Quarks haben als Folge der Konvektionsströme im Schwarzen Körper eine genau ausgerichtete Innstruktur. Entweder sind die Urstoffteilchen, aus denen sie bestehen, von oben nach unten oder von unten nach oben ausgerichtet, vergleichbar einer Magnetspule, die man von oben nach unten und von unten nach oben wickeln kann oder sie sind von links nach rechts bzw. von rechts nach links angeordnet. Es gibt somit nur vier unterschiedlich strukturierte Quarks im gesamten Universum. Da die Quarks, die am Nordpol ausgestoßen wurden, einen spiegelbildlichen Spin zu den Quarks haben, die am Südpol herauskatapultiert wurden, gibt es grundsätzlich acht verschiedene Quarks, von denen sich jeweils vier wie Materie zu Antimaterie verhalten, denn laut Definition ist das Spiegelbild eines Teilchens (Materie), das sich rechtsherum dreht, ein Antiteilchen (Antimaterie), das sich linksherum dreht. Wir haben es folglich mit Quarks und Antiquarks zu tun, die zusammen die Materie aufbauen und nicht, wie gelehrt wird, sich gegenseitig verstrahlen und in Energie auflösen. Diese Quarks und Antiquarks wandern entlang der Magnetfeldlinien zur Äquatorebene des Schwarzen Körpers, der sich mit dem Ausstoß der Jets an seinen Polen zum Quasar weiterentwickelt hat und vereinigen sich dort zu Protonen und Antiprotonen, den Atomkernen des Wasserstoffs. Dabei werden extreme Energiemengen freigesetzt und um den Quasar bildet sich in der Äquatorebene eine hell strahlende Scheibe, die als Akkretionsscheibe bezeichnet wird. Der Unterschied zur offiziellen Lehrmeinung besteht allerdings darin, dass die Astrophysiker lehren, dass ein Schwarzes Loch den Kollaps eines riesigen Sternes darstellt und die Akkretionsscheibe das Ergebnis von Himmelskörpern ist, die in das Schwarze Loch stürzen und in Form der Akkretionsscheibe von ihrer Verstrahlung, dem Übergang in Energie, Kunde geben. Dabei sind sich alle Experten einig, dass der Sturz eines Himmelskörpers in ein Schwarzes Loch nur spiralförmig verlaufen kann, eine scheibenförmige Strahlungszone um das Schwarze Loch folglich so gar nicht möglich ist. Darüber hinaus wissen wir von dem sog. Polarlicht, dass die Strahlungsvorgänge im Bereich der Pole ganz anderen Vorgängen und Wechselwirkungen unterliegen, als sie für die Erklärung der Jets gegeben werden. Auch die Feldlinien eines Stabmagneten, die sich durch Eisenspäne darstellen lassen, zeigen, dass Magnetfelder grundsätzlich geschlossen sind. Die Eisenspäne orientieren sich also zu dem Süd- bzw. Nordpol hin und nicht von ihm weg. Es ist im Übrigen auch zu bezweifeln, dass Himmelskörper die extrem starke Magnethülle des Schwarzen Körpers überhaupt durchdringen können. Nach dem Selbstähnlichkeitsprinzip ist folglich die offizielle Lehre nicht haltbar.

Diese Schwarzen Löcher sind nach meinen Ausführungen die Vorstufe der Quasare. Aus ihnen entwickeln sich die Quasare, die dann ganze Galaxien aufbauen, weshalb auch in jedem Zentrum einer Galaxie ein Quasar oder ein Schwarzes Loch gefunden wurde oder wenigstens vermutet wird und weshalb im Universum Quasare entdeckt wurden, die noch keine erkennbare Galaxie um sich aufgebaut haben. Hier handelt es sich um noch sehr junge Quasare, die erst noch ihre Galaxie aufbauen werden. Die Schwarzen Löcher im Zentrum der Galaxien sind „ausgebrannte" Quasare. Dieser Sachverhalt beweist auch, dass bei der Entstehung eines Schwarzen Loches nur ein bestimmter Energievorrat vorhanden ist, der nicht ergänzt werden kann. Das ist auch der Grund, warum auch auf unserem Erdball, der Sonne und unserer gesamten Galaxie der Entropiesatz gilt, so lange diese Galaxie existiert. Wenn diese Galaxie in ferner Zukunft mit vielen anderen Galaxien auf einen gemeinsamen Attraktor zustürzen wird und bei annähernder Lichtgeschwindigkeit mit einem riesigen Blitz wieder in die einzelnen Urstoffteilchen zerfällt, dann greift nicht nur, allerdings auf Umwegen, die von den Physikern prophezeite Umwandlung der Symmetrie T, sondern dann geht auch ein geschlossenes System wieder in ein offenes System über. Der Kosmos hat keinen Anfang und kein Ende. Lediglich die Dinge in ihm sind einem steten Wandel unterworfen. Der Kosmos verändert und regeneriert sich fortlaufend, indem er stetig soviel Materie produziert, wie er wieder vernichtet und sich dadurch selbst erhält. Das Universum befindet sich folglich in einem Fließgleichgewicht. Es ist die primitivste Form eines lebenden Organismus, der das Prinzip der Unsterblichkeit für sich entdeckt hat. Er besitzt das Geheimnis des ewigen Lebens. Die Lehre vom Urknall ist das Ergebnis falscher Vorgaben bei mathematischen Operationen. Es sind stehende Wellen, die dem Kosmos das Aussehen geben, das er hat, und es sind ebenfalls Wellen, die durch Interferenz einen dauernden Wandel im Kosmos und in seinem Aussehen bewirken. Der Kosmos ist nicht statisch, wie eine kurzzeitige Betrachtung vortäuscht und er expandiert auch nicht, wie offiziell gelehrt wird, sondern der Kosmos ist das Urbild steten Wandels durch Entstehen und Vergehen. Das Universum ist ein unsterblicher, pulsierender und „atmender" Vielzeller, der in wabenartige Sektoren aufgegliedert ist. Er ist zugleich Schöpfer und Zerstörer. Alles ist in ihm und er ist in Form seiner Urstoffteilchen, dem Stoff der Schöpfung, in allem. Giordano Bruno hat es gewagt auszusprechen und wurde so zum Opfer der Inquisition. Im alten Indien wusste man es schon lange, aber es überforderte das Anschauungsvermögen des „einfachen Mannes". Aus diesem Grunde wurde das Rad der Wiedergeburt gelehrt und eine hierarchisch aufgebaute Götterwelt geschaffen, die symbolisch die Funktionsabläufe im Kosmos repräsentieren. Doch zurück zu den Quarks, den Antiquarks und den Protonen bzw. Antiprotonen. Bei der Vereinigung der Quarks und Antiquarks in der Akkretionsscheibe werden riesige Mengen an Energie freigesetzt, die Protonen und Antiprotonen ins All schleudern, während gleichzeitig thermonukleare Reaktionen stattfinden, durch die Elemente wie Helium, Lithium sowie das schwere Wasserstoff-Isotop Deuterium entstehen. Diese Atome werden aber durch das Gravitationsfeld des Quasars daran gehindert, ins All abzudriften und bewegen sich nun zwischen dem Magnetmantel des Quasars und der äußeren Begrenzung seines Gravitationsfeldes, in einem sog. Halo. Dort verdichten sich regional Wasserstoffatome, das Helium und andere Atome, zu Wolken, in denen sich allmählich herdförmige Atomkonzentrationen, die Sterne, entwickeln. In ihnen bilden sich durch Kernfusion zunächst aus Wasserstoffatomen ebenfalls Helium und dann schwerere Elemente wie Kohlenstoff, Sauerstoff, Kalzium bis hin zum Eisen. Alle Elemente, die schwerer als Eisen sind, entstehen in den Stoßwellen von Supernovae-Explosionen, die das Ende massereicher Sterne begleiten, sobald sie ihre Energieproduktion nicht mehr aufrecht erhalten können, weil zu viel Wasserstoff verbraucht worden ist. Bei diesen Kernreaktionen werden durch die Kernkräfte die Protonen und Neutronen (Antiprotonen) in den Atomkernen der Reaktionspartner durch Spaltung

und/oder Verschmelzung zu neuen Elementen kombiniert. Hierbei spielt die Kombination und Position der Quark/ Antiquarkpaare in den Protonen und Antiprotonen die entscheidende Rolle für den Aufbau und die Entstehung des jeweiligen Elementes. Bei den chemischen Reaktionen ordnen sich dagegen nur die äußeren Elektronenhüllen der Reaktionspartner unter dem Einfluss elektromagnetischer Kräfte um. Da diese elektromagnetischen Kräfte ebenfalls von den Quark/Antiquarkpaaren gesteuert werden, sind sowohl die sog. Selbstorganisation der Materie wie auch die einzelnen Konfigurationen der Atome in den anorganischen und in den organischen Verbindungen von der Anordnung der Quark/Antiquarkpaare abhängig. Die Quark/Antiquarkpaare „informieren" nämlich das jeweilige Atom nicht nur wo oben, unten, links, rechts, vorne und hinten ist, sie sind auch für die Entstehung von Racematen im Verhältnis 50% zu 50% in der toten Materie verantwortlich. Dieser Dualismus ist der Schlüssel für das Verständnis wie unsere Welt funktioniert und was sie letztlich zusammenhält. Heraklit, ein griechischer Philosoph aus Ephesus, hatte dies schon vor 2500 Jahren nicht nur erkannt, sondern auch zu formulieren verstanden, als er lehrte: „Der Widerstreit ist der Vater aller Dinge." Heraklit war der festen Überzeugung, dass die Welt aus dem ewigen Wandel der Dinge besteht. Er vertrat die Ansicht, dass der Gegensatz das Prinzip allen Werdens ist: *„Es gibt nichts Bleibendes, weder in den einzelnen Dingen, noch in ihrem Gesamtbestande."* Seine Erkenntnisse fasste er in dem weltbekannten Ausspruch zusammen: *„Panta rhei!"* „Alles fließt!"
Das Entstehen der Quarks in den Quasaren und ihr Ausstoß stellen einen Symmetriebruch dar, den die Natur wieder zu „kitten" bestrebt ist. In diesem Sachverhalt ist der Dualismus begründet, der alles so funktionieren lässt, wie es funktioniert. Der Versuch der Quarks/Antiquarks und letztlich der Atome ihre Gegensätzlichkeit auszugleichen, ist die Ursache für alle Wechselwirkungen. In der Mathematik und Physik wird diese Gegensätzlichkeit durch ein + oder – Zeichen ausgedrückt. In diesem Dualismus liegt auch

das Verständnis für die Entstehung von Leben, Krankheiten und Tod.
Ein Lebewesen funktioniert im Prinzip wie der gesamte Kosmos. Der Versuch der Natur den Symmetriebruch, der durch den Phasenübergang (Änderung des Aggregatzustandes) der Urstoffteilchen entstanden ist wieder aufzuheben, führt zu der Situation, dass ein Idealwert, der sog. Sollwert angestrebt wird. Da die gegensätzlichen Teilchen aber nur ähnlich (simile) aber nicht gleich sind, stimmen die Istwerte mit den Sollwerten nicht überein, sondern „pendeln" um diese Idealwerte. Dies ist wiederum nur in einem System möglich, in dem durch einen dauernden Energie- und Stoffdurchsatz diese Aktivitäten ermöglicht werden. Im Kosmos geschieht dies durch Entstehen und Vergehen von Galaxien. So entsteht in Form eines Perpetuum mobile ein Fließgleichgewicht, das einen steten Wandel aber keinen Stillstand ermöglicht. Dies verstößt zwar gegen den ersten Hauptsatz der Wärmelehre, nach dem Energie weder erzeugt noch vernichtet werden kann. Hierbei handelt es sich jedoch um einen sog. Erfahrungssatz, der für unsere Galaxie völlig zutreffend ist. Im Kosmos wird aber Energie in Form von Bewegungsmustern der Urstoffteilchen dauernd verändert und in Form der Schwarzen Körper, der Quasare und der Quarks auch temporär gebunden. Dadurch verhält sich der Kosmos wie ein offenes System in unserer Galaxie, dem dauernd Energie zugeführt werden muss, wenn es funktionieren soll. Aus diesem Grunde ist der Kosmos unsterblich, während wir nur eine temporäre Erscheinung sind. Damit wir leben können, müssen wir dauernd Energie in Form von Nahrung aufnehmen. Dadurch können wir heranwachsen und alles tun oder lassen, was wir machen. Der Energiedurchsatz in einem Lebewesen muss aber geregelt sein, damit der Energiefluss nicht zusammenbricht und der Organismus stirbt. Dies gelingt nur, so lange ein Spannungsgefälle in dem Organismus den Abbau einer höheren Energiestufe in eine niedrigere Energiestufe ermöglicht. Diese Spannung wird durch die beiden gegensätzlichen Stränge der Erbmasse in der Helix

gewährleistet. In jeder Zelle ist die gesamte Erbmasse enthalten und je nachdem, welche Sektoren aktiviert werden, verläuft der Stoffwechsel dieser Zelle. Die Regulierung erfolgt durch Rückkopplung und diese Rückkopplung wird durch elektromagnetische Felder gesteuert. Entweder „feuern" die Atome und die Antiatome (Neutronen) reagieren oder umgekehrt. Atome können aber nur so lange Photonen abfeuern, so lange sie ausreichend mit Energie versorgt werden. Wird die Energiezufuhr aus welchen Gründen auch immer unterbrochen, so stirbt die Zelle oder der ganze Organismus. Die beiden Helixstränge funktionieren also wie eine Batterie und liefern so die vielzitierte Lebensenergie. Im Laufe des Lebens wird aus unterschiedlichen Gründen die Spannung zwischen den beiden Helixsträngen geringer, sie altern. Der Organismus lässt in seiner Leistung nach, wie dies auch eine Batterie tut, und schließlich ist das Spannungsgefälle so gering, das der „Betrieb Lebewesen" eingestellt wird. Vergleichbar der Autobatterie, die eben nicht mehr den Motor anspringen lässt bzw. am Laufen hält, wenn sie zu alt und schwach geworden ist. Diese Ausführungen mögen manchen Leser schocken und für ihn schwer nachvollziehbar sein. Man muss sich aber klar machen, dass nicht nur die Lebensdauer der einzelnen Arten, sondern auch jedes einzelnen Lebewesens innerhalb seiner Art erblich festgelegt ist. Jeder kennt z.B. Familien, deren Mitglieder sehr alt werden und andere, die relativ jung sterben.

Damit dies alles so funktioniert, wie es soeben von mir beschrieben wurde, werden im lebenden Organismen im Gegensatz zur toten Materie entweder nur linksdrehende oder rechtsdrehende Moleküle aufgebaut. Dieser Sachverhalt ist die Voraussetzung für die Funktionsabläufe in den Zellen der jeweiligen Organismen, da nur so der Informationsfluss zwischen Proton und Antiproton gewährleistet ist. Ja der Einfluss der vier unterschiedlichen Quark/Antiquarkpaare geht so weit, dass sie über die vier stickstoffhaltigen Basen den genetischen Code der RNS und der DNS aufgebaut und verschlüsselt haben. Die heutigen Lebewesen erhalten ihre Erbinformation durch die jeweilige Anordnung der Nukleinsäuren (RNS und DNS), die im Zellkern jeder ihrer Zellen gespeichert sind. Der Gencode ist wie der Atomkern des Wasserstoffs aber nicht aus vier, sondern lediglich aus drei Komponenten (jeweils drei Quark/Antiquarkpaare) zusammengesetzt. Während zwei dieser Komponenten immer gleich bleiben (im Proton und Antiproton sind es die beiden u-Quark/Antiquarkpaare, im Gencode die Nukleinsäuren Adenin und Thymin), werden die d-Quark/Antiquarkpaare im Proton bzw. Antiproton ebenso gegeneinander ausgetauscht wie Guanin gegen Cytosin im Gencode. Das Tripel im Proton ist ebenso wie das Tripel im Gencode für die Ausrichtung und Orientierung der Atome und Moleküle im Raum verantwortlich. Wird das d-Quark/ Antiquarkpaar gegeneinander ausgetauscht, so erhält man die Antimaterie, die, obwohl spiegelbildlich zur Materie, den gleichen Gesetzen unterworfen ist. Wird das Guanin gegen das Cytosin ausgetauscht, entsteht folglich ein „Antilebewesen". Es verhält sich spiegelbildlich zu dem entsprechenden „Lebewesen". Dieser Sachverhalt macht auch die Entstehung von Krankheiten verständlich. Die beiden gegensätzlichen, aber unselbständigen Halblebewesen ermöglichen die Existenz eines funktionsfähigen Individuums, indem sie über elektromagnetische Felder wechselwirken. Diese elektromagnetischen Felder sind die sog. morphogenen Felder von denen die Physiker sprechen. Sie sind für die Topologie der Atome und Moleküle verantwortlich und regulieren dadurch den gesamten Stoffwechsel. Kommt es zu einer Störung dieser harmonischen und ausgewogenen Stoffwechselvorgänge, wird der Organismus krank. Das heißt, er kann die durch die Gene vorgegebenen Funktionsabläufe nicht mehr korrekt ausführen. Je nach Intensität dieser Störung, kommt es zu unterschiedlichen Erkrankungsbildern. Diese Störungen können durch Mikroorganismen ausgelöst werden, wenn es diesen Kleinstlebewesen gelingt, ihr Schwingungsmuster den Zellen des befallenen Organismus aufzumodulieren. Sie können aber auch z.B. durch Temperaturunterschiede ausgelöst werden, da der Stoffwechsel temperaturabhängig ist und so leicht aus dem Gleichgewicht geraten kann. Deshalb ist es wichtig, dass sich Menschen abhärten, damit solche Störfaktoren durch trainieren des Organismus abgefangen werden können, indem der Stoffwechsel entsprechend reagiert. Kurz, jeder Störfaktor, der nicht vom Organismus abgefangen werden kann, führt zunächst zu einer manifesten Störung der elektromagnetischen Felder, die darauf mit entsprechende Umbauvorgängen reagieren und so die klinisch manifesten krankhaften Veränderungen produzieren. Da alle Störungen letztlich von unserer Umwelt provoziert werden und zunächst in Form von elektromagnetischen Feldern die Organismen belasten und diese Lebewesen auch immer in einer ganz bestimmten Weise auf diese Einwirkungen reagieren, ist es auch möglich, diese Störungen durch Interferenz zu beseitigen. Nichts anderes macht die Homöopathie, die Bachblütentherapie oder die Bioresonanztherapie, um nur einige Methoden der sog. Außenseitermedizin anzuführen. Wer das nicht glaubt, braucht nur in den Spiegel zu schauen. Die linke Gesichtshälfte ist ähnlich der rechten Gesichtshälfte und umgekehrt. Die linke Hand und der linke Fuß sind spiegelbildlich zur rechten Hand und zum rechten Fuß. Da aber in der Natur nichts vollkommen symmetrisch ist, sondern nur ähnlich (Simile), sind beide Gesichtshälften zwar ähnlich, aber nicht gleich. Das wissen vor allem schöne Frauen, die bei Aufnahmen möglichst von ihrer „Zuckerseite" abgelichtet werden wollen. Die räumliche Ausrichtung und Ausdehnung sowie das spiegelbildliche Verhalten der Materie wie der Lebewesen, sozusagen das eigene Gegenstück zu bilden, ist auch der Grund, weshalb der Gencode als ein Tripel und nicht binär angelegt ist. Nur so lässt sich auch erklären, dass eine Hälfte von uns als „Mensch" und die andere Hälfte als „Antimensch", das Ich, sein Ego bilden. Nur wenn alle Informationen zwischen „Mensch" und Antimensch kontinuierlich ausgetauscht und gewichtet werden, kann aus den beiden „Halbwesen" ein ganzes Individuum gebildet werden und funktionieren. So lässt sich auch erklären, dass grundsätzlich eine Körperhälfte anfälliger, schwächer bzw. weniger geschickt ist, als die andere. So wird besonders bei älteren Menschen immer deutlicher ein Auge besser sehen, als das andere; ein Ohr schlechter hören als das andere. Auch die Kraft und Geschicklichkeit in unseren Extremitäten ist entweder links oder rechts stärker entwickelt bzw. ausgeprägt. Sogenannte beidfüssige Fußballspieler sind z. B. sehr selten und deshalb gesucht. Und wenn Goethe seinen Faust sagen lässt: „Zwei Seelen wohnen, ach! in meiner Brust, die eine will sich von der andern trennen;" dann spricht er aus, was die gesamte Menschheit umtreibt. Allerdings weicht er mit seiner dichterischen Freiheit deutlich von den anatomischen Gegebenheiten ab. Er hätte korrekter Weise: „Zwei Seelen wohnen, ach! Unter meinem Schädeldach, die eine will sich von der andern trennen." Reimen müssen. Das Gehirn besteht nämlich aus zwei spiegelbildlichen Hemisphären, die durch zahlreiche Bündel von Nervenfasern miteinander verbunden sind. Das bedeutet, dass diese beiden Gehirnhälften miteinander kommunizieren. Optisch erinnert die Silhouette des Gehirns an zwei Bäume, die dicht beieinander stehen. Auch sie erwecken für den flüchtigen Betrachter den Eindruck, als ob nur ein Baum in der Landschaft stehen würde, da diese beiden Bäume tatsächlich den Umriss zeigen, wie man ihn von einem Baum der gleichen Art gewöhnt ist. Wird einer dieser Bäume gefällt, so hat man das Bild eines „halben Baumes". Er sieht aus, als hätte jemand die Äste der einen Seite abgesägt. In Wahrheit ist er jedoch völlig unbeschädigt. Unwillkürlich wird man an das Selbstähnlichkeitsprinzip erinnert, das aus der Chaosforschung bekannt ist. Doch zurück zur Neuroanatomie des Gehirns. Das größte Bündel an Nervenfasern, das die beiden Gehirnhälften miteinander verbindet, die sog. große Kommissurenbahn, wird als Corpus callosum bezeichnet. Als man bei Tieren das Corpus callosum durchtrennte, ergaben sich zum allgemeinen Erstaunen in Hinblick auf das Verhalten der Tiere keine erkennbaren Veränderungen. Noch größeres Aufsehen erregte die Tatsache, als man in den vierziger Jahren bei Autopsien einzelner verstorbener

Menschen zufällig feststellte, dass bei ihnen das Corpus callosum fehlte. Dieser Nervenstrang war einfach nicht angelegt worden, so dass es sich um ein angeborenes Fehlen des Corpus callosum handelte. Nachforschungen ergaben, dass das Verhalten dieser Verstorbenen zu ihren Lebzeiten völlig unauffällig gewesen war und auch keine intellektuellen Defizite beobachtet worden waren (14, S.51). Sperry stellte schließlich fest, dass die große Kommissurenbahn, das Corpus callosum, die Informationen, die die eine Gehirnhemisphäre erhält, sofort an die andere weiterleitet. Sie spielt nach seiner Überzeugung bei den Funktionsabläufen, die zur Vereinheitlichung der Persönlichkeit des jeweiligen Individuums führen, eine wesentliche Rolle. Diese Funktion soll von den niedrigsten Wirbeltieren bis hin zum Menschen eine zunehmende Bedeutung gewinnen.

Auf der Entwicklungsstufe des Menschen erschließt die Erforschung dieses komplexen Systems die Möglichkeit, das Problem des Bewusstseins und des Geistes zu untersuchen. Sperrys Experimente lieferten den ersten Beweis für die Tatsache, dass beide Gehirnhälften wie zwei vollständig autonome Einheiten funktionieren können, die unabhängig voneinander dazu imstande sind wahrzunehmen, zu lernen und sich zu erinnern. Erst mit zunehmendem Alter kommt es zur Spezialisierung der jeweiligen Hemisphäre und ihrer einzelnen Regionen. So haben Kopfverletzungen bei Kindern unter zwei Jahren dazu geführt, dass stellvertretend andere Zentren die Funktionen übernommen haben. Bei Kindern zwischen zwei und zehn Jahren war dies nur noch eingeschränkt und mit zunehmendem Alter schließlich gar nicht mehr möglich. Es bleibt festzuhalten, dass Experimente gezeigt haben, dass beide Gehirnhälften wie zwei vollständig autonome Einheiten funktionieren können, die unabhängig voneinander dazu imstande sind wahrzunehmen, zu lernen und sich zu erinnern (14, S.52). Das bedeutet, dass die rechte und die linke Gehirnhemisphäre ähnlich strukturiert sind und erst später eine Spezialisierung erfahren. Es stellt sich somit die Frage, warum haben wir zwei völlig selbständi-

ge und funktionsfähige Gehirne angelegt? Welche Notwendigkeit besteht, eine rechte und eine linke Gehirnhemisphäre zu haben, um Freude oder Leid, Angst oder Wut, Begeisterung oder Traurigkeit zu empfinden? Eigentlich sollte für diese Gefühle doch eine Region im Gehirn ausreichen. Die Antwort auf diese Fragen ergibt sich aus dem Aufbau der Materie und Antimaterie. Linke und rechte Gehirnhemisphäre verhalten sich komplementär, sie steuern je eine Körperhälfte und erlauben das Abwägen oder Beurteilen zweier Möglichkeiten. Dabei ist festzuhalten, dass bei Rechtshändern die rechte Gehirnhemisphäre von der linken Gehirnhemisphäre dominiert wird, während bei den Linkshändern die linke Gehirnhemisphäre von der rechten Gehirnhemisphäre kontrolliert wird. Können die beiden Gehirnhälften zu keiner Entscheidung kommen, oder ist eine Entscheidung aus gegebenen Gründen unmöglich, so sprechen wir von einer Tragödie, da die Situation ausweglos und damit nicht entscheidbar ist. Deshalb wohnen auch unsere beiden Seelen nicht in der Brust, sondern im Kopf. Das ist auch der Grund, warum wir bei besonders schwerwiegenden Entscheidungen hin und her gerissen werden. Wir wägen das Für und das Wider ab, denn die zwei Seelen in uns, die Seele des „Menschen" und des „Antimenschen" ringen miteinander um eine gemeinsame Entscheidung. Diese Polarität ist die Voraussetzung für oszillierende Systeme und damit für unser Leben, für unsere Entscheidungen sowie unser Selbstverständnis. Schon Heraklit lehrte: „Der Widerstreit ist der Vater aller Dinge!" Eugen Roth schildert diese Problematik sehr treffend und anschaulich zugleich in seinem Sechszeiler mit dem Titel: *Die Reue.*
Über das Problem, warum der Gencode als Tripel und nicht als Binär-Code angelegt ist, wird zwar seit langem nachgedacht, doch gibt es bis heute keine offiziell anerkannte Lösung dieses Problems. Es ist auch nicht zu erwarten, dass die offizielle Lehre meine Überlegungen akzeptieren wird. Da muss sich die Natur schon etwas anderes einfallen lassen, wenn sie so funktionieren soll, wie sich das die moderne Ingenieurwissenschaft

vorstellt. Vielleicht gibt es eine Gesinnungsänderung, wenn das Industriezeitalter endgültig vom Atomzeitalter oder Informationszeitalter der Computer abgelöst worden ist. Schließlich kam auch einmal der Tag, als sich die Sonne besann und sich nicht mehr um die Erde drehte, sondern, wie plötzlich gefordert, die Erde die Sonne umkreiste. Die Natur ist eben anpassungsfähig, wenn es die Obrigkeit wünscht. Schließlich wird ja grundsätzlich gelehrt, dass wir die Krone der Schöpfung sind und da kann die Natur nicht mehr machen was sie will, auch wenn es sich über milliarden von Jahren bewährt hat. Es ist überhaupt in hohem Maße verwunderlich, wie die Natur zurecht kam, bevor es uns Menschen gegeben hat, denn letztlich wimmelt es nur so von unendlichen Größen und blinden Zufällen. Es war höchste Zeit, dass der Mensch Ordnung in dieses Tohuwabohu brachte. So wenigstens das Selbstverständnis der Gurus. Nach meiner Überzeugung machte die Natur einen entscheidenden Fehler, als sie den Menschen zu ließ. Aber die Evolution, oder besser der Mensch selbst, werden dafür sorgen, dass wir uns in absehbarer Zeit wieder für immer von dieser Erde, dem Sonnensystem, unserer Galaxie und dem gesamten Kosmos verabschieden werden. Schließlich sind für uns Profitgier und Egoismus von wesentlich höherem Stellenwert als ein vernünftiger Umgang mit der Natur.

Philosophische Betrachtungen

Die bisher angeführten Erkenntnisse aus den verschiedensten Fachgebieten werden bereits in den Lehren verschiedener alter Kulturen beschrieben und finden sich auch in der sog. Umgangssprache wieder.
Der Schweizer Psychoanalytiker Carl Gustav Jung ist der Meinung, dass es ein kollektives Unbewusstes geben müsse, welches Struktur- und Prägungselemente im Sinne einer generellen psychischen Energie zu entwickeln in der Lage sei. Das kollektive Unbewusste, das sich im Laufe der Evolution in allen Lebewesen, entsprechend ihrer Entwicklungsstufe und ihrer Art wie auch ihrer individuellen Eigenart ansammelte, habe schließlich bei der Spezies Mensch über die Ausbildung seines Bewusstseins zu einer Bewusstmachung geführt. Diese Erfahrung, ergänzt durch Träume, Visionen oder bestimmte Ausnahmesituationen (Ängste, körperliche, geistige und/oder seelische Überforderung bzw. Überbeanspruchung, Hunger- und Durstphasen bzw. so gravierenden Erlebnissen wie den Scheintod) setzte der Mensch in Symbole um, die wir als sog. Ursymbole in Form von Zeichen weltweit verbreitet finden.
Schließlich führte diese Entwicklung im Altertum zu einer allgemein gebräuchliche Symbolsprache, in der u.a. auch die Bibel geschrieben wurde. Wir müssen also die Religionen und die sich daraus entwickelnden Kulturen und Kulturkreise als einen langwierigen Prozess ansehen, der im Unbewussten durch stete Rückkopplungsvorgänge mit der Umwelt und individuellen Erlebnissen und Erfahrungen eingeleitet wurde, schließlich eine zielgerichtete Eigendynamik entwickelt, um endlich durch Gesten, Laute, Worte, Zeichen oder Bilder zum „Ausdruck" zu kommen. Welche Bedeutung die Körpersprache und Gestik auch heute noch hat, um Empfindungen oder Erlebnisse mit Worten zu beschreiben, erleben wir ja stetig. Welcher Mensch ist schon in der Lage etwas zu beschreiben, ohne dabei mit seinen Händen zu agieren,

seinen Gesichtsausdruck zu verändern oder die Körperhaltung zu variieren? Auch Jesus Christus bediente sich der bildhaften Symbolsprache und predigte vorwiegend in Gleichnissen, um sich den Menschen seiner Zeit verständlicher, also „begreifbarer" zu machen. In diesem Sachverhalt liegt aber auch ein großes Problem, wenn wir mit unserem heutigen Wissen und geprägt durch unsere Kultur, mit unseren geschulten und vielfach gesellschaftlich verbogenen Vorstellungen Symbole alter Kulturen verstehen und richtig interpretieren wollen. Ich erinnere mich noch genau, als ich mich vor vielen Jahren mit einem Rabbi darüber unterhielt, ob es wirklich unseren heutigen Moralvorstellungen entspricht, Rache „Auge um Auge und Zahn um Zahn" zu schwören. Ich hielte aber ebenso die Aussage Christi: „Wenn dir einer auf die rechte Wange schlägt, dann halte ihm auch die linke Wange hin" für nicht gerade nachvollziehbar. Zu meiner großen Überraschung wurde ich belehrt, dass diese Äußerung von Jesus Christus, wie etliche andere seiner Beispiele angeblich auch, von den christlichen Kirchen fehlinterpretiert werden. In jener Zeit wurden Sklaven oder andere Abhängige mit der Rückhand in das Gesicht geschlagen, um sie zu bestrafen und gleichzeitig zu demütigen. Das Schlagen mit der Rückhand war angeblich eine besonders erniedrigende Strafe, die man dadurch wieder aufheben konnte, dass man mit der Innenhand des selben Armes, sozusagen in der Gegenbewegung, auf die linke Wange schlug. Dieser Schlag braucht aber keineswegs fest zu sein. Wenn also Christus sagt, dass jemand, der (von einem Rechtshänder mit der rechten Rückhand) auf die rechte Wange geschlagen wurde, die linke Wange hinhalten solle, so meinte er damit, dass man jemandem, der einen Fehler begangen hat, auch die Möglichkeit bieten soll, eben diesen Fehler wieder gut zu machen. Mit sich stillschweigend verprügeln lassen, habe diese Äußerung nichts zu tun. Ich weiß bis heute nicht, ob diese Interpretation der Worte Christi richtig ist. Dieses Beispiel zeigt aber deutlich, dass man mit Gleichnissen und ihrer Interpretation

sehr vorsichtig sein muss, wenn man weder Sitten noch Gebräuche kennt, die zur Formulierung des jeweiligen Gleichnisses beigetragen haben.
Unsere Altvorderen lebten noch mitten in der Natur und mit der Natur und waren auf Grund der dauernden Auseinandersetzung mit der Umwelt geschult für den Umgang mit dieser Umwelt. Zudem hatten sie völlig andere Wertbegriffe. Wer denkt schon heute in unserer Überflussgesellschaft z.B. über die Bedeutung nach, die für unsere Vorfahren Brot, Salz und Wasser oder die Geste des Brotbrechens hatten? Doch zurück zu den Ursymbolen. Hier scheint zwischen den unterschiedlichsten Kulturkreisen weltweit ein erstaunlicher Zusammenhang im Verständnis von Zeichensymbolen, Zahlen und Buchstaben zu bestehen. Unter diesem Gesichtspunkt sei besonders an das alte China, an Indien, an die Sumerer, an die alten Ägypter und an die Pythagoräer erinnert. Wie Menschen dieser Kulturen zu derart erstaunlichen tiefen Erkenntnissen kommen konnten, dass Entsprechungen zwischen den Symbolen und Lehren dieser alten Kulturen und Erkenntnissen der modernen Physik bestehen, ist schwer zu verstehen. Vermutlich nutzten sie das Selbstähnlichkeitsprinzip, das erst seit den 70ger Jahren des vorigen Jahrhunderts aus der Chaosforschung bekannt ist. So schreibt Anaximandros aus Milet (610 - 546 v.Chr.) in seiner Abhandlung „Über die Natur", dem ersten philosophische Werk in griechischer Schrift überhaupt: *„Woraus aber die Dinge ihre Entstehung haben, darin finde auch ihr Untergang statt, gemäß der Notwendigkeit. Denn sie leisteten einander Sühne und Buße für ihr Unrecht, gemäß der Ordnung der Zeit."* Mit dieser schwerwiegenden Aussage beschreibt er in zwei Sätzen alle Zyklen des Entstehens und Vergehens in der Natur, abgeglichen an den Erfahrungen, die er mit seiner Umwelt und den Mitmenschen gemacht hatte und bringt gleichzeitig die Gesetzmäßigkeit dieses Geschehens zum Ausdruck.
Yin und Yang ist ein altchinesisches Symbol des T'ai-chi-t'u (Diagramm der höchsten Realität). Es besteht aus einem Kreis mit

zwei aneinandergeschmiegten schwarzen und weißen Elementen. Sie sollen die beiden gegensätzlichen Urkräfte allen Seins symbolisieren. Die Aufteilung des Seins in die Symbole Yin und Yang ist älter als die schriftlichen Aufzeichnungen aus China. Schon frühe Kultgegenstände zeigen die „Symbolik der Polarität und des Wechsels". Yang repräsentiert das Männliche, Aktive und Kreative und Yin ist das Zeichen für das Weibliche, das Passive, das Bewahrende. Männlich und weiblich werden aber nicht als absoluten Gegensätze verstanden, sondern enthalten vielmehr beide den Kern des jeweils anderen in sich. Daher enthält die schwarze Fläche des T'ai-chi-t'u Symbols einen kleinen weißen Kern und die weiße Fläche im Gegensatz dazu einen schwarzen Kern. Beide Kerne können ihre Größe verändern, aber das Mengenverhältnis zueinander muss gleich bleiben. Ein Symbol für das Fließgleichgewicht, dass alle unsere Lebensvorgänge ermöglicht und kontrolliert.

In der chinesischen Philosophie und der chinesischen Religion ist T'ai Chi (chinesisch: das höchste Letzte), das Grundprinzip des Universums, das der gesamten Wirklichkeit zu Grunde liegt. Der Begriff tauchte zum ersten Mal im Yi-jing (Buch der Wandlungen) auf, das vermutlich aus dem Jahr 1000 v. Chr. stammt, und wurde als Quelle und Einheit der beiden Grundkräfte des Universums, des passiven Prinzips *Yin* und des aktiven *Yang,* beschrieben. Das *T'ai-chi* erzeugt und regelt den Kreislauf der Wandlungen zwischen *Yin* und *Yang,* der die Welt bestimmt. Das so genannte *T'ai-chi-t'u* (Diagramm des höchsten Letzten) ist das berühmte kosmologische Diagramm zur Veranschaulichung des *T'ai-chi,* wobei der Kreislauf von *Yin* und *Yang* in der Mitte und die Yi-jing-Hexagramme am Rand dargestellt werden.

Die acht Trigramme setzen sich aus acht unterschiedlichen Dreiergruppen parallel angeordneter Striche zusammen und sind unter dem Begriff „Pa Kua" bekannt. Jedes Trigramm wird durch drei geschlossene oder geteilte Linien dargestellt. Dabei entspricht eine

T'ai – chi – t'u

geteilte Linie dem Yin und die durchgezogene Linie dem Yang. Die Hexagramme befinden sich in einem angenommenen ständigen Wechsel. In dieser Bewegung des Ineinanderübergehens manifestiert sich die zyklische Ordnung des Universums. Der Pa Kua symbolisiert die ständige Veränderung und das Fließgleichgewicht, das durch die treibende Kraft im Universum bewirkt wird.
Im Buch der Wandlungen, dem I Ching (I Ging), finden die Trigramme bei Weissagungen und magischen Handlungen Anwendung. Ich glaube, dass es sich hierbei um Fehlinterpretationen einer Idee handelt, deren gewaltige Aussagen von der Mehrheit der Menschen nicht verstanden wurde oder deren Inhalte aus welchen gründen auch immer in Vergessenheit geraten waren. Aus diesem Grunde wurde das, was man nicht oder, aus welchen Gründen auch immer, nicht mehr verstand von interessierten Kreisen in die verschiedenen jeweilig herrschenden weltanschaulichen Strömungen übertragen. Schließlich dauerte es lange, bevor das jeweilige Wissen nicht mehr mündlich, sondern schriftlich weitergegeben wurde. Dieser Sachverhalt begünstigte natürlich die unterschiedlichsten Interpretationen durch einflussreiche Kreise.

Aus meiner Sicht könnte man die acht Trigramme auch als die vier Quarks und vier Antiquarks verstehen, die durch stete Bewegung und in Verbindung mit den Urstoffteilchen die ständige Veränderung, das Entstehen und Vergehen im Universum bewirken.
Im alten Indien spielt im tantrischen Hinduismus das Hexagramm eine entscheidende Rolle. Das zur Diskussion stehende Hexagramm besteht aus zwei gleichgroßen gleichschenkligen Dreiecken die in spiegelbildlicher Position ineinandergeschoben sind. Das Dreieck mit der Spitze nach oben, symbolisiert das Männliche, das Schöpferische, kurz das Geistige, - die Feministinnen mögen es den Alten nachsehen, - während das Weibliche für das Materielle, den gebärenden Schoß, das Bewahrende steht.

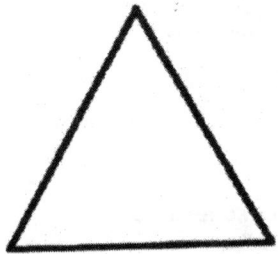

Zeichen für die schöpferische Kraft

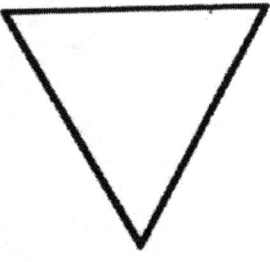

Zeichen für das weibliche Element der Welt

Bei ihrer Vereinigung zu einem Sechseck bilden sie in ihrem Zentrum ein gemeinsames gleichseitiges Sechseck, ein sog. Hexagon.
Dieses Sechseck findet man überall in der Natur wieder. Sei es in der Bienenwabe, bei den Strahlentierchen oder bei Körperzellen. In der zusammengesetzten Form steht das Hexagramm nicht nur für die Sechsheit, sondern auch mit dem Sechseck in seinem Zentrum für die Siebenheit. Das Hexagramm ist somit ein Symbol für den Mikrokosmos, den Makrokosmos und seinen Wechselwirkungen. Nach den Lehren des Tantras liegt die höchste Wahrheit im Zusammenkommen männlicher und weiblicher, also gegen-

sätzlicher Energien, der Energie von Purusha (Form) und Prakriti (Materie).

Werden die beiden spiegelbildlichen Dreiecke, wie die spiegel-

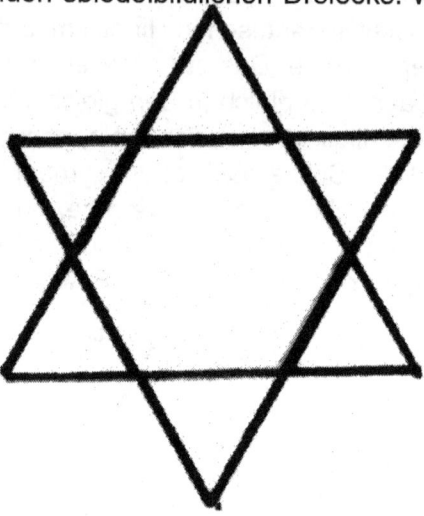

Zeichen für die schöpferischen und gebärenden Kräfte

bildlichen Dreiecke aus den Quark- und Antiquarkverbindungen übereinander geschoben (siehe Seite 119), entsteht ein Hexagramm, das auch als Symbol für den Atomkern des Wasserstoffs angesehen werden kann. Aus drei Quarks und drei Antiquarks bauen sich das Proton oder das Antiproton auf, die beiden Grundbausteine der Materie, aus denen alles besteht, was wir kennen und mit unseren Sinnen wahrnehmen können. Es fällt schwer, diese Übereinstimmung mit der alten indischen Religionslehre als reinen Zufall zu betrachten. Denn schon für die „alten Inder", die wohl als die Väter dieser tiefsinnigen Symbole anzusehen sind, war dieses Hexagramm das Zeichen der Vereinigung von schöpferischer Kraft und Materie, des Jenseits mit dem Diesseits, der Gottheit und der Welt. Also die Vereinigung, aus der in alle Ewigkeiten alles wird und vergeht. Hier wird mit Symbolen nicht nur die schöpferische Funktion und Aufgabe der unterschiedlichen Felder, der Quarks und der aus ihnen aufgebauten Protonen und anderer Atomkerne beschrieben, hier wird auch der Phasenübergang aus der strukturlosen Welt der Urstoffteilchen in die strukturierte Welt aufgezeigt, in der wir leben und die verantwortlich ist für die Entstehung des gesamten Kosmos. Darüber hinaus zeigt dieses Symbol, wie sich beide Welten, die Welt der Urstoffteilchen und die Welt der Materie gegenseitig bedingen und durchdringen. Es wird bildlich dargestellt, wie gegensätzlich wirkende Kräfte, ebenso wie Materie und Antimaterie, durch ihre Wechselwirkungen alles aufbauen. Gleichzeitig entsteht als Ausdruck dieser strukturierenden Kräfte, die als morphogene Felder in die moderne Physik Eingang gefunden haben, in dem Bereich, in dem sich die beiden Dreiecke überlagern, ein siebtes Feld, das ebenfalls ein Sechseck bildet, aber mit völlig symmetrischen Aussehen. Dieses siebte Feld haben wir bereits weiter oben als Hohlraum in den Protonen kennen gelernt. Dieses Sechseck wird als Symbol für die Urkraft, die das gesamte Universum hervorbringt, verstanden.

Dieses Verständnis von Zusammenhängen, Ursache und Wirkung ist auch berechtigt, wenn man bedenkt, dass aus dem Hohlraum der Protonen und Antiprotonen alle Informationen in Form von Photonen in die Umwelt gelangen. Aus diesem Sachverhalt erklärt sich auch der herausragende Symbolwert, den die Zahl sieben hatte und immer noch hat. Die Primzahl sieben gilt als heilige Zahl im Zahlendenken vieler Völker und spielt auch als sog. vollkommene Zahl eine herausragende Rolle unter den übrigen Zahlen und deren Wertung. Schon bei den Babyloniern war diese Zahl ein Grundmaß, das für das Verständnis von Astronomie und Astrologie von großer Bedeutung war und zur Einteilung der 7 Wochentage führte. Eine Einteilung, die bis heute weltweit Gültigkeit hat. Auch wenn die Philosophen alter Kulturen natürlich nicht das Wissen unserer Zeit hatten und auch nicht haben konnten, so sind diese Symbole sicher nicht als Spielereien mit Zahlen oder wilden Phantasieprodukten zu erklären. Irgendwie müssen sie einen Zugang zu den Dingen gefunden haben, die die Welt zusammenhalten.

Der Hinduismus geht in seinem Weltverständnis von der Trinität Brahma, Vishnu und Shiva aus. Brahma ist der Schöpfer aller Dinge. Im indischen wird er auch als Vishna-Karman, der „Große Architekt" bezeichnet, der nach einem Ur-Plan vergangene, gegenwärtige und zukünftige Welten entstehen und vergehen lässt. Nur wenn das Alte vergeht, kann Neues entstehen. Aus diesem Grunde versucht Gott Vishnu das Geschaffene zu erhalten und Gott Shiva versucht alles zu zerstören. So gilt Vishnu als der Erhalter, während Shiva als der Zerstörer angesehen wird. Da diese beiden Götter entgegengesetzte Funktionen haben, also wechselwirken, kann keiner ohne den anderen sein. Ein Gott dieser Trinität bedingt die beiden anderen. Brahma ist weder Vishnu noch Shiva. Vishnu ist weder Brahma noch Shiva und Shiva ist weder Brahma noch Vishnu. Alle drei bilden jedoch eine funktionelle Einheit. Aus diesem Verständnis der Wechselwirkungen, entwickelten die Inder die Lehre von den Zyklen des Kosmos und allen Seins. Auch der Glaube an die Wiedergeburt hat hier seine Wurzeln. Letztlich steckt schon in der Geburt der Keim des Todes und der Tod ermöglicht neues Sein. Hier finden wir das Analogon zu der christlichen Lehre von Gott-Vater, Gott-Sohn und Gott-Heiliger-Geist. Aber die Trinität finden wir nicht nur im Christentum wieder. Die alten Ägypter kannten Osiris, Isis und Horus. Die Germanen haben die Dreiersymbolik in ihren Runen, einer Schrift, deren Zeichen sowohl Buchstaben wie Symbole darstellen. Diese Schrift soll von dem mythischen König Odin persönlich eingeführt worden sein. So finden wir als Zeichen für den Mann, die sog. Mann-Rune drei nach oben divergierende Linien, die aus dem Ende einer senkrechten Linie hervorgehen. Interessanter weise stellt die spiegelbildliche, auf den Kopf gestellte Yr-Rune das Symbol für das Weibliche dar. Durch verbinden der beiden Geraden dieser Zeichen entsteht das Zeichen für den Lebensbaum, als Sinnbild ewigen Seins.

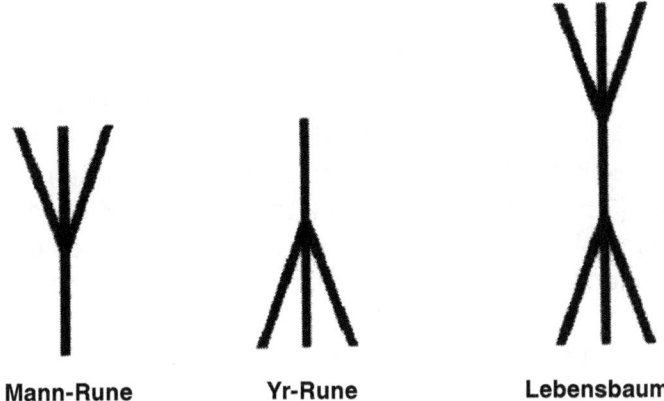

Mann-Rune   Yr-Rune   Lebensbaum

Die Kräfte von oben und unten, die durch den verbindenden Strich ebenfalls die Wechselwirkung symbolisieren, finden wir auch in dem Dreieck wieder, das im Altertum ein weit verbreitetes Zeichen darstellte und hohen Symbolwert hatte. Denken wir allein an den berühmten Satz des Pythagoras, den wir Technokraten jeder Symbolik entkleidet haben.
Die Tiefe dieser Gedanken, die vor tausenden von Jahren entwickelt wurden und die wir jetzt langsam wieder zu verstehen beginnen, sind beeindruckend. Unwillkürlich stellt man sich die Frage, was das wohl für Menschen waren und welchen Zugang diese Kulturen zum Unbewußten hatten. In der christlichen Lehre finden wir dieses alte Gedankengut auch wieder, wenn wir in der christlichen Lehre darauf hingewiesen werden, dass Gott von Ewigkeit zu Ewigkeit lebt und von der Dreieinigkeit Gottes gesprochen wird. Man könnte auch sagen, dass Gott über die Entstehung und den Untergang der Galaxien hinaus immer dar und gegenwärtig ist. Eine Ewigkeit wäre nach diesem Zeitverständnis der Zeitraum zwischen dem entstehen einer Galaxie, also einer neuen Welt, und ihrem unvermeidlichen Untergang ist.

Die Rune des Lebensbaumes und das Hexagramm des Altertums sind ebenso wie das Kreuz symmetrisch. Alle drei Zeichen sind ein Symbol der Vollkommenheit; gleichgültig, ob sie für eine ordnende Kraft oder für eine Gottheit stehen.
Interessant ist in diesem Zusammenhang, dass die christliche Kirchenlehre von der Dreiheit der "Göttlichen Person" (Vater, Sohn und Heiliger Geist) in der Einheit des „Göttlichen Wesens" (Dreieinigkeit, Dreifaltigkeit, Trinität) ausgeht und auf den Konzilen in Nikäa (325) und Konstantinopel (381) zum Dogma erklärte.
Schon im Johannesevangelium, mit seiner apodiktisch-theologischen Offenbarung, auch als "göttliche Offenbarung" bezeichnet, steht:

I 1 "Am Anfang war Logos und Logos war bei Gott."

I 14 "Und Logos wurde Fleisch und hat unter uns gewohnt ..... als des eingeborenen Sohnes vom Vater ......

XX 22 "Und als Er (der auferstandene Christus) das gesagt hatte, blies Er sie (die Jünger) an und sprach zu ihnen: "Nehmt hin den Heiligen Geist".

Es ist verblüffend und beeindruckend zugleich, dass Johannes, bzw. der Verfasser dieses Evangeliums, nicht etwa schreibt:

„Am Anfang war Gott"; sondern genau definiert, dass er unter 'Logos' etwas versteht bzw. verstanden haben will, dass bei Gott ist, also zu Gott gehörig, aber nicht selbst Gott ist.
Johannes hat wohl intuitiv die Problematik erfasst und aus seinem Verständnis und mit seinen Möglichkeiten beschrieben. Im Gegensatz zu den Pythagoräern und anderen verliert er sich nicht in Zahlenspiele und mathematische Überlegungen, sondern kommt ganz offensichtlich dem Denken der Menschen am Nächsten, die diese Symbole als Ausdruck ihres Weltverständnisses kreiert haben. Lehrt nicht das Christentum, dass wir alle Kinder Gottes

sind, also Söhne und Töchter Gottes? Sind wir dann nicht alle Geschwister Jesu? Aus der gleichen Materie und den gleichen Gesetzen unterworfen? Sind wir dann nicht konsequenterweise gleichzeitig ein Teil Gottes? Also ein Teil der Urstoffteilchen? Man muss das Johannesevangelium I 1 - 4 ganz bewusst lesen, um diese Problematik und die Tiefe des Denkens aus damaliger Sicht nachzuempfinden.
Johannes I 1 - 4: „Im Anfang war L o g o s und L o g o s war bei Gott und Gott war L o g o s. Dasselbe war im Anfang bei Gott. Alles ist durch L o g o s geworden, und ohne L o g o s wurde nichts was geworden ist. In ihm war das Leben, und das Leben war das Licht des Menschen." Bei dieser Formulierung denkt man unwillkürlich an eine Allegorie. - Danach könnte man L o g o s als den Urstoff der Schöpfung verstehen, der zunächst das regungs- und strukturlose Ausgangsmaterial darstellt. Gott wäre der ewige Beweger, der letztlich alles entstehen und vergehen lässt. Er ist es, der auf diese Art in dreifacher Form, nämlich den drei Aggregatszuständen - gasförmig, flüssig und fest - in Erscheinung tritt und so den gesamten Kosmos und letztlich auch uns geschaffen hat. Der alles erschaffende und durchdringende Urstoff wird in Form der Quarks zur Materie, dem Sohn Gottes. Die Materie besteht aus festen Körpern, einem amorphen („flüssigen") Stoff aus Urstoffteilchen, der zwar ein bestimmtes Volumen besitzt, aber dessen Gestalt von den jeweiligen Rahmenbedingungen abhängt und den Urstoffteilchen, die alles durchsetzen. Der heilige Geist erleuchtet die Menschen. Leuchten können nur Felder, die gleichzeitig Informationen weitergeben. Ein Feld ist aber an die Quarks gebunden, die seine Form bestimmen und besteht aus den Urstoffteilchen. Gott, Gottes Sohn und der heilige Geist symbolisieren somit je einen der drei Aggregatzustände des selben Stoffes. Keiner kann von dem anderen getrennt werden und jeder ist jedes zugleich.
L o g o s ist das griechische, vieldeutige, rätselhafte und allumfassende Wort, das sowohl Luther bei der Bibelübersetzung wie Goethe in seinem Faust zu schaffen machte.

Wenn man wie oben das Johannesevangelium interpretiert, so ergibt sich die erstaunliche Konsequenz, dass das Christentum ganz offensichtlich Gedankengut des asiatischen Raumes widerspiegelt, wie es zu Beginn dieses Kapitels dargestellt wurde.
Bemerkenswert sind in diesem Zusammenhang aber auch die "Zehn Gebote", die Moses nach dem Bericht des Alten Testamentes auf dem Berg Sinai empfing und dem Volke Israel verkündete: "Du sollst dir kein Bildnis machen in irgendeiner Gestalt, weder von dem, was oben im Himmel, noch von dem, was unten auf Erden, noch von dem, was im Wasser unter der Erde ist."
Wenn alles aus einem Urstoff besteht, ob man Ihn als Energie, Plasma, Äther oder wie die Buddhisten als Dharma bezeichnet, dann macht es auch keinen Sinn, sich ein Bildnis zu machen, denn dieser Urstoff ist in dauerndem Wandel. Er bildet alles und ist alles zugleich. Das griechische Wort „energeia" das mit „wirkender Kraft" übersetzt wird, beinhaltet und veranschaulicht die obigen Ausführungen. Auch die Verwandlungskünste des Zeus in der griechischen Mythologie könnten in dieser Auffassung ihren Ursprung haben. Im laufe der lange Zeit mündlicher Überlieferungen ging vermutlich die tiefe Einsicht, die einige Menschen wie auch immer gewonnen hatten, verloren oder wurden falsch gedeutet. Schließlich sind diese Gedanken und Überlegungen sehr abstrakt und weder in der heutigen Zeit, noch damals von den meisten Menschen nachvollziehbar. Um diesem Sachverhalt entgegenzuwirken, hat man im Hinduismus durch eine Vielzahl hierarchisch angeordnete Götter versucht, den Menschen diese tiefen Einsichten und Zusammenhänge näher zu bringen.
Ohne Energie geschieht nichts und ist nichts. Sie steckt in allem und ist alles zugleich, unabhängig davon, ob es der Vergangenheit, der Gegenwart oder der Zukunft zuzurechnen ist. Wir haben gelernt, dass alles im Kosmos der Symmetrie zustrebt. Die vollkommene Symmetrie stellt ein Höchstmaß an Einfachheit dar, die nie erreicht werden kann. Aus diesem Grund kommt es zu den zyklischen Schwingungsmustern zwischen dem absoluten Nullpunkt

und größtmöglicher Temperatur, zwischen Bewegungslosigkeit und Lichtgeschwindigkeit. In der Phase völliger Bewegungslosigkeit erstarren die Urstoffteilchen schlagartig zu Quarks, wobei die kalte Schmelze vorübergehend und regional den absoluten Nullpunkt erreicht. Hierbei vollzieht sich nicht nur ein sog. Phasenübergang, sondern es vollzieht sich auch gleichzeitig ein Symmetriebruch. Aus diesem Symmetriebruch bilden sich durch weitere Symmetriebrüche, so wie es die Chaosforschung lehrt, immer wieder neue, aber komplexere Ordnungssysteme, die immer wieder dann zusammenbrechen werden, wenn das System durch Energiezufuhr zu weit von seiner stabilen Ausgangssituation entfernt ist bzw. wird.

Aus den gesamten Ausführungen ergibt sich, dass es Geistwesen, wie auch immer man sie bezeichnen will, nicht geben kann. Geistwesen wären nämlich ihrer Natur nach nicht stofflich. Jede Struktur, jede Information und jede Eigenschaft bedarf zwingend eines stofflichen Trägers. Wie sollten z.B. Seelen sprechen und aus was sollten sie bestehen? Ich will dies an zwei Beispielen veranschaulichen. Wenn einzelne Gehirnregionen eines Menschen durch äußere Gewalteinwirkung zerstört werden, so kommt es, je nach Ort und Größe des Gewebeschadens, zu einer unterschiedlich starken Beeinflussung der geistigen Leistungen des Betreffenden, die bis zu schwerwiegenden Wesensveränderungen führen können. Die geistige Leistung oder der Geist des Menschen ist folglich an etwas Stoffliches gebunden. Währe dem nicht so, dürften die mechanischen Schäden nicht die Folgen zeigen, die allgemein beschrieben werden und die nachweislich an genau festgelegte Gehirnregionen gebunden sind. Wenn man eine menschliche Eizelle im Reagenzglas befruchtet, so wird sich diese Eizelle zunächst in zwei, dann vier und acht Zellen teilen. So beginnt die Entstehung eines Menschen mit einer Seele. Wenn man nun diese Zellen mechanisch trennt, so kann man aus dem zunächst als ein Mensch angelegten Zellen zwei, vier oder acht völlig gesunde Menschen „herstellen" und jeden mit einer eigenen Seele. Mit der Teilung der Zellen wird folglich auch die Seele dieses menschlichen Wesens geteilt und bleibt doch eine ganze und vollständige Seele. Oder lässt sich durch einen willkürlichen mechanischen Eingriff eine Seele von wo auch immer spontan ordern? Man kann den Gedanken noch weiter führen: Wenn man die Technik des Klonens anwendet, so könnte ein Menschen und mit ihm seine Seele millionenfach vermehrt werden und mit der Stammzellentechnik ließe sich im Reagenzglas der gleiche Mensch und seine Seele in beliebiger Menge züchten und vermehren. Die Seele ist also ebenfalls an etwas Stoffliches gebunden. Ohne entsprechende stoffliche Voraussetzungen gibt es auch keine Seele. Wo und wie also soll diese, mit der Eizelle teilbare Seele nach dem Tod des jeweiligen Menschen ihre Struktur und ihre Eigenschaften behalten, wenn es keinen stofflichen Träger gibt? Und was, wenn geeignetes Gewebe einer Person tiefgefroren aufbewahrt wird und lange nach ihrem Tod aufgetaut und geklont wird? Oder warum kann man eine befruchtete Eizelle über längere Zeit tieffrieren und dann zu einem beliebigen Zeitpunkt auftauen und durch eine beliebige Frau austragen lassen? Kann man etwas geistiges wie eine Seele einfrieren?

Gott hat auch nicht den Menschen nach seinem Ebenbild gemacht, sondern der Mensch hat sich seine jeweiligen Götter nach seinen Vorstellungen und seinem jeweiligen Wissensstand geschaffen. Der Urstoff, oder wie unsere Altvordern sagten, der Äther, die endliche Geschwindigkeit dieses Urstoffes und ihre unterschiedlichen gradlinigen sowie turbulenten Bewegungsabläufe sind alles, was letztlich den gesamten Kosmos so aussehen und funktionieren lässt, wie wir ihn erleben. Der Mensch ist ein Zufallsprodukt als Folge von Rahmenbedingungen, die diese Spezies letztlich aus einem Einzeller entstehen ließ. Hätte unser Planet nicht zufällig die Masse und die Entfernung zur Sonne, die er bisher hatte, wären z. B. die Dinosaurier und viele andere Arten nicht als Folge eines zufälligen Meteoriteneinschlages ausgestorben und hätte nicht die zufällige Klimaveränderung einschließlich der rein zufälligen geologischen Veränderungen in Afrika Rahmenbedingungen geschaffen, die die grundsätzlichen Möglichkeiten zur Menschwerdung ermöglicht hätten, die Erde und die Lebewesen auf ihr würden heute entweder gar nicht existieren oder ganz anders aussehen. Jedenfalls wäre dem Menschen das Erscheinen auf dieser Weltbühne erspart geblieben. Niemand brauchte sich über dieses Jammertal mit all seinen Leiden und Ungerechtigkeiten zu beklagen und niemand würde versuchen, den Menschen einzureden, dass sie nach ihrem Tod in einem wie auch immer gearteten Jenseits ein besseres und glücklicheres Weiterleben erfahren würden.

>Eine alte fernöstliche Weisheit besagt:
>Gott ruht im Stein;
>atmet in der Pflanze;
>träumt im Tier und;
>erwacht im Menschen.

So gesehen sind wir und alles was um uns herum ist ein Teil des Schöpfers und der Schöpfung zugleich. Unsere stofflichen Bestandteile werden sich zwangsläufig ändern und in Äonen von Jahren den einen oder anderen Aggregatzustand einnehmen und in neuen Welten aufgehen. Aus dieser Sicht sind wir unvergänglich. Aber das, was wir sind, ist einmalig. Unser Leben ist zeitlich begrenzt und erlischt mit dem Tod. Ein Weiterleben nach dem Tod gibt es nicht. Unser Körper zerfällt, dem Geist des Menschen ist seine funktionsfähige, stoffliche Basis entzogen. Er ist nicht mehr existent. Was bleibt, ist eine ebenfalls zeitlich begrenzte Erinnerung an die Person und gegebenenfalls an ihre Taten. Schließlich verliert sich der Verstorbene in der Anonymität. Auch wenn noch so eindrucksvolle Schilderungen von Reanimierten immer wieder die gleichen oder vergleichbaren Erlebnisse berichten, so muss man sich darüber klar sein, dass durch Sauerstoffmangel und Kohlendioxydüberschuss einerseits und der Ausschüttung von Adrenalin, Endorphinen sowie Amphetaminen andererseits Entkopplungsvorgänge und rauschähnliche Zustände einsetzen, die Informationen in unserem Gehirn freilegen, die uns sonst nicht zugänglich sind, teilweise aber auch durch eine tiefe Hypnose oder Drogen freigelegt werden können, bzw. vergleichbare Erfahrungswerte simulieren. So wird als letzte erinnerliche Erfahrung von reanimierten Scheintoten von einem gleißend hellem wunderschönen Licht und einer tiefen inneren Ruhe berichtet. Diese Schilderung lässt sich ebenfalls leicht erklären. Bei einem Lebewesen befinden sich alle Atome in einem angeregten Zustand. Wenn dieses Lebewesen stirbt, wird die kontinuierliche Energiezufuhr unterbrochen. Die Atome fallen daraufhin auf ein niedrigeres Energieniveau und strahlen dabei eine Flut von Photonen ab. Dies lässt sich auch experimentell nachweisen und entspricht auch den Vorgängen in Atomen der sog. unbelebten Materie. Diese Photonenflut wird vom Gehirn als das beschriebene Licht wahrgenommen. Das Spannungsverhältnis zwischen den beiden Gehirnhälften wird als Folge des Energiemangels zwangsläufig nivelliert und der Mensch kommt zu der inneren Ruhe, die er sich immer ersehnt hatte. Auch bei der Meditation und bei Entspannungsübungen wird der Stoffwechsel und damit der Energiefluss herabgesetzt und so ein vergleichbarer Effekt, wenn auch nicht auf einer derart existentiellen Ebene erzielt. Schon Goethe beklagte, dass ihm zwei Seelen in seiner Brust Probleme machten. Dies ist aber nichts anderes als der Ausdruck der Dualität, die unsere Existenz erst ermöglicht. In dieser Situation, in der sich der Scheintote zu diesem Zeitpunkt befindet, entscheidet sich endgültig, ob der Mensch, dessen lebenswichtige Systeme auf „überlebensnotwendige Funktionen heruntergefahren wurden" noch genügend Energiereserven besitzt, um das System zu stabilisieren und wieder funktionsfähig zu machen oder nicht. Gelingt dies, dann kann der Reanimierte die geschilderten Berichte abgeben. Gelingt dies nicht, zerfällt der Organismus in seine einzelnen chemischen Bestandteile. Körper und Geist sind zerstört und zwar unwiderruflich. Er geht in den von Buddha beschriebenen Zustand des Nirwana ein.

Wirkungsmechanismen der Homöopathie

Seit Hahnemann die Homöopathie als Heilkunst in die Medizin einführte, stand und steht diese Therapieform im Kreuzfeuer der Kritik. Die Diskussionen werden z.T. mit derartigen Emotionen und mit einem solchen Engagement geführt, dass Freundschaften zerbrechen und sich anscheinend unversöhnliche Lager gegenüberstehen. Dabei werden von den Gegnern der Homöopathie im Wesentlichen zwei Argumente angeführt, die jedoch im Grunde beweisen, dass sich die betreffenden Kritiker mit der Lehre Hahnemanns nie ernsthaft befasst haben. Eine derart unglückliche Ausgangssituation kann zu keiner fruchtbaren und sachlichen Diskussion führen. Anstatt das Für und Wider dieser Therapieform zum Nutzen der Patienten abzuwägen, stehen Verunglimpfungen und Emotionen im Vordergrund der Diskussionen, wie die „Marburger Erklärung" eindrucksvoll dokumentiert.
Ein Argument lautet, dass bei derart starken Verdünnungen, wie sie in der Homöopathie zur Anwendung kommen, keine Wirkung durch das dargereichte Arzneimittel erfolgen kann. Hahnemann befasst sich in seinem „Organon der Heilkunst" (15) sehr ausführlich mit diesem Problem und schildert, dass er wegen der z.T. stark toxischen Wirkungen der Drogen bei seinen gesunden Probanden (Arzneimittelprüfung am Menschen), gezwungen war, diese Substanzen zu verdünnen.
Dies hatte zur Folge, dass seine Arzneien, wie vorhersehbar, mit zunehmender Verdünnung eine immer geringere Wirkung zeigten. Erst als er anfing, nach jedem Verdünnungsschritt seine Arzneien zusätzlich zu verschütteln bzw. zu verreiben, stellte er fest, dass sich trotz des verringerten Arzneigehaltes ihre Wirkung am Patienten verstärkte. Aus diesem Grund nannte er dieses Verfahren Potenzieren oder Dynamisieren der Arzneien.
Offensichtlich hatten aber bereits die Zeitgenossen Hahnemanns Schwierigkeiten, die Bedeutung des Verreibens oder Verschüttelns der Arznei nach jeder durchgeführten Verdünnung zu er-

Philipps-Universität Marburg
Fachbereich Humanmedizin und Klinikum

Dekan

Marburger Erklärung zur Homöopathie

Nach den Plänen des Instituts für Medizinische Pharmazeutische Prüfungsfragen soll die „Homöopathie" Teil des Gegenstandkataloges für das Medizinstudium werden. Wir sagen hierzu nein.

Der Fachbereich Humanmedizin der Philipps-Universität Marburg verwirft die „Homöopathie" als eine Irrlehre. Nur als solche kann sie Gegenstand der Lehre sein. In diesem Sinne reicht das Lehrangebot in Marburg aus. Wir sehen jedoch die Gefahr, daß man von uns „Neutralität" und „Ausgewogenheit" in diesem Stoffgebiet fordern wird und sind nicht bereit, unseren dem logischen Denken verpflichteten Standpunkt aufzugeben zugunsten der Unvernunft.

Wir betrachten die Homöopathie nicht etwa als unkonventionelle Methode, die weiterer wissenschaftlicher Prüfung bedarf. Wir haben sie geprüft. Homöopathie hat nichts mit Naturheilkunde zu tun. Oft wird behauptet, der Homöopathie liege ein „anderes Denken" zugrunde. Dies mag so sein. Das geistige Fundament der Homöopathie besteht jedoch aus Irrtümern („Ähnlichkeitsregel"; „Arzneimittelbild"; „Potenzieren durch Verdünnen"). Ihr Konzept ist es, diese Irrtümer als Wahrheit auszugeben. Ihr Wirkprinzip ist Täuschung des Patienten, verstärkt durch Selbsttäuschung des Behandlers.

Wir leugnen nicht, daß sich mit „Homöopathie" mitunter therapeutische Wirkungen erzielen lassen, wobei es sich um sogenannte Placebo-Effekte handelt. Nun könnte man einwenden: was scheren uns Wirkprinzip und geistiges Fundament, wo es doch allein auf den Effekt ankommt. Nach dieser Logik müßten unsere Medizinstudenten auch in folgenden Gegenständen unterrichtet und geprüft werden: Chirologie (Bedeutung der Handlinien für die Persönlichkeitsstruktur und die Ganzheitsmedizin); Irisdiagnostik; Reinkarnationstherapie; astrologische Gesundheitsberatung (Bedeutung der Sternzeichen für die Neigung zu bestimmten Krankheiten). Mit all diesen Methoden, deren Wirkprinzip die Täuschung ist, lassen sich nicht therapeutische Effekte, sondern auch beträchtliche Umsätze erzielen. Mit den geistigen Grundlagen der Philipps-Universität Marburg sind diese Methoden ebenso wenig vereinbar, wie es die „Homöopathie" ist.

Wir behaupten keineswegs, daß die von uns vertretene Wissenschaft alles erforschen und erklären kann; wohl aber versetzt sie uns in die Lage zu erklären, daß die Homöopathie nichts erkären kann. Ein der Allgemeinheit von interessierter Seite eingeredeter Aberglaube mag dies anders sehen und sich Ausgewogenheit und Zusammenarbeit zwischen „Homöopathie" und „Allopathie" wünschen. Richtschnur unseres Handels ist aber nicht ein in der Bevölkerung lebender und publizistisch geschürter Aberglaube, sondern die menschliche Vernunft, die uns sagt, daß die Worte „Homöopathie" und „Allopathie" nicht etwa einen Gegensatz, sondern eine Begriffswelt ohne reale Grundlage bezeichnen. Wir weisen darauf hin, daß an der Philipps-Universität Marburg auch keine „Allopathie" gelehrt wird.

Wenn unsere Universität sich dazu zwingen ließe, den Lehrgegenstand „Homöopathie" im neutralem Sinne anzubieten, würde sie ihren Auftrag verraten und ihre geistige Grundlage zerstören. Eine neutrale Ausbildung in „Homöopathie" findet deshalb nicht statt und ist auch nicht einklagbar. Die Philipps-Universität Marburg wird darüber wachen, daß ihre Studenten aus dieser Haltung keine Nachteile bei der Prüfung erwachsen.

Vom Fachbereich des Fachbereichs Humanmedizin der Phillips-Universität Marburg am 2. 12. 1992 mehrheitlich verabschiedet.

kennen. Aus diesem Grund weist Hahnemann noch einmal ausdrücklich und anschaulich in einer Fußnote zu § 269 (15, S.244) darauf hin, dass Verdünnen und Bearbeiten des Arzneimittels erst zur Entwicklung der Arzneikraft führen. Bei dieser neuen Art der Arzneimittelzubereitung handelt es sich um zwei völlig verschiedene aber untrennbar miteinander gekoppelte Arbeitsvorgänge. Ich zitiere: *„Man hört noch täglich die homöopathischen Arznei-Potenzen bloß Verdünnungen nennen, da sie doch das Gegentheil derselben, d.i. wahre Aufschließung der Natur-Stoffe und zu Tage-Förderung und Offenbarung der in ihrem innern Wesen verborgen gelegenen specifischen Arzneikräfte sind, durch Reiben und Schütteln bewirkt, wobei ein zu Hülfe genommenes, unarzneiliches Verdünnungs-Medium bloß als Neben-Bedingung hinzutritt. Verdünnung allein, z.B. die, der Auflösung eines Grans Kochsalz wird schier zu bloßem Wasser; der Gran Kochsalz verschwindet in der Verdünnung mit vielem Wasser und wird nie dadurch zur Kochsalz-Arznei, die sich doch zur bewundernswürdigsten Stärke, durch unsere wohlbereiteten Dynamisationen, erhöht."* Ende des Zitates.

In § 11 (15, S.71) führt er aus: *„Auf die beste Art dynamisirter Arzneien kleinste Gabe, worin sich nach angestellter Berechnung nur so wenig Materielles befinden kann, dass dessen Kleinheit vom besten arithmetischen Kopfe nicht mehr gedacht und begriffen werden kann, äußert im geeigneten Krankheitsfalle bei weitem mehr Heilkraft, als große Gaben derselben Arznei in Substanz. Jene feinste Gabe kann daher fast einzig nur die reine, frei enthüllte, geistartige Arzneikraft enthalten und nur dynamisch so große Wirkungen vollführen, als von der eingenommenen rohen Arznei-Substanz selbst in großer Gabe, nie erreicht werden konnte."*

Im § 269 (15, S.242) heißt es: *„Die homöopathische Heilkunst entwickelt zu ihrem besondern Behufe die innern, geistartigen Arzneikräfte der rohen Substanzen, mittels einer ihr eigenthümlichen, bis zu meiner Zeit unversuchten Behandlung, zu einem, früher unerhörten Grade, wodurch sie sämmtlich erst recht sehr,* *ja unermeßlich - ‚durchdringend' wirksam und hülfreich werden, selbst diejenigen unter ihnen, welche im rohen Zustande nicht die geringste Arzneikraft im menschlichen Körpern äußern. Diese merkwürdige Veränderung in den Eigenschaften der Naturkörper, durch mechanische Einwirkung auf ihre kleinsten Theile, durch Reiben und Schütteln (während sie mittels Zwischentritts einer indifferenten Substanz, trockner oder flüssiger Art, von einander getrennt sind) entwickelt die latenten, vorher unmerklich, wie schlafend in ihnen verborgen gewesenen, dynamischen (§ 11) Kräfte, welche vorzugsweise auf das Lebensprinzip, auf das Befinden des thierischen Lebens Einfluss haben. Man nennt daher diese Bearbeitung derselben Dynamisiren, Potenzieren (Arzneikraft-Entwickelung) und die Produkte davon, Dynamisationen oder Potenzen in verschiedenen Graden."* Ende des Zitates.

Wenn also in der Marburger Erklärung festgestellt wird: „Das geistige Fundament der Homöopathie besteht jedoch aus Irrtümern (Ähnlichkeitsregel; Arzneimittelbild; Potenzieren durch Verdünnen)", stellt sich unwillkürlich die Frage, was die selbsternannten Experten denn geprüft haben, wenn sie offensichtlich nicht einmal den Text des Organon gelesen haben. Unabhängig wie man zur Homöopathie steht: Unstrittig ist, dass man sich erst ein Urteil erlauben kann, wenn man weiß, wovon man spricht. Und genau das sollten Professoren wissen, wenn sie vorgeben, dem logischen Denken sowie der Neutralität und Ausgewogenheit der Lehre verpflichtet zu sein.

Fußnote von Hahnemann zu § 2691): *„So ist auch in der Eisenstange und dem Stahlstabe eine im Innern derselben schlummernde Spur von latenter Magnetkraft nicht zu verkennen, indem beide, wenn sie nach ihrer Verfertigung durch Schmieden aufrecht gestanden haben, mit dem untern Ende den Nordpol einer Magnetnadel abstoßen und den Südpol anziehen, während ihr oberes Ende sich an der Magnetnadel als Südpol erweist. Aber dies ist nur eine latente Kraft; nicht einmal die feinsten Eisenspäne können von einem der beiden Enden eines solchen Stabes* *magnetisch angezogen oder festgehalten werden. Nur erst wenn wir diesen Stahlstab dynamisiren, ihn mit einer stumpfen Feile stark nach einer Richtung hin reiben, wird er zum wahren thätigen, kräftigen Magnete, kann Eisen und Stahl an sich ziehen und selbst einem andern Stahlstabe, durch bloße Berührung, ja selbst sogar in einiger Entfernung gehalten, magnetische Kraft mittheilen in desto höherem Grade je mehr man ihn so gerieben hatte, und ebenso entwickelt Reiben der Arzneisubstanz und Schütteln ihrer Auflösung (Dynamisation, Potenzirung) die medicinischen, in ihr verborgen liegenden Kräfte und enthüllt sie mehr und mehr, oder vergeistiget vielmehr die Materie selbst, wenn man so sagen darf."*

Aus den obigen Ausführungen geht eindeutig hervor, dass Hahnemann sehr wohl wusste, dass durch reines Verdünnen die Wirkung des Arzneimittels immer stärker abnimmt, bis schließlich keine Wirkung mehr zu erkennen ist. Die Diskussion darf also gar nicht über „das unendliche Verdünnen von Arzneimitteln" gehen, sondern muss sich mit dem Problem des Potenzierens befassen.

Nach meiner Sicht der Dinge ist es weitaus abenteuerlicher, die Evolution durch zufällige Vorgänge zu erklären und zu versuchen, dies mit Wahrscheinlichkeitsrechnungen zu belegen, als wenn man sich die Vielfalt und Angepasstheit der Mikroorganismen, der Pflanzen und Tiere in der gesamten Entwicklungsphase, von ihren Ursprüngen bis zur Jetztzeit, als einen aktiven Abbildungsvorgang ansieht, wie er durch die Homöopathie eindrucksvoll und anschaulich zugleich dokumentiert wird. Wenn man so komplexe Wechselbeziehungen wie das Wirt- und Parasitenverhältnis betrachtet, dann ist es doch ungleich wahrscheinlicher, dass sich die Natur aktiv abbildet und das gesamte Zusammenspiel eben dieser Natur durch einen umfangreichen Informationsaustausch auf allen Ebenen und durch geeignete Reaktionen aller Systeme, Moleküle und Atome geschieht, als dass alles die Folge von zufälligen Mutationen ist. Die Selbstorganisation der Materie ist ein

Beweis dafür, dass es selbst auf elementarer Ebene Informationsaustausch gibt. Organisation ohne Information ist unmöglich. Die Homöopathie liefert nach meiner Überzeugung den Schlüssel für dieses andere Naturverständnis.

Ein weiteres Argument der Gegner der Homöopathie ist die mangelnde Reproduzierbarkeit homöopathischer Heilerfolge im Sinne der Schulmedizin. Auch hier zeigt sich, dass die Kritiker Hahnemanns nicht gelesen haben, was Hahnemann lehrt. Das Simileprinzip besagt, dass nicht das klinische Krankheitsbild im Vordergrund steht, sondern das Gesamtsymptomenbild des Patienten sowie die Causa der jeweiligen Erkrankung. Während die Allopathie durch ein entgegengesetzt wirkendes Mittel (das Antidot) die Krankheit zu heilen versucht **(contraria contrariis)**, strebt die Homöopathie den Heilungserfolg durch Mittel an, die dem Leiden gleichgerichtet sind **(similia similibus)**. Es geht also darum, welche Störfaktoren das Krankheitsbild ausgelöst haben, wie der Patient als Individuum reagiert und ob Stoffe, die am gesunden Menschen ein solches Gesamtsymptomenbild auslösen, den betreffenden Kranken heilen können oder nicht. Das bedeutet, dass man z.B. bei 5 Patienten mit akutem Durchfall bei der allopathischen Behandlung allen 5 Patienten erfolgreich das gleiche Antidiarrhoicum verabreichen kann. Auch in einem groß angelegten Versuch wird ein hoher Prozentsatz der Patienten auf dieses Mittel ansprechen und somit die Reproduzierbarkeit seiner Heilwirkung bei Diarrhoe unter Beweis stellen. In der Homöopathie ergibt sich jedoch eine völlig andere Situation. So ist es z.B. durchaus möglich, dass man jedem der 5 Patienten ein anderes Arzneimittel verabreichen muss, um den gewünschten Heilungserfolg zu erzielen. Nur wenn der Therapeut ein Mittel verordnet (das sog. Simile), das am gesunden Menschen ein ähnliches Gesamtsymptomenbild auszulösen vermag, wie das, an welchem der zu behandelnde Patient leidet, kann der betreffende Kranke geheilt werden. Bei Durchfall können zahlreiche homöopathische Mittel wie Ferrum phosphoricum, Chamomilla, Dulcamara, Bryo-

nia, Rheum, Pulsatilla, China, Veratrum album, Colchicum, Arsenicum, Ipecacuanha u.a. als die heilende Arznei in Frage kommen. Von allen diesen Mitteln wird aber von Fall zu Fall zumeist nur ein einziges hinsichtlich seines Gesamtwirkungsspektrums homöopathisch (also dem Leiden des Patienten gleichgerichtet) sein, indem es ein ähnliches, d.h. über die rein pathognomonischen Symptome hinaus das die individuellen Körper-, Gemüts- und Geistessymptome einbeziehende Gesamterscheinungsbild des Kranken zu provozieren und somit auch zu heilen in der Lage ist. Alle anderen Arzneimittel werden nicht den gewünschten Heilerfolg bringen. Dieser Sachverhalt macht eine Reproduzierbarkeit, wie sie die Schulmedizin fordert, schwierig, weil der Heilungserfolg von den Informationen, die der Patient gegeben hat sowie den Kenntnissen der Arzneimittelbilder und deren richtige Umsetzung durch den behandelnden Homöopathen abhängen. Ein erfahrener Homöopath kann schon allein aus der Körpersprache des Patienten wertvolle Schlüsse ziehen, die einem anderen verborgen bleiben. Dieser Therapeut wird auch ganz andere und zielsichere Fragen stellen, als ein Anfänger usw. . Es zeigt sich also, dass eine Reihe von Unwägbarkeiten über den Behandlungserfolg entscheiden. Trotzdem ist in der Homöopathie die Reproduzierbarkeit von Heilerfolgen unter ganz bestimmten Voraussetzungen ebenso möglich wie der Doppelblindversuch.
In der Homöopathie darf ein Arzneimittel erst dann zur Anwendung kommen, wenn durch zahlreiche Arzneimittelversuche an gesunden Versuchspersonen bekannt ist, welche Beschwerden durch diesen Stoff immer wieder ausgelöst werden können. Dorcsi (16, S.53) schreibt, dass die Ergebnisse dieser Arzneimitteltestungen allmählich zu einem vollständigen Arzneimittelbild führen, da sich bei den einzelnen Probanden, je nach ihrer individuellen Veranlagung, auch nicht das gesamte Spektrum eines vollständigen Arzneimittelbildes provozieren lässt. Jedes einzelne Symptom, das durch das zu testende Arzneimittel ausgelöst wird, ist das erlebte Ergebnis menschlicher Erfahrung, menschlicher Gefühle und

menschlicher Empfindungen und nicht das Resultat apparativer Techniken und umstrittener Tierversuche. Die Testpersonen und der Kranke machen vergleichbare Erfahrungen. Ihre Beschwerden sind die Gleichen und sprechen in den beschriebenen Symptomen die gleiche Sprache. Auf diese Weise lassen sich auch die Befunde objektivieren und erfolgreich zur Heilung des Patienten umsetzen.

Die Arzneimittelprüfung wird nach genau definierten Vorgehensweisen durchgeführt, die von Dorcsi (16, S.47) in seinem „Handbuch der Homöopathie" unter der Überschrift: „Der Ablauf einer homöopathischen Arzneimittelprüfung" ausführlich beschrieben werden. An dieser Stelle ist nur wichtig darauf hinzuweisen, dass der Initiator der Prüfung zunächst einen Prüfungsleiter bestellt, der lediglich weiß, welche der auszuteilenden Fläschchen ein Placebo, also eine arzneilose Zubereitung und welche eine Verumarznei, also die wahre Arznei enthalten. Besagter Prüfungsleiter übergibt die codierten Fläschchen einem Gruppenleiter mit der Anweisung, sie an die Probanden weiterzugeben. Ansonsten erhält der Gruppenleiter keine weiteren Informationen über die Arznei. Gruppenleiter und Proband wissen also nicht, ob ein Fläschchen ein Placebo enthält oder ein Arzneimittel. Nach einer gewissen Zeit (meistens wird von 4 Wochen ausgegangen) erhalten jene Probanden, die zuerst ein Fläschchen mit dem Placebo erhalten hatten, die Verumarznei und umgekehrt, so dass sich nach Abschluss der Prüfung, die mindestens 2 Monate dauern soll, ein ausgewogener Versuchsquerschnitt ergibt. Viele Stoffe sind seit Hahnemann wiederholt getestet worden, um eine möglichst genaue Arzneisymptomatik der einzelnen Mittel zu erfassen. Diese genaue Kenntnis der Wirkungsspektren homöopathischer Arzneien ist ein Wissen, von dem die Allopathie und die Pharmakologie nur träumen können. Ganz offensichtlich hat man in Marburg von oben beschriebenen Untersuchungsmethoden noch nichts gehört, obwohl die dortigen Experten die Homöopathie nach eigener Angabe geprüft haben. Ganz offensichtlich herrschen an

der Medizinischen Fakultät in Marburg sehr eigenwillige Vorstellungen über Forschung und wertfreie Vermittlung von Fachwissen. Doch zurück zum Arzneimittelversuch. Die Testpersonen erfahren erst nach Abschluss der Arzneimittelprüfung, ob sie zunächst ein Placebo oder eine Verumarznei eingenommen haben. Somit sind auch die Bedingungen eines Doppelblindversuches erfüllt.
Im „Pschychrembel" (17, S.214) wird der Blind- bzw. der Doppelblindversuch wie folgt definiert: *„Versuchsanordnung z.B. bei einer klinischen Therapiestudie, b. der z. Vermeidung v. unbewußten u. ungewollten Verfälschungen der Ergebnisse die Probanden nicht wissen, welche der getesteten Verfahren (z.B. Wirksubstanz oder Placebo) bei ihnen angewendet werden. Beim Doppelblindversuch kennt auch der Versuchsleiter die Zuordnung Verfahren/Proband nicht, sie wird ihm erst nach Studienabschluß bekannt."*
Die von der Schulmedizin geforderte Reproduzierbarkeit der Wirksamkeit homöopathischer Arzneien wird folglich bereits durch die Arzneimittelprüfung und durch die immer wieder zu reproduzierenden, auf dem Ähnlichkeitsprinzip basierenden homöopathischen Heilerfolge geliefert.
Wenn also ein Homöopath an irgendeinem Ort auf diesem Erdenrund die individuellen charakteristischen Zeichen und Symptome einer Patientensymptomatik mitgeteilt bekommt, weiß er (ohne die klinische Diagnose zu kennen) allein auf Grund des Ähnlichkeitsgesetzes, welches homöopathische Arzneimittel in diesem speziellen Fall den Kranken zu heilen vermag. Es sind die individuellen Symptome, die ihn das richtige Arzneimittelbild im Krankheitsbild des Patienten erkennen lassen. Einfacher, konsequenter und in der Sache zwingender geht es nun wirklich nicht mehr. Dieses erfolgreiche therapeutische Vorgehen kann beliebig oft wiederholt werden, solange es dem Therapeuten gelingt, das Simile zu dem Krankheitsgeschehen zu finden. Das ist allerdings aus vielen Gründen oft äußerst schwierig, besonders wenn es sich um chronische Erkrankungen handelt. Dieser Sachverhalt ist

ein Schwachpunkt dieser Therapie, den man nicht unterschätzen sollte.

Um eine endgültige Klärung der Frage herbeizuführen, ob die Homöopathie eine Placebo-Therapie, also eine Scheintherapie, oder eine echte Ergänzung und/oder Alternative zur Schulmedizin ist, darf man sich nicht irgendwelche Versuchsreihen ausdenken, sondern muss sich bei der Beweisführung ausschließlich auf die Aussagen und Lehren Hahnemanns beziehen. Das ist man diesem Mann schuldig und macht darüber hinaus eine exakte wissenschaftliche Überprüfung seiner Lehre unter den Bedingungen des Doppelblindversuches möglich. Im §27 seines Hauptwerkes, des Organon (15), erklärt Hahnemann, was er unter einer homöopathischen Arznei versteht: *„Das Heilvermögen der Arzneien beruht daher (§12 - §26) auf ihren der Krankheit ähnlichen und dieselben an Kraft überwiegenden Symptomen, so daß jeder einzelne Krankheitsfall nur durch eine, die Gesammtheit seiner Symptome am ähnlichsten und vollständigsten im menschlichen Befinden selbst zu erzeugen fähigen Arznei, welche zugleich die Krankheit an Stärke übertrifft, am gewissesten, gründlichsten, schnellsten und dauerhaftesten vernichtet und aufgehoben wird."*

W. Buchmann (18, S.21) gibt diesen, heute für uns schwer zu lesenden Text mit den folgenden Worten wieder: „Das Heilvermögen der Arzneien beruht daher auf ihren der Krankheit ähnlichen und dieselben an Kraft überwiegenden Symptomen. Eine Arznei, welche die Gesamtheit der Symptome eines Krankheitsfalles am ähnlichsten und vollständigsten erzeugen kann, wird diese Krankheit am gewissesten, gründlichsten, schnellsten und dauerhaftesten heilen."

Da sich Schulmedizin und Homöopathie bis heute nicht auf eine gemeinsame Vorgehensweise zum Nachweis der Wirksamkeit der homöopathisch eingesetzten Arzneimittel geeinigt haben, der interessierte Leser sich aber nicht auf Glaubensbekenntnisse zweier konträrer Therapieauffassungen verlassen, sondern sich seine eigene Meinung bilden soll, empfehle ich einen Selbstversuch mit

Arnica C30. Schon seit Hahnemanns Zeiten hat sich dieses Mittel nach Stürzen, Prellungen, Quetschungen oder nach Backenzahn-, insbesondere auch nach Weisheitszahnextraktionen, immer wieder aufs Neue bewährt. In diesen Fällen lasse man umgehend **nach** der Schadeinwirkung einmal 5 Globuli von Arnica C30 unter der Zunge zergehen.

Hahnemann schreibt in seiner Arzneimittellehre über die Wirkung von Arnica (Bergwohlverleih): *„Die spezifische Heilkraft dieses Krautes ist eine Hilfe gegen das allgemeine Übelbefinden, welches von einem schweren Falle, von Stößen, Schlägen, von Quetschungen, Verheben oder vom Überdrehen oder Zerreißen der festen Teile unseres Körpers entsteht. Sie ist daher selbst in den größten Verwundungen durch Kugeln und stumpfe Werkzeuge sehr heilsam - so wie in den Schmerzen und anderem Übelbefinden* **nach** *Ausziehen der Zähne und* **nach** *anderen chirurgischen Verrichtungen, wobei empfindliche Teile heftig ausgedehnt worden waren, wie nach Einrenkungen der Gelenke, Einrichtungen von Knochenbrüchen usw..*

In den Befindensänderungen, welche Arnica in gesunden Menschen hervorzubringen pflegt, ist das Übelbefinden von starken Quetschungen und Zerreißungen der Fasern in auffallender Ähnlichkeit homöopathisch enthalten." (eigene Anm.: homöopathisch = der Krankheit ähnlich).

Hahnemann warnt aber auch: *„Nur muß man sie"* (eigene Anmerkung: gemeint ist Arnica) *„nie in akuten fieberhaften Krankheiten anwenden - und ebensowenig in Durchfällen -, wo man sie immer sehr nachteilig finden wird.*

Am besten ist die innerliche Anwendung in der Potenz C30." W. Buchmann: „Hahnemanns Reine Arzneimittellehre", (18, S.34-35)

Eine Arnica-Therapie nach Zahnextraktionen erfüllt, wie Hahnemann selber darlegt, die Bedingungen des Simileprinzips. Empfindet ein Patient nach einem derartigen chirurgischen Eingriff doch ganz ähnliche Beschwerden oder, um es mit Hahnemanns Worten

zu sagen, ein ganz ähnliches „Übelbefinden", wie das, welches zuvor völlig gesunde Probanden bei Arzneimittelprüfungen mit Arnica an sich beobachten haben. Graduelle Unterschiede, die von der Intensität der Gewalteinwirkung und dem Umfang der Schadeinwirkung abhängen, brauchen bei der Wahl des homöopathischen Mittels nicht berücksichtigt zu werden. Es wird also Ähnliches durch Ähnliches geheilt. Auf diese einfache Art lassen sich
- die Gültigkeit des Simileprinzips oder genauer formuliert das Gesetz: Ähnliches wird durch Ähnliches geheilt und
- die Wirkung von Hochpotenzen beweisen.

Um jedoch das Ähnlichkeitsprinzip zu gewährleisten und Komplikationen zu vermeiden, sollten Personen mit einer absonderlichen individuellen Blutungsneigung sowie Patienten mit Zahnwurzelvereiterungen oder einem anderen lokalen Infekt im Kopfbereich den von mir empfohlenen Versuch mit Arnica nicht durchführen, da ihre Gesamtsymptomatik ein anderes homöopathisches Mittel zu ihrer Heilung erfordert. Sollte einmal in Folge einer eventuellen, zuvor nicht bekannten Blutungsneigung dennoch eine ungewöhnliche Nachblutung eintreten, empfiehlt sich unverzüglich eine Gabe von 5 Globuli Phosphorus C30 einzunehmen.

Der Erfolg nach einer Arnica-Therapie ist um so eindrucksvoller, je unmittelbarer Arnica nach der Schadeinwirkung eingenommen wird. Ist z.B. erst einmal ein ordentlicher Bluterguss entstanden, so wird er sich aber nach einer Arnica C30 Gabe deutlich schneller zurückbilden als ohne eine solche.

Grundsätzlich möchte ich an dieser Stelle Sachunkundige vor weiteren Selbstversuchen warnen. Homöopathisch aufbereitete Substanzen haben zwar keine Nebenwirkungen im Sinne allopathisch wirkender Arzneimittel. Sie können jedoch bei besonders sensiblen Personen durchaus sog. Arzneimittelprüfungssymptome hervorrufen, die sich unter Umständen manifestieren und dann häufig nicht mehr abklingen. Dies gilt besonders für die Anwendung von

Hochpotenzen und für zu lange oder zu häufige Verabreichungen dieser Arzneimittel. Unter Arzneiprüfungssymptomen versteht man in der Homöopathie denjenigen Symptomenkomplex, der während einer homöopathischen Arzneimittelprüfung nach der wiederholten Einnahme eines bestimmten homöopathischen Mittels an zuvor gesunden Probanden beobachtet wurde. Man spricht in diesem Zusammenhang auch von der speziellen Arzneisymptomatik oder von dem charakteristischen Arzneimittelbild des jeweiligen homöopathisch aufbereiteten Mittels. Nach der einmaligen Einnahme von Arnica C30 ist mit dem Auftreten von Arzneiprüfungssymptomen nicht zu rechnen.

Der Einsatz von Arnica C30 eignet sich übrigens auch sehr gut zu einer weiteren äußerst einfachen und preiswerten Dokumentation der Wirksamkeit von Hochpotenzen. Es ist allgemein bekannt, dass in den ersten Tagen nach einer Operation vielen Patienten Heparin gespritzt wird. Heparin ist eine Substanz, die die Blutgerinnung beeinflusst und die Gefahr einer Embolie vermindern hilft. Um die Einstichstelle bilden sich durch Blutungen in die Unterhaut meist eindrucksvolle „blaue Flecken". Gibt man einem Patienten, nachdem man bei ihm diese „blauen Flecken" festgestellt hat 5 Globuli Arnica C30 unter die Zunge, werden die oben beschriebenen „blauen Flecken" nach einer weiteren Heparininjektion kaum oder gar nicht mehr auftreten und die Heilungsvorgänge schneller und problemloser verlaufen. Bei einem derartigen Versuch würde darüber hinaus der Patient weder durch Befragung noch durch besondere Zuwendung beeinflusst. Die Versuchsperson wird also nicht konditioniert. Eine Erwartungssymptomatik kann deshalb ausgeschlossen werden. Ein Doppelblindversuch lässt sich also sehr schnell und einfach auf diese Weise durchführen. Durch entsprechendes Protokollieren und Fotografieren lassen sich die Ergebnisse leicht und völlig frei von jeder subjektiven Beeinflussung auswerten und statistisch absichern. Hinzu kommt, dass man derartige Untersuchungen „nebenbei" machen kann und ein minimaler Kostenaufwand entsteht. So können Sie sich als Leser dieser Zeilen persönlich von der Wirksamkeit der Homöopathie überzeugen.

Hahnemann formulierte seine Erkenntnisse im Organon (15, S.152) wie folgt:

§ 105

Der zweite Punkt des Geschäftes eines ächten Heilkünstlers, betrifft die Erforschung der, zur Heilung der natürlichen Krankheiten bestimmten Werkzeuge, die Erforschung der krankmachenden Kraft der Arzneien, um, wo zu heilen ist, eine von ihnen aussuchen zu können, aus deren Symptomenreihe eine künstliche Krankheit zusammengesetzt werden kann, der Haupt-Symptomen-Gesamtheit der zu heilenden natürlichen Krankheit möglichst ähnlich.

§ 106

Die ganze Krankheit erregende Wirksamkeit der einzelnen Arzneien muss bekannt sein, das ist, alle die krankhaften Symptome und Befindens-Veränderungen, die jede derselben in gesunden Menschen besonders zu erzeugen fähig ist, müssen erst beobachtet worden sein, ehe man hoffen kann, für die meisten natürlichen Krankheiten treffend homöopathische Heilmittel unter ihnen finden und auswählen zu können.

§ 108

Es ist also kein Weg weiter möglich, auf welchem man die eigenthümlichen Wirkungen der Arzneien auf das Befinden des Menschen untrüglich erfahren könnte - es gibt keine einzige sichere, keine natürlichere Veranstaltung zu dieser Absicht, als daß man die einzelnen Arzneien versuchsweise gesunden Menschen in mäßiger Menge eingibt, um zu erfahren, welche Veränderungen, Symptome und Zeichen ihrer Einwirkung jede besonders im Befinden des Leibes und der Seele hervorbringe, das ist, welche Krankheits-Elemente sie zu erregen fähig und geneigt sei, da, wie (§§ 24 - 27) gezeigt worden, alle Heilkraft der Arzneien einzig in dieser ihrer Menschenbefindens-Veränderungskraft liegt, und aus Beobachtung der letztern hervorleuchtet. Ende des Zitates.

Zum besseren Verständnis der bisherigen Ausführungen möchte ich deshalb zunächst den Verlauf einer Konsultation wiedergeben, wie er sich nach der schulmedizinischen Vorgehensweise abspielt und anschließend wie ein Homöopath vorgehen würde. Debats beschreibt in seinem Buch (19, S.48) wie ein und derselbe Patient von ihm einmal unter schulmedizinischen Gesichtspunkten und einmal aus der Sicht eines Homöopathen befragt, untersucht und behandelt wird.

a) Der Patient kommt in die Praxis und schildert, dass er sich vor ein paar Tagen erkältet hat und nun Husten und Fieber habe. Daraufhin hört der Arzt mit seinem Stethoskop den Oberkörper des Patienten ab und stellt bronchitische Geräusche und lokal begrenzte Reibegeräusche der Lunge fest. Seine Diagnose lautet: Ausgeprägte Bronchitis und beginnende Lungenentzündung. Daraufhin verschreibt er ein Antibiotikum, um die Bakterien abzutöten und Tropfen, damit sich der Schleim besser löst. Mit dem Hinweis, dass er sich wieder melden müsse, wenn in den nächsten zwei Tagen das Fieber nicht verschwunden ist, wird der Kranke verabschiedet.

b) Nun beschreibt Debats, wie er den selben Patienten aus der Sicht eines Homöopathen untersucht. Beim Eintreten in die Praxis fällt ihm auf, dass der Patient das Bedürfnis hat, tief durchzuatmen. Auch bemerkt er, dass der Patient schnell irritiert ist. Der Patient schildert nun, dass er sich letzte Woche erkältet und nun huste und Fieber habe. Nun fragt Debats, wie es zu dieser Erkrankung gekommen ist. Er bekommt als Antwort, dass ein kalter Wind herrschte und dass dies wohl die Ursache seiner Erkrankung sei. Ferner will der Arzt wissen, unter welchen Bedingungen sich sein Husten verschlechtert oder verbessert. Der Patient beschreibt nun, dass sich der Husten beim Betreten der warmen Praxisräume verschlechtert habe. Ferner wird gefragt, ob und wenn wann er abhusten kann und wonach der Auswurf schmeckt. Der Patient gibt auch an, dass seine Verdauung die letzten Tage nicht so gut funktioniere und dass der Stuhl sehr trocken sei und er sehr viel Durst habe. Dann beginnt die bereits oben beschriebene Untersuchung, wobei der Arzt noch feststellt, dass bei Druck auf eine sonst schmerzhafte Stelle der Schmerz beim Husten unterbleibt. Debats fasst gedanklich zusammen: Kalter Wind, Husten am Morgen, bitteres Sputum, leicht irritierbar, Verstopfung, viel Durst. Diese Symptomenbild wird bei gesunden Probanden durch Bryonia (Zaunrübe) ausgelöst. Folglich verschreibt Debats seinem Patienten Bryonia, da Bryonia bei gesunden Menschen das gleiche Krankheitsbild, das Simile, auslösen kann. Für einen Homöopathen sind also andere Informationen wichtig, um das Ähnlichkeitsgesetz anwenden zu können. Der homöopathisch therapierende Arzt sucht also durch Beobachtung und durch Befragung mehrere charakteristische Merkmale zu finden, um das richtige Simile verordnen zu können.

Wenn man nun einen gut ausgebildeten Homöopathen irgendwo auf der Welt fragt, welches Arzneimittel benötigt wird, um jemanden erfolgreich zu heilen, der über stechende Schmerzen klagt, die sich bei geringster Bewegung verschlimmern, dagegen bei Druck nachlassen, der Betreffende sehr durstig ist und einen harten, trockenen Stuhlgang hat, dann sollte die antwort Bryonia lauten, da Bryonia das Simile ist. Andere Stoffe würden dagegen nicht die erhoffte Wirkung zeigen. Ein Schulmediziner kann mit diesen Informationen rein gar nichts anfangen und wird erstaunt fragen, was der Patient eigentlich habe.

Der schulmedizinisch vorgehende Arzt stellt eine möglichst genaue klinische Diagnose, um dann mit einem geeigneten Gegenmittel die diagnostizierte Krankheit zu bekämpfen. Er ermittelt somit zunächst die pathologische Veränderungen und bekämpft gezielt dieses für ihn spezifische Krankheitsbild. Für ihn sind die klinische Diagnose und die damit verbundenen mehr oder minder lokalen Veränderungen das Maß der Dinge.

Für den homöopathisch behandelnden Arzt hingegen spielt der klinische Befund mehr eine orientierende Rolle und dient vor allem der nötigen Abklärung, ob eine homöopathische Therapie ange-

zeigt ist oder nicht. Ansonsten geht er vom Verständnis eines funktionierenden, harmonischen Gesamtgeschehens aus und ist bestrebt, störende Abweichungen in dem „System Mensch" durch eine die Selbstheilungstendenzen unterstützende Therapie soweit wie möglich wieder einzuregulieren.
Beiden gemeinsam ist, trotz ihres unterschiedlichem Verständnisses von Krankheit und Therapie, dass sowohl der Schulmediziner wie der homöopathisch arbeitende Arzt, gleichgültig wo sie sich auf diesem Planeten befinden, auf Grund der für sie spezifischen Befundmitteilung wissen, welche Therapie erforderlich ist. Der Schulmediziner kann die homöopathisch erhobenen Befunde ebenso wenig für seine Therapie verwenden wie der homöopathisch therapierende Arzt die klinische Diagnose für eine homöopathische Therapie.
An dieser Stelle sei jedoch ordnungshalber erwähnt, dass sich wegen des großen Zeitaufwandes und den Schwierigkeiten der homöopathischen Arzneimittelfindung eine Behandlung mit sog. bewährten Indikationen einzubürgern beginnt. Man versteht darunter den Einsatz von homöopathisch aufbereiteten Arzneimittel bei bestimmten Beschwerden, ohne eine entsprechende Befragung des Patienten durchzuführen, z. B. Arnica nach Stürzen, Prellungen oder nach dem Zähne ziehen, Nux vomica bei Alkoholkater, Ledum nach Insektenstichen oder Belladonna und Causticum bei Sonnenbrand u.s.w. Diese Arzneimittel kann man auch in Apotheken in Form von homöopathischen Reiseapotheken beziehen. Diese Indikationstherapie hat aber mit dem gezielten Vorgehen eines Homöopathen nichts zu tun und wird auch folgerichtig entsprechend kritisiert. Allerdings ist in den hier angeführten Fällen die Ursache der Beschwerden, die Causa, bekannt. So dass die Vorgehensweise zu rechtfertigen ist, weil sehr häufig auch ein Erfolg dieser Behandlungsmethode beobachtet wird.
Beide Heilmethoden lassen sich also nicht miteinander vergleichen. Aber beide Therapieformen liefern reproduzierbare Ergebnisse, wenn Schulmediziner und Homöopathen ausreichende

Informationen besitzen. Wenn also die Gegner der Homöopathie argumentieren, dass die Homöopathie keine reproduzierbaren Ergebnisse liefert, dann beweisen sie eigentlich nur, dass bei ihnen erhebliche Informationsdefizite bestehen. Dieser Tatbestand schließt aber eine sinnvolle Diskussion aus.

Der Vorwurf unzureichender Reproduzierbarkeit homöopathischer Heilerfolge ist folglich ebenso haltlos, wie der behauptete Mangel von Blindversuchen. Eine fundierte wissenschaftliche Diskussion ist nur möglich, wenn sich die Kritiker der Homöopathie über die oben geschilderten Sachverhalte im Klaren sind. Die Kritik der Unterzeichner der Marburger Erklärung zur Homöopathie setzt folglich an der falschen Stelle an!

Da sich Haustiere und Wildtiere ebenfalls erfolgreich homöopathisch behandeln lassen, scheidet auch aus diesem Grunde der so oft bemühte Placebo-Effekt als Gegenargument aus. Gegen eine sachlich begründete Kritik an der Homöopathie ist durchaus nichts einzuwenden, so lange die Kritiker wissen, wovon sie eigentlich reden, bevor honorige Mediziner durch selbsternannte Experten verunglimpft werden.

Während man also in der konventionellen Medizin bei allopathischen Behandlungen Gegensätzliches durch Gegensätzliches zu heilen versucht (Anti-Pyretica bei Fieber, Anti-Diarrhoica bei Durchfall usw.), werden in der Homöopathie ausschließlich sog. „homöopathische Arzneien" eingesetzt, welche (nach dem Ähnlichkeitsprinzip verordnet) dem Leiden gleichgerichtet sind und bei niedrigen Potenzen auch im Sinne einer Störgrößenaufschaltung als Reiztherapie wirken.

Als „homöopathische Arzneien" bezeichnet man diejenigen Arzneimittel, deren überwiegend aus dem Pflanzen-, Tier- oder Mineralreich stammende Ausgangsdroge zur Erstellung eines für diese Droge charakteristischen Vergiftungs- bzw. Arzneimittelbildes einer homöopathischen Arzneimittelprüfung unterzogen wurden und auch heute noch, den Richtlinien Hahnemanns folgend, aufbereitet werden.

Einen wesentlichen Bestandteil der Herstellung homöopathischer Einzelmittel bildet der inzwischen im „Homöopathischen Arzneibuch!" (amtliche Ausgabe) genau festgelegte „Potenzierungsvorgang", bei welchem die nach homöopathischen Gesichtspunkten an gesunden Menschen geprüften Einzeldrogen mit unarzneilichen Trägerstoffen (alkoholische Lösung oder Milchzucker) stufenweise verdünnt und nach jedem Verdünnungsvorgang verschüttelt bzw. verrieben werden. Die gebräuchlichsten Verdünnung werden im Verhältnis 1:10 (Dezimalverdünnung) bzw. 1:100 (Centesimalverdünnung) vorgenommen, weshalb der erste Verdünnungsgrad einer homöopathischen Arznei mit D1 bzw. C1, der zweite mit D2 bzw. C2, der zweihundertste mit D200 bzw. C200 bezeichnet wird usw... Im Gegensatz zu allopathischen Arzneien, welche bei allen Patienten mit der gleichen Diagnose, eine mehr oder weniger deutliche, die betreffenden Krankheitssymptome unterdrückende Wirkung zeigen, vermag eine homöopathische Arznei ihre Wirksamkeit an Kranken nur dann zu entfalten, wenn das von ihr (sei es als Rohsubstanz oder in potenzierter Form) bei den Arzneimittelprüfungen an Probanden provozierte Krankheitsbild dem Leiden des zu Behandelnden ähnlich, ihre arzneiliche Wirkung tatsächlich eine „homöopathische", also eine dem Leiden gleichgerichtete ist. Mit anderen Worten: Homöopathische Heilerfolge sind nur dann zu erwarten, wenn das Vergiftungs- bzw. Arzneimittelbild der verordneten homöopathischen Arznei in charakteristischen Punkten auf der körperlichen und/oder geistigen Ebene mit dem individuellen Gesamtsymptomenbild des zu behandelnden Patienten übereinstimmt. Wird dieser Erkenntnis nicht genügend Beachtung geschenkt oder sind keine für ein entsprechendes Arzneimittelbild typischen Informationen zu erhalten, sind therapeutische Misserfolge von vornherein vorprogrammiert.

Entgegen der in Medizinerkreisen weit verbreiteten Meinung ist die Homöopathie sehr genau und gesetzmäßig aufgebaut. Ein homöopathisch behandelnder Arzt, der seine Aufgabe ernst nimmt, ist bei der Ausübung seines Berufes an strikte Richtlinien und Regeln gebunden. Selbstverständlich sind auch homöopathisch therapierende Ärzte angehalten, vor jeder Therapie eine exakte klinische Diagnose zu stellen, um abzuwägen, ob eine homöopathische Behandlung des Patienten überhaupt in Frage kommt oder nicht. Wie jeder anderen Therapieform, so sind auch der Homöopathie, welche eine besondere Form der Regulationstherapie darstellt, ganz natürliche Grenzen gesetzt. Fällt die Entscheidung zu Gunsten einer homöopathischen Behandlung aus, verliert die klinische Diagnose hinsichtlich der weiteren Therapie allerdings an Bedeutung, da im Gegensatz zur konventionellen Therapie die Homöopathie ihrem Wesen nach keine Indikationstherapie ist und ihre Heilungsabläufe ganz anderen Gesetzmäßigkeiten folgen. Ein homöopathisch therapierender Arzt hat nach Abklärung der klinischen Diagnose nicht nur die pathognomonischen Symptome eines Krankheitsfalles, sondern den kranken Menschen in seiner Gesamtheit in seine nachfolgende homöopathische Diagnose mit einzubeziehen. Er muss sich daher bei der Arzneimittelfindung (von den mehr für Anfänger gedachten „bewährten homöopathischen Indikationen" einmal abgesehen) an dem individuellen Gesamtsymptomenbild eines jeden einzelnen Patienten orientieren, um nach Möglichkeit das zu diesem Kranken am besten passende homöopathische Mittel ausfindig zu machen. Zu einer erfolgreichen Ausübung dieser Heilmethode (Hahnemann spricht in diesem Zusammenhang von „Heilkunst") sind deshalb Sachkunde, ausreichende Kenntnis der einzelnen homöopathischen Arzneimittelbilder sowie (dies gilt insbesondere für die Therapie chronischer Erkrankungen) eine langjährige Erfahrung Voraussetzung.

Die Anamnestik, welche einen wichtigen Bestandteil der homöopathischen Diagnosefindung darstellt, ist ausgesprochen hoch entwickelt und die Anweisungen für ihre Umsetzung in die Therapie durch das Ähnlichkeitsprinzip und die spezielle Form der Arzneiaufbereitung eindeutig definiert. So verwundert es nicht, dass inzwischen von mehreren Ärztegenerationen, welche diese von Hahnemann aufgestellten Richtlinien genau beachteten, im In- und Ausland homöopathische Heilerfolge in Form von unzähligen Fallbeispielen sowohl aus der Human- als auch aus der Veterinärmedizin dokumentiert wurden.

Warum also findet die Homöopathie, welche eigentlich als eine Bereicherung der vorhandenen Therapiemöglichkeiten angesehen werden müsste (von erfreulichen Ausnahmen einmal abgesehen), immer noch keinen Eingang in die offizielle Medizin? Warum wird sie derart kritisiert und angefeindet? Sagt doch schon der Volksmund: „Wer heilt hat recht!"

Der sensible Punkt ist hierbei ganz sicherlich folgender: Die meisten Kritiker vermögen sich immer noch nicht vorzustellen, dass man mit den in der Homöopathie verwendeten minimalen Wirkstoffmengen außer möglichen Placebo-Effekten irgendwelche körperlichen Reaktionen auslösen kann. Insbesondere den Hochpotenzen wird als Folge der hohen Verdünnungsgrade jegliche spezifische Arzneiwirkung abgesprochen, da in ihnen rein rechnerisch kein Molekül der Ausgangsdroge mehr enthalten sein kann.

Solche und andere Überlegungen machten auch mich lange Zeit zu einem ausgesprochenen Gegner der Homöopathie. Dieser Einstellung widersprachen jedoch die homöopathischen Heilerfolge befreundeter Kollegen bei Tieren, welche zuvor bereits über längere Zeit erfolglos allopathisch behandelt worden waren.

Ohne jede ernsthafte Auseinandersetzung mit dem Gedankengut der Homöopathie und mit der Überheblichkeit eines im allopathischen Denken geschulten und verhafteten Tierarztes, nahm ich daraufhin willkürlich Hochpotenzen der verschiedensten Substanzen ein (eine jede Substanz mehrmals in kurzen Abständen), um zu sehen, was sich tue. Während einige dieser homöopathisch aufbereiteten Präparate bei mir weder objektiv noch subjektiv zu bemerkbaren Wirkungen führten, erlebte ich an mir nach der Einnahme von Sulfur C30, Phosphorus C30 und China C30 unerwartet und völlig unvorbereitet das Phänomen homöopathischer Arzneimittelprüfungen, indem ich urplötzlich vorübergehend erkrankte und (wie ich erst im Nachhinein herausfand) typische Sulfur-, Phosphor- und Chinasymptome entwickelte. Dabei handelt es sich bei Schwefel und Phosphor um Stoffe, die wir nicht nur täglich über Nahrung und Getränke aufnehmen, sondern um Substanzen, die für unsere Stoffwechselvorgänge unentbehrlich sind. Chinin hingegen ist aus der Allopathie als Mittel gegen Malaria bekannt geworden.

Meine Selbstversuche bewiesen mir, dass auch Hochpotenzen, obwohl in ihnen nur noch Moleküle der Trägersubstanzen enthalten sein können, unter bestimmten Voraussetzungen in der Lage sind, an gesund erscheinenden Menschen Krankheitsbilder zu provozieren, die den Arzneimittelbildern ihrer jeweiligen Ausgangsdroge entsprechen. Es reagiert aber ganz offensichtlich nicht jeder Proband auf jedes homöopathisch aufbereitete Arzneimittel. Es scheint vielmehr so, als wenn der Organismus, einer Stimmgabel vergleichbar, erst dann reagiert, wenn Schwingungen auftreten, mit denen er in Resonanz treten kann. (Hahnemann macht übrigens warnend darauf aufmerksam, dass durch die unsachgemäße, allzu häufige Einnahme von Hochpotenzen unter Umständen sogar manifeste Krankheitsbilder erzeugt werden können.) So warnt Hahnemann (15, S.254) im § 276 ausdrücklich: „ ... *Allzu große Gaben einer treffend homöopathisch gewählten Arznei und vorzüglich eine öftere Wiederholung derselben, richten in der Regel großes Unglück an. Sie setzen nicht selten den Kranken in Lebensgefahr, oder machen doch seine Krankheit fast unheilbar. Sie löschen freilich die natürliche Krankheit für das Gefühl des Lebensprincips aus, der Kranke leidet nicht mehr an der ursprünglichen Krankheit von dem Augenblicke an, wo die allzu starke Gabe der homöopathischen Arznei auf ihn wirkt, aber er ist alsdann stärker krank von der ganz ähnlichen, nur weit heftigern Arznei-Krankheit, welche höchst schwierig wieder zu tilgen ist.*" Ende des Zitates.

Diese eindringliche Warnung Hahnemanns lässt darauf schließen, dass man einem gesunden Probanden die krankmachenden Schwingungen aufprägen kann, so dass er künftig an der so provozierten Krankheit leidet. In diesem Zusammenhang möchte ich noch einmal an die Versuche mit den Zellkulturen Seite 190 erinnern. Es ist deshalb an dieser Stelle besonders davor zu warnen, homöopathische Arzneimittel willkürlich, vorbeugend oder zu lange einzunehmen. Die These: „Wenn es schon nicht hilft, so schadet es wenigstens nicht!" ist falsch und gefährlich zugleich. Diese immer wieder beschriebenen und nun auch an mir selber beobachteten Vorgänge lassen nur eine logische Schlußfolgerung zu, die Hahnemann wie folgt beschreibt (40, § 270): „... *Durch diese mechanische Bearbeitung, wenn sie nach obiger Lehre gehörig vollführt worden ist, wird bewirkt, dass die, im rohen Zustande sich uns nur als Materie zuweilen selbst als unarzneiliche Materie darstellende Arznei-Substanz, mittels solcher höhern und höhern Dynamisationen, sich endlich ganz zu geistartiger Arznei-Kraft subtilisirt und umwandelt, welche an sich zwar nun nicht mehr in unsere Sinne fällt, für welche aber das arzneilich gewordene Streukügelchen, schon trocken, weit mehr jedoch in Wasser aufgelöst, der Träger wird und in dieser Verfassung die Heilsamkeit jener unsichtbaren Kraft im kranken Körper beurkundet.*"
Da in Hochpotenzen außer den Molekülen des zu ihrer Aufbereitung verwendeten Verdünnungsmittels (alkoholische Lösung oder Milchzucker) keine Moleküle der arzneispezifisch wirkenden Ausgangssubstanz mehr vorhanden sein können, müssen die Atome des betreffenden Verdünnungsmittels durch den Potenzierungsvorgang zu Trägern einer für die Ausgangsdroge spezifischen Information geworden sein! Einer Information, die der Organismus erkennen und auf die er - beides ist von großer Wichtigkeit - gezielt reagieren kann. Wie ist so etwas möglich?
Es gilt heute als sicher, dass alle Atome, je nach Erregungszustand, d.h. Energiepotential, Licht in für sie typischen Frequenzen sowohl absorbieren als auch abstrahlen können. Die einer be-

stimmten Atomart zugehörige Frequenz ist so charakteristisch wie der Fingerabdruck eines Menschen. Daher können selbst in den großen Weiten des Universums durch geeignete Spektralanalysen Atome und Moleküle nachgewiesen und identifiziert werden. Atome tasten über ihre Elektronen die Umwelt sozusagen ab, wobei durch Wechselwirkungen permanent Rückkopplungen erfolgen.
An dieser Stelle möchte ich noch einmal die bereits dargelegten Ansichten des Atomphysikers Bohm wiederholen. Bohm, der bei Oppenheimer, dem „Vater der Atombombe" promoviert hatte, befasste sich später als Professor für Physik mit der Problematik der Quantenrealität. Er übernahm eine Idee von Louis de Broglie und entwickelte eine mathematisch konsistente Interpretation der Quantenrealität mit lauter normalen Objekten. Danach ist ein Quantenobjekt als ein Teilchen mit zugeordneter Pilotwelle anzusehen. Das Teilchen verhält sich dann entsprechend der Information, die es durch die ihm zugeordnete Pilotwelle bekommen hat. Es ist deshalb wichtig festzuhalten, dass auch in der Quantenphysik die Möglichkeit, die Umgebung zu „lesen" und die Befunde an das entsprechende Teilchen zurückzumelden, durchaus diskutiert werden. Auch bei der Homöopathie muss man davon ausgehen, dass Informationen zwischen Teilchen ausgetauscht, weitergegeben, gespeichert und abgestrahlt werden können.
Lebende Zellen sind also nicht nur in der Lage, elektromagnetische Wellen (Informationen) gezielt zu senden, sondern sie vermögen auch diese Informationen detailgetreu zu empfangen, zu „verstehen", zu verarbeiten und selbst wieder abzustrahlen. Aber was oder wer sendet und wer oder was empfängt? Wie erfolgt die Speicherung der Informationen und wo werden sie gespeichert?
Die Chladnischen Klangfiguren und die Erkenntnisse der Kymatik zeigen eindrucksvoll, dass Schwingungen, insbesondere stehende Wellen, strukturbildende Eigenschaften haben. So können Bärlappsporen auf einer gespannten Membran bei geeigneten Schwingungen von einfach strukturierten „Klangfiguren" bis hin zu sehr komplexen Mustern alles darstellen, was man an Grund-

formen in der uns umgebenden Natur ebenso beobachten kann wie im All. Das Gleiche gilt für Flüssigkeiten. Diese Klangfiguren werden sowohl bei elastisch schwingenden zweidimensionalen Flächen wie dreidimensionalen Medien durch stehende Wellen erzeugt. Interessant und von entscheidender Bedeutung zugleich ist die Beobachtung, dass kleinste Partikel die durch Schwingungen entstandenen Figuren durchwandern, ohne dass sich das Schwingungsmuster verändert. Die Struktur bleibt also bestehen, obwohl sich ihre einzelnen Bestandteile austauschen. Durch Fremdschwingungen werden aber diese Muster als Folge von Interferenz verändert oder zerstört.

In der Physik wird die Schwingung (Wellenstrahlung) als ein räumlich und zeitlich periodischer Vorgang definiert, bei welchem Energie transportiert wird, ohne dass gleichzeitig auch ein Massetransport stattfindet. Die transportierte Energie soll dabei periodisch ihre Form wechseln. Elektrische Schwingungen (bzw. elektrische Felder) erzeugen stets magnetische Schwingungen (bzw. magnetische Felder). Da sich elektrische Felder umgekehrt proportional zu magnetischen Feldern verhalten, hat dies zur Folge, dass sich das elektrische Feld immer in dem Maße abbaut, wie sich das magnetische Feld aufbaut und umgekehrt. Wie bei einem schwingenden Dipol (Antenne) gehen die elektrischen Felder nach dem Erreichen der maximalen Feldstärke gleichmäßig in ein magnetisches Feld über und umgekehrt. In dem Maße, wie sich das elektrische Feld abbaut, baut sich das magnetische auf. So entsteht ein gleichmäßiges An- und Abschwellen der beiden gegensätzlichen Felder, die sich gegenseitig durchdringen. Durch die Bezeichnung elektromagnetisches Wechselfeld wird diese Feldverzahnung deutlich erkennbar. Das bedeutet, dass ein elektromagnetisches Feld einer bestimmten Stärke ein entsprechend starkes, ihm spiegelbildlich ähnliches magnetoelektrisches Feld durch Interferenz löschen kann. Ein Sachverhalt, welcher für das weitere Verständnis der nachfolgenden Ausführungen ebenfalls von entscheidender Bedeutung ist.

Wenn ein homöopathisch arbeitender Arzt nach den von Hahnemann vorgeschriebenen Richtlinien eine Arznei verdünnt und ihr nach jedem einzelnen Verdünnungsvorgang durch Verreiben oder Verschütteln kinetische Energie zuführt, wird den Atomkernen der Milchzuckermoleküle, bzw. der Moleküle der alkoholischen Lösung, über die ihnen zugehörigen Elektronen die arzneiliche Information der zu verdünnenden Substanz komplementär, also spiegelbildlich aufmoduliert. Bei entsprechender Energiezufuhr (verschütteln oder verreiben, bzw. durch die lebenden Organismen innewohnende Lebensenergie) strahlen die so geprägten Atomkerne über das Elektron und die Photonen das spiegelbildliche Arzneimuster gleichsam wie ein Sender ab. Die Situation ist vergleichbar mit Ton- und Bildkonserven verschiedenster Art. Es gibt jedoch zwei entscheidende Unterschiede: Die Oberflächen der Quarks und Antiquarks in den Atomkernen erfahren durch jede Änderung ihres Umfeldes, sofern ein bestimmter Schwellenwert überschritten wird, eine Umprägung. Auch hier das Alles oder Nichts Gesetz. Die Oberflächen der Quarks und Antiquarks in den Atomkernen sind in der Lage, ständig den aktuellen Informationsstand zu speichern und abzustrahlen, indem sämtliche gespeicherten Informationen ihrem speziellen Spektralstrahlen aufmoduliert werden (ganz ähnlich wie die Rundfunk- und Fernsehsender es mit ihren Leitstrahlen tun). Auch hier wieder selbstähnliche Vorgänge.

Derartige Veränderungen in der Prägung der Atome lassen sich mit dem Colorplate-Verfahren bildlich darstellen. Diese Aufnahmetechnik wurde von Dipl. Ing. Dieter Knapp aus der Kirlian-Fotografie entwickelt. Bei diesem Verfahren wird ein Tropfen des zu untersuchenden homöopathisch aufbereiteten Arzneimittels auf einen Film gegeben. Zwischen den beiden Polen einer gepulsten Hochspannungsquelle, durch eine Platte isoliert, entsteht ein Bild, das als Fotodokument verwendet werden kann. Diese Ergebnisse sind reproduzierbar und zeigen für die unterschiedlichsten Arzneimittel und deren verschiedenste Potenzierungsstufen typische

Strahlenmuster. Eine deutliche Unterscheidung der verschiedensten Stoffe und Potenzen ist bis zur D200 möglich. Selbst ältere homöopathisch aufbereitete Arzneimittel zeigen noch das gleiche Strahlungsmuster, wenn auch in abgeschwächter Intensität. Es lässt sich also mit diesem Verfahren erkennen, ob ein Arzneimittel bereits potenziert wurde oder nicht. Interessanterweise kann bei bereits potenzierten Arzneimittelverdünnungen auf den einzelnen Potenzierungsstufen trotz weiterer Verschüttelungen bzw. Verreibungen keine weitere Änderung des Strahlenmusters mehr bewirkt werden. Erst nach einer weiteren Verdünnung mit anschließender Verschüttelung bzw. Verreibung ändert sich das Strahlenmuster wieder. Die beschriebenen Beobachtungen beweisen, dass ein homöopathisches Arzneimittel nach jedem Potenzierungsvorgang abgesättigt ist und - einer voll bespielten Diskette vergleichbar - keine weiteren Informationen mehr aufnehmen kann. Diese Feststellung stimmt mit den Beobachtungen am Kranken überein, die bestätigen, dass man eine homöopathisch aufbereitete Substanz beliebig lange verschütteln bzw. verreiben kann, ohne dass eine Steigerung der Wirkung zu erreichen ist. Einen weiteren wichtigen Hinweis für meine Annahme, dass die Speicherung an den Oberflächen der Quarks und Antiquarks in den Atomkernen erfolgt, ist die Beobachtung, dass sich die Strahlungsbilder von den verschiedensten Substanzen und Potenzen nicht mehr voneinander unterscheiden lassen, wenn man sie auf 60 Grad Celsius erwärmt. Nach Abkühlung treten die typischen Strahlungsmuster jedoch wieder auf. Werden aber die Substanzen zum Sieden gebracht, lässt sich auch nach Abkühlung kein charakteristisches Strahlenbild nachweisen. Resch/Gutmann (20, S.360) schreiben, dass bekannt ist, dass Hochpotenzen durch Erwärmen oder Bestrahlen ihre Arzneimittelwirkung einbüßen. Bei 60 Grad Celsius ist das oszillierende System Atom in einem sehr labilen Grenzbereich, findet aber nach einer Abkühlung, also Energieentzug, wieder in seinen stabilen Schwingungszustand und Schwingungsrhythmus zurück. Bei einer Lautsprecheranlage würde man von einer Übersteuerung sprechen. Im Bereich des Siedepunktes hingegen befinden sich die Atome im Zustand eines Phasenüberganges. Das bisherige System (flüssiges Arzneimittel) wird instabil und geht in ein anderes, stabiles System (gasförmiger Zustand) über (Phasenübergang, neuer Aggregatzustand). Die Informationen auf den Atomkernen werden in dieser Phase unwiederbringlich gelöscht. Nach einer Abkühlung ist deshalb kein charakteristisches Strahlungsbild mehr zu erwarten. Anders ist die Situation nach einer Bestrahlung. Durch energiereiche Strahlen erfolgt eine direkte Einwirkung auf die Atomhülle und die Elektronen. Röntgen- oder Mikrowellenstrahlen löschen deshalb unmittelbar die auf den Oberflächen der Quarks und Antiquarks gespeicherten Informationen für immer. Bei den Atomen tasten die Elektronen ihre Umgebung ab und stehen durch permanente Rückkopplungen mit den Quarks der Atomkerne in steter Wechselwirkung. Diese Resonanzfähigkeit der verschiedensten Systeme ist für den Informationsaustausch von entscheidender Bedeutung.

Nicht minder bedeutungsvoll ist die Synchronisation dieser Systeme, da durch sie ein für das betreffende Kollektiv typischer Rhythmus entsteht, welcher sich letztendlich als Biorhythmus zu erkennen gibt. Auch hier wieder die Selbstähnlichkeit, die sich wie ein Ariadnefaden von den elementaren, synchronisierten Schwingungen der Urstoffteilchen in den jeweiligen Feldern bis zum Menschen verfolgen lässt. Egal ob es sich um sogenannte primitive Kulturen oder den modernen „Industriemenschen" des Atomzeitalters handelt, alle sprechen stark auf Rhythmen an. Als Informationsquelle dienen die stehenden Wellen und ihre Interferenzmuster, die ihrerseits wiederum mit den Elektronen ihres Umfeldes wechselwirken.

In allen Lebewesen haben wir es entweder mit links- oder rechtsdrehenden Molekülen zu tun, während in der anorganischen Natur Racemate, also ein Gemisch aus rechts- und linksdrehenden Molekülen üblich ist. Wenn eine Arznei homöopathisch aufbereitet wird, so stellt dies ja keineswegs nur einen Verdünnungsvorgang dar. Vielmehr wird allen Molekülen und Atomen durch Verreiben bzw. Verschütteln kinetische Energie zugeführt. Auf Grund dieser Energiezufuhr kann die zu verdünnende Arznei ihr Schwingungsmuster nunmehr verstärkt abstrahlen und (über die ebenfalls aktivierten Elektronen des Verdünnungsmittels) ihre arzneispezifische Information den Atomen des unspezifischen Verdünnungsmittels aufprägen. Hierbei spielen, wie im Folgenden ausführlich dargelegt wird, die Spins der einzelnen Protonen bzw. Atomkerne eine Schlüsselrolle.

Meinem Denkmodell zufolge sind bereits die Protonen, also die Atomkerne des Wasserstoffs, komplementär aufgebaut: 50% der Protonen bestehen aus einem d-Quark/Antiquarkpaar, dessen Urstoffteilchen parallel und 50% aus einem d-Quarkpaar, dessen Urstoffteilchen antiparallel zur Rotationsachse ausgerichtet sind. Ebenso haben 50% der d-Quark/Antiquarkpaare einen spiegelbildlichen Spin (Drehrichtung). Wie sonst sollten sich zwei Protonen, die sich ja auf Grund gleicher Ladung abstoßen müssten, zu dem Wasserstoffmolekül H2 verbinden? Dies ist nur möglich, wenn die beiden Elektronen einen entgegengesetzten Spin haben, der sich wiederum nur durch den komplementären Aufbau der Protonen erklären lässt, sofern man nicht an das Märchen vom Urknall glaubt. Aber auch der Aufbau aller Atome beruht auf diesem Komplementaritätsprinzip. Nach Pauli darf keine kreis- oder ellipsenförmige „Quantenbahn" innerhalb einer Schale des Atoms von mehr als zwei Elektronen besetzt sein. Diese Elektronen müssen außerdem entgegengesetzt spinen, d.h. sie dürfen nicht die gleiche Drehrichtung haben. Dieses Gesetz wird deshalb auch als „Pauli Prinzip" oder auch „Ausschließungsprinzip" bezeichnet. Da die „Ordnungszahlen" der chemischen Elemente durch die Zahl der Protonen bzw. deren Elektronen bestimmt wird, müssen sich die Atomkerne grundsätzlich aus komplementär aufgebauten Protonen zusammensetzen. Dieser Sachverhalt erklärt auch, warum sich grundsätzlich alle Racemate aus 50% linksdrehenden und 50% rechtsdrehenden Molekülen zusammensetzen. Dieser Tat-

bestand ist für das Verständnis der nachfolgenden Ausführungen von entscheidender Bedeutung. Denn ab der zweiten Potenzierungsstufe prägen die Protonen die Antiprotonen mit der Arzneimittelinformation. Beim darauffolgenden Potenzierungsvorgang prägen dagegen die Antiprotonen die Protonen mit der Arzneimittelinformation; d.h. die Protonen mit dem d-Quark/Antiquarkpaar (das sich im Uhrzeigersinn dreht) werden jetzt die Protonen mit dem d-Quark/Antiquarkpaar (das sich entgegen dem Uhrzeigersinn, also spiegelbildlich dreht) prägen usw.. Hieraus ergibt sich die zwingende Schlußfolgerung, dass diese Atome bei hinreichender Energiezufuhr (Schwellenreiz, Selbstähnlichkeitsprinzip) das ihnen aufgeprägte Arzneimuster nur spiegelbildlich über ihr spezifisches Spektralmuster abstrahlen können. Nichts anderes macht ja z.B. die Doppelhelix des Gencodes, wenn sie durch die Basenfolge des einen DNS-Stranges die Basenfolge des komplementären DNS-Stranges bereits vollständig determiniert. Auch bei der Zellteilung findet eine Reduplikation der beiden Helix-Stränge nach dem gleichen Schema statt. Bei der Transkription wird von einer DNS-Sequenz ausgehend die Messenger-RNA aufgebaut, welche ihrerseits wiederum die Eiweißmoleküle synthetisiert usw. .
Hier wird also auf materieller (biochemischer) Ebene „ausgeführt", was bereits auf energetischer oder - wie es Hahnemann aus der Sicht seiner Zeit mit den Möglichkeiten seines Vokabulars lehrte - auf geistartiger (dynamischer) Ebene vorgegeben ist. Bei der synthetischen Herstellung von Arzneimitteln entstehen ebenfalls Racemate, von denen nur die Moleküle mit einer bestimmten Händigkeit, also einem bestimmten spiegelbildlichen Aufbau der Andockstellen (Liganden), zu den Rezeptoren „entsprechender" Moleküle im lebenden Organismus ihre pharmakologische Wirkung entfalten, während die anderen Moleküle diese Wirkung nicht zeigen und deshalb den Organismus vor allem durch ihre Abbauprodukte unnötig belasten oder andere, nicht erwünschte Wirkungen zeigen. Seit z.B. durch geeignete Adsorbentien die Arzneimittelindustrie in der Lage ist, spiegelbildliche Moleküle zu

trennen, ist man bemüht, Arzneimittel mit einer ganz bestimmten Händigkeit auf den Markt zu bringen. Die Pharmakologen machen sich somit bei den chemischen Reaktionen, also auf der „materieller Ebene", den gleichen Wirkungsmechanismus zunutze, den die Homöopathie auf „energetischer Ebene" schon seit 200 Jahren nutzt - sehr zum Ärger der etablierten Wissenschaften. Sowohl der allopathisch therapierende Mediziner wie der homöopathisch arbeitende Arzt benutzen das Gesetz von Aktion und Reaktion, die Wechselwirkung von Rezeptor und Ligand, Gift und Gegengift. Der Allopath befindet sich allerdings im „Reich der Materie" und muss folgerichtig auch deren Gesetze befolgen und das richtige Gegenmittel einsetzen, um über Regelkreise eine Fehlfunktion im Organismus zu korrigieren. Der mit Hochpotenzen arbeitende Homöopath dagegen befindet sich im „Reich der Energie", dem Jenseits von der Materie, oder besser gesagt in einem anderen Aggregatzustand der Materie. Er nutzt die strukturbildenden Eigenschaften der stehenden Wellen und der elektromagnetischen Felder, um eine Heilung durch Interferenz direkt zu erzielen. Nebenwirkungen scheiden aus, da keine chemischen Reaktionen auftreten. Physikalisch ist die Speicherung elektromagnetischer Schwingungsmuster auf der Quarkoberfläche als das Gedächtnis der Atomkerne zu verstehen. Was auf energetischem Bereich die Interferenz, ist auf molekularer Ebene das „Schlüssel-Schloss-Prinzip". Dieser Sachverhalt ist auch nicht weiter verwunderlich, da stehende Wellen für die Struktur der Atome und Moleküle verantwortlich sind. Dieser Sachverhalt erklärt aber auch, warum in der anorganischen Natur Racemate, also Gemische aus rechts- und linksdrehenden Molekülen im Verhältnis 1:1 vorkommen, während im lebenden Organismus die Moleküle überwiegend links- oder rechtsdrehend sind, denn nur so ist ein funktionsfähiger Informationsaustausch gewährleistet.
Optisch aktive Verbindungen treten stets in 2 Stereoisomeren auf, den sog. Antipoden. Die Optische Isomerie ist abhängig von der Anwesenheit eines asymmetrischen C - Atoms, eines C - Atoms

mit vier verschiedenen Liganden, symbolisch dargestellt durch C*. Alle Moleküle, die ein asymmetrisches C - Atom enthalten sind optisch aktiv, d.h. ihre Lösungen drehen die Schwingungsebene des polarisierten Lichtes.

Die Drehrichtung wird bei rechtsdrehenden Stoffen mit (+), bei linksdrehenden mit (-) angegeben. Optisch aktive Moleküle, die sich wie Bild und Spiegelbild verhalten, heißen optische Antipoden. Sie besitzen die gleichen chemischen und physikalischen Eigenschaften bis auf die unterschiedliche Drehrichtung der Schwingungsebene des polarisierten Lichtes. Dabei ist der Betrag der Drehrichtung gleich.

An dieser Stelle sei noch einmal darauf hingewiesen, dass grundsätzlich zwischen einer sehr komplexen materiellen Ebene, die unsere tägliche Erfahrung widerspiegelt und der äußerst einfach strukturierten energetischen Ebene, einer Art „Jenseits", unterschieden werden muss. Beide Ebenen verhalten sich nach dem Gesetz von Aktion und Reaktion komplementär. Stehende Wellen und unterschiedliche Felder strukturieren das Universum ebenso wie die einzelnen Atome und Moleküle. Deshalb können Störschwingungen ein System destabilisieren und nach dem Schmetterlingseffekt sich so aufschaukeln, dass sie das vorherrschende System sogar zerstören. Ein Vorgang, den die Teilchenphysiker bei dem radioaktiven Zerfall von Atomen irrtümlich, als schwache Kernkraft bezeichnen. Ein sicheres Zeichen, dass man den Vorgang nicht verstanden hat. Umgekehrt können Störschwingungen durch Interferenz gelöscht werden, so dass das gestörte System von selbst wieder in seine ursprüngliche eigene Grundschwingung und seinen Eigenrhythmus zurückfindet. Eine Krankheit, sofern sie nicht auf mechanischen Ursachen beruht, ist nichts anderes, als eine unterschiedlich starke Störung der Grundschwingung einer Zelle, eines Organs oder gar des gesamten Organismus. So erklärt sich auch das sog. „Heringsche Gesetz", welches u.a. besagt, dass in der Regel während der homöopathischen Therapie eines chronischen Leidens die Krankheitssymptome in der umgekehrter Reihenfolge ihres Auftretens mehr oder minder schnell verschwinden. Auch hier wieder der Effekt, dass sich eine Störung zunächst aufschaukelt, um sich dann in umgekehrter Reihenfolge wieder abzubauen. So braucht ein Sturm, je nach Größe und Tiefe eines Gewässers, eine gewisse Zeit, bis erste Wellen entstehen, die größer und größer werdend, schließlich als riesige Brecher auf das Ufer prallen. Ist der Sturm vorüber, bilden sich die Wellen in umgekehrter Weise wieder zurück. Während dies auf einem See relativ schnell geschieht, werden im Atlantik noch in Regionen hohe Wellen zu beobachten sein, wo zuvor überhaupt kein Lüftchen wehte.

Nach dem Selbstähnlichkeitsprinzip spielt sich nichts anderes in einem Organismus ab. Wie sonst könnte ein Mensch per definitionem tot sein, obwohl seine Organe für Transplantationen hervorragend geeignet, d.h. noch voll funktionsfähig sind. Der tote Körper unterscheidet sich chemisch in nichts vom lebenden. Der Unterschied liegt auf der energetischen Ebene. Eben dem Jenseits, dem energetischen Bereich, das in unser Diesseits, den materiellen Bereich, hineinwirkt. Ein oszillierendes System, welches sich fern seines Gleichgewichtszustandes befindet, gelangt als Folge unzureichender Energie- und Materiezufuhr irreversibel in den tödlichen gleichgewichtsnahen Zustand. Deutlicher lässt sich wohl kaum der Unterschied zwischen einer auf einer linearen Denk- und Vorgehensweise beruhenden Ingenieurwissenschaft und der nichtlinearen Denkweise von Biologen und Medizinern darstellen.

Doch zurück zur Homöopathie. Beim Potenzieren werden nicht nur Informationen auf der Oberfläche der Quarks und Antiquarks in den Atomkernen gespeichert. Durch die jeweiligen Verdünnungen wird noch ein weiterer günstiger Effekt erzielt. Während des fortschreitenden Verdünnens werden von Potenzierungsstufe zu Potenzierungsstufe sämtliche Verunreinigungen, die nun einmal unterschiedlich stark bei Arzneimitteln bestehen, beseitigt, oder besser gesagt „herausverdünnt".

Angenommen eine Arznei hat eine Verunreinigung von 1 : 10^{-8}. Spätestens ab der Potenz D9, C5 oder LM3 sind diese materiellen Störkomponenten als Folge einfacher Verdünnungen eliminiert. Es bleiben aber zunächst noch Atome des Verdünnungsmediums, die durch die Störschwingung geprägt sind. Aber auch sie werden im Laufe der weiteren Potenzierungsschritte immer stärker ausgedünnt, so dass schließlich nur noch die reine Arzneimittelschwingung übrig bleibt.

In einem homöopathisch aufbereitetem Arzneimittel haben wir folglich die gleichen Voraussetzungen, wie in den Molekülen und Zellen von Organismen.

Eisenspäne auf einem Papier über einem Magneten richten sich entsprechend den Feldlinien aus. Wird der Magnet entfernt, geht die straffe Ausrichtung verloren. Trotz gleicher physikalischer und chemischer Eigenschaften aller Eisenspäne, ergibt sich so ein unterschiedliches Bild der gleichen Späne.

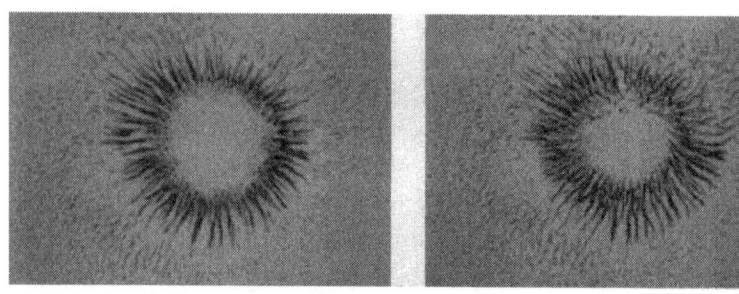

Eisenspäne über einem Magneten und nach Entfernen des Magneten

Nach Entfernen der Magnete bricht das Magnetfeld zusammen, die strukturbildenden Eigenschaften der Feldlinien gehen verloren und die Eisenspäne werden sich durch kleine Erschütterungen um so stärker verteilen, je länger man sie liegen lässt. Nichts anderes geschieht, wenn ein Organismus stirbt. Die Materie bleibt, die strukturbildenden elektromagnetischen Felder brechen zusammen, die Oszillationen hören auf, der Organismus zerfällt.

Auch hier wieder die Selbstähnlichkeitsregel. Nach den von mir gemachten Darlegungen entspricht eine homöopathisch aufbereitete Arznei in der Pharmakologie (Allopathie) einer links- oder rechtsdrehenden Arzneisubstanz und enthält grundsätzlich die spiegelbildliche Information der arzneilichen Ausgangssubstanz. Die geprägten Atome werden von den Elektronen wie von einem Laser abgetastet und können die von ihnen ermittelten Informationen über Photonen bei geeigneter Energiezufuhr (z.B. Lebensenergie) direkt an ihre Umgebung abstrahlen. In diesem Zusammenhang ist es besonders wichtig, darauf hinzuweisen, dass durch die Zufuhr einer nach dem Ähnlichkeitsprinzip gewählten, homöopathisch aufbereiteten Arznei sämtliche den arzneilichen Schwingungen entsprechenden Störschwingungen innerhalb des Organismus (völlig unabhängig von dem Ort ihres Auftretens) gleichzeitig gelöscht werden, so dass als erfreulicher Nebeneffekt Beschwerden verschwinden können, von denen der behandelnde Homöopath keine Kenntnis hatte. Diese Beobachtungen verdeutlichen, das die Homöopathie nicht nur von ihrer stets den ganzen Menschen einbeziehenden Diagnosestellung, sondern auch von ihrer Wirkung her als eine Ganzheitstherapie bezeichnet werden muss. So erklärt sich auch, warum nach der auf dem Simileprinzip basierenden Lehre Hahnemanns dasjenige Mittel für die Heilung eines Kranken am geeignetsten ist, dessen Arzneimittelbild dem Gesamtsymptomenbild des jeweiligen Patienten am meisten ähnelt. Interessanterweise verwendete Hahnemann im Hinblick auf diese Ähnlichkeitsbeziehung nicht, wie es vermutlich nahe gelegen hätte, die Worte „Ebenbild" oder „Abbild" sondern wählte statt dessen den Begriff „Gegenbild". Ferner schreibt Hahnemann in § 276, dass eine treffend gewählte homöopathische Arznei die natürliche Krankheit auslöscht. Eine wirklich bemerkenswerte Formulierung.

Nach Einverleibung einer hochpotenzierten, als Informationsspeicher dienenden homöopathischen Arznei werden die krankmachenden Störschwingungen des Organismus durch die spiegelbildlichen (komplementären) Schwingungen der geprägten Arzneimittelatome gelöscht, so dass der Organismus wieder in die für ihn typischen Eigenschwingungen zurückfinden kann. Bedingung für eine effektive Wirkung des richtig gewählten Arzneimittels ist jedoch das Vorhandensein einer hinreichend großen Energiequelle (Lebensenergie). Erst unter diesen Voraussetzungen ist eine sichere, schnelle und sanfte Heilung im Sinne Hahnemanns möglich. Ist jedoch der Patient bereits so geschwächt, dass seine Lebensenergie einen kritischen Grenzwert unterschreitet, bleibt eine noch so gut gewählte homöopathische Arznei wirkungslos. Wird einem gesunden Organismus eine potenzierte Arznei zu häufig und/oder in zu hohen Potenzen zugeführt, kann das ihm eigene harmonische Schwingungsmuster, sofern es nicht hinreichend stabil genug ist, durch diese „künstlichen" Störschwingungen verändert werden. Deshalb zeigt der einzelne Proband bei Arzneimittelprüfungen, je nach Sensibilität, also Aufbau sowie Stabilität seiner Eigenschwingungen, und Intensität der Störschwingungen klinisch erkennbare Symptome oder nicht. Das macht auch die Arzneimittelprüfung so problematisch, da nicht jeder Proband für die Prüfung eines jeden Arzneimittels geeignet ist, bzw. auf dieses Arzneimittel nicht genügend „sensibel" reagiert. So wie eine Stimmgabel nur in Schwingung gerät, wenn sie mit einem bestimmten Ton in Resonanz tritt und so wie sich bestimmte Strukturen nur dann bilden, wenn eine mit feinem Sand bestreute, an einem Punkt fixierte Platte mit bestimmten Schwingungen in Resonanz steht (Chladnische Klangfiguren), so spricht eben der einzelne Proband entweder auf ein Arzneimittel in der Arzneimittelprüfung an oder nicht. Es ist schließlich auch aus der Toxikologie bekannt, dass Menschen, Tiere und Pflanzen ebenso wie Mikroorganismen unterschiedlich empfindlich auf eine entsprechend starke Noxe reagieren. Nimmt jemand ein potenziertes Arzneimittel allzu lange ein, so kann er u.U. unheilbar erkranken, da er unter natürlichen Bedingungen nicht auf komplementäre Schwingungsmuster treffen wird.

In letzter Zeit wurden Geräte entwickelt, die über Akupunkturpunkte erkrankter Regionen elektromagnetische Störschwingungen vom Körper des Patienten abgreifen, spiegelbildlich umwandeln und an den Organismus zurückgeben (Bioresonanztherapie). Will man verhindern, dass sich diese spiegelbildlichen Schwingungen im Organismus manifestieren, indem sie nach Löschung der körpereigenen Störschwingungen nun ihrerseits zu Störschwingungen werden, darf auch hier die Strahleneinwirkung nur von kurzer Dauer sein.

Den gleichen Wirkungsmechanismus wie bei der Homöopathie finden wir auch bei der Bachblütentherapie. Zur Herstellung der einzelnen Urtinkturen und Erschließung ihrer energetischen Kraft werden die von Bach, E. als besonders wirksam gefundenen Blüten, auf Quellwasser schwimmend, intensiver Sonnenbestrahlung ausgesetzt. Die Wirkstoffe der Blüten gelangen auf diese Art, einem Teeaufguss vergleichbar, in das Quellwasser. Hier ist es die Sonnenenergie, welche die einzelnen Atome offensichtlich soweit anzuregen vermag, dass die Moleküle der in das Quellwasser gelangten pflanzlichen Wirkstoffe die Atome der Wassermoleküle spiegelbildlich prägen können. Die kinetische Energiezufuhr durch Schütteln oder Verreiben, wie sie beim Potenzieren in der Homöopathie angewendet wird, ersetzt die Bachblütentherapie durch die Zufuhr von Sonnenenergie.

Wichtig ist jedoch bei alledem, dass die Energiezufuhr einen bestimmten Schwellenwert übersteigt. Auch hier gilt, wie überall, das Alles oder Nichts Gesetz. Auch hier zieht sich das Selbstähnlichkeitsprinzip wie ein Ariadnefaden vom Quantensprung des Elektrons über den Versuch von Hertz mit den Photonen und der Metallplatte bis hin zu allen biologischen Systemen und Funktionsabläufen. Dabei spielt es keine Rolle, ob die Energie durch mechanische Abläufe (Verreibungen bzw. Verschüttelungen), durch die Einwirkung von Sonnenstrahlen oder durch die Lebensenergie zugeführt wird.

Ob man sich nun bei einer Therapie, sofern sie auf dem Ähnlichkeitsprinzip beruht, potenzierter Arzneien oder Bachblüten bedient oder ob man (ohne den Umweg über andere Substanzen) die krankmachenden Störschwingungen direkt vom Organismus abgreift, in Inversgeräten umwandelt und sie in spiegelbildlicher Form dem Kranken zurückgibt, macht letztlich keinen Unterschied: Alle drei Methoden bedienen sich zur Heilung der Sprache des Kosmos, also der Wechselwirkungen zwischen stehenden Wellen und elektromagnetischen Feldern durch Interferenz.

Die stehenden Wellen sind für die Strukturbildung verantwortlich. Die Materie speichert die Informationen und die Interferenz bildet die informative Rückkopplung, indem sie die stehenden Wellen verändert und die Veränderung der stehenden Wellen die Strukturen verändert. Dies ist auch der Grund dafür, dass z.B. Lebewesen ihre Umwelt „förmlich" abbilden, und dies im wahrsten Sinne des Wortes. So entwickelten sich bei genetisch völlig verschiedenen Lebewesen durch Anpassung an die Umwelt ähnliche Merkmale hinsichtlich Gestalt und Organen. In diesem Zusammenhang sei nur an die spindelförmige Körperform bei Fischen und wasserbewohnenden Säugetieren oder an das Erscheinungsbild von Vögeln und Fledermäusen erinnert. Ein Fisch ist seinem Lebensraum ebenso ideal angepasst wie ein Vogel. Und wenn irgendwo auf einem Berg oder in einer Wüste ein Archäologe den versteinerten Abdruck eines Fisches findet, so darf er aus diesem Fund schließen, dass dieses Gebiet einmal ein Meer oder See war, obwohl die Landschaft, dem Augenschein nach, nicht auf eine derartige Vergangenheit schließen lässt.

Der Schlüssel zum Verständnis derartiger morphologischer Anpassungsvorgänge liegt in den Tripels, die den Gencode aufbauen. Diese Tripels sind gleichzeitig für die dreidimensionale Orientierung der Moleküle notwendig und werden durch die stehenden Wellen der beiden u-Quark/ Antiquarkpaare und eines der beiden d-Quark/Antiquarkpaare aufgebaut. Das ist der Grund, warum der Gencode der DNS aus den Basen Adenin,

Thymin und Cytosin besteht. Interessanterweise kann Cytosin gegen Guanin ausgetauscht werden. Dies entspricht auch dem Sachverhalt, dass es vier verschiedene Quark/Antiquarkpaare gibt, von denen aber immer nur drei ein Proton aufbauen können. Das bedingt wiederum, dass Adenin (eine Purinbase) und Thymin (eine Pyrimidinbase) von den stehenden Wellen der beiden u-Quark/Antiquarkpaaren aufgebaut werden, während Guanin (eine Purinbase) und Cytosin (eine Pyrimidinbase) von den stehenden Wellen der beiden d-Quark/Antiquarkpaaren entsprechend ihrem spiegelbildlichem Spin gebildet werden. Wie im Proton die drei Quark/Antiquarkpaare zunächst die drei Dimensionen bildeten, die zu einem viel späteren Zeitpunkt uns die Vorstellung eines Raumes ermöglichten, so wie die Struktur der Protonen unter entsprechenden Rahmenbedingungen die Entstehung aller uns bekannten Elemente ermöglichte, so sind die Quarks und Antiquarks über die Atomhülle, die sie ja aufgebaut und strukturiert haben und die sie erhalten, für die Ausrichtung der jeweiligen Atome beim Aufbau der Moleküle verantwortlich. Die Quarks und Antiquarks sind also auch für die Struktur der Tripels in den Genen ursächlich. Diese Tripels bilden ihrerseits im nächsten Schritt und auf einer höheren Ordnungsebene die dreidimensionalen Moleküle, die schließlich einen lebenden Organismus in Form von Zellen und Organen zu bilden vermögen. Die Tatsache, dass im Gencode Cytosin durch Guanin ausgetauscht werden kann, hat weittragende Konsequenzen. So wie sich die beiden d-Quark/Antiquarkpaare spiegelbildlich zueinander verhalten, so wird jeder Organismus, bei dem der Gencode der DNS aus den vier Basen Adenin, Thymin, Cytosin und Guanin aufgebaut ist, auch aus zwei Hälften bestehen, die sich spiegelbildlich zueinander verhalten. Ganz allgemein bekannt ist, dass z.B. die Gesichtshälften eines jeden Menschen sehr ähnlich, aber nicht spiegelbildlich gleich sind. Die linke Hand ist spiegelbildlich zur rechten Hand, der linke Fuß spiegelbildlich zum rechten Fuß um nur einige leicht zu überprüfende Fakten zu nennen. Dies ist die Auswirkung des

Austausches von Cytosin und Guanin im Gencode und der DNS-Spirale. Die Abweichungen im Aussehen der Gesichtshälften ist dadurch zu erklären, dass dieser Austausch nicht vollkommen perfekt erfolgt, sondern nur näherungsweise, eben ähnlich. Die vollkommene Symmetrie wird zwar überall in der Natur angestrebt, aber nie erreicht. Und weil das so ist, bleibt alles für alle Zeiten in Bewegung. Da sich jedes Quarkpaar aus einem Quark und seinem entsprechenden Antiquark zusammensetzt, erzeugt jedes Quarkpaar zwei verschiedene Impulse mit unterschiedlicher Spannung. Ein Vorgang, der in der Computertechnik zur Anwendung des Binärcodes führte. Nach dem Selbstähnlichkeitsprinzip finden wir im Morsealphabet das gleiche Informationsmuster. Was bei den Quarkpaaren die unterschiedlichen Spannungsimpulse, sind im Morsecode Strich-Punkt-Kombinationen. Da die Atomkerne beinahe die Temperatur des absoluten Nullpunktes haben, gibt es bei der „Aufzeichnung" der Umweltsignale und Umweltinformationen auch beinahe kein Rauschen. Es bestehen also optimale Empfangs- und Sendebedingungen bei einem Minimum an Energieaufwand. Die Atomkerne verhalten sich sozusagen wie wechselwarme Tiere. Sie werden erst entsprechend aktiv, wenn die Umgebungstemperatur, also die eigentliche Energiequelle, entsprechend stark ist. Als Modell bietet sich die Biene an. Die als besonders arbeitsam bekannte Biene wird als wechselwarmes Tier erst aktiv, wenn es für sie ausreichend warm ist. Der Bienenkörper ist in diesem Denkmodell als Atomkern zu verstehen. Die Flügel würden den Elektronen entsprechen. Je wärmer es wird, je mehr Energie also dem Bienenkörper zugeführt wird, um so aktiver wird die Biene und um so frequenter, also energiereicher, der Flügelschlag. Der Bewegungsablauf der Flügel bleibt dabei gleich. Lediglich die Frequenz nimmt zu. So wie die Biene durch ihren Tanz wichtig Informationen an ihre Artgenossinnen weitergibt, die diese Informationen auch verstehen und entsprechend reagieren, so gibt der Atomkern über das oder die Elektronen seine von ihm gespeicherten Informationen über Photonen an andere Atome und

Moleküle weiter, die dann ebenfalls entsprechend reagieren und je nach energetischer Situation die Informationen untereinander austauschen und eventuell neue Informationen speichern. Zu welcher Intensität sich derartig Strahlungen aufschaukeln können, zeigen die Pheromone (Sexuallockstoffe weiblicher Insekten), die von den männlichen Geschlechtspartnern noch kilometerweit und unabhängig von der Windrichtung wahrgenommen werden können, da es sich um elektromagnetische Wellen mit laserähnlichen Infrarotkomponenten handelt. Diese laserähnlichen elektromagnetischen Wellen müssen also von dem Duftmolekül abgestrahlt werden. Derartige Duftmoleküle werden inzwischen synthetisch hergestellt und zur Bekämpfung von schädlichen Insekten eingesetzt. In den Weinanbaugebieten findet man häufig kleine Kunststoffbehältnisse, die diese laserähnlichen Wellen ausstrahlen. Dies geschieht ohne Batterie oder sonstige künstliche Energiezufuhr. Das Molekül verbraucht aber nachweislich Energie, wenn es elektromagnetische Wellen, noch dazu laserähnliche Wellen, abstrahlt. Je wärmer die Witterung, um so intensiver die Abstrahlung, um so aktiver die wechselwarmen Insektenmännchen. So ist die Frage: Wo kommt die Energie her und warum erschöpft sich der „Sender" nicht in kurzer Zeit, durchaus berechtigt. Hierfür gibt es folgende Erklärung: Wie bereits früher beschrieben führt jede Temperaturerhöhung zu einer Energieverdichtung (Urstoffteilchenverdichtung) um die Atomkerne, so dass diese vermehrt laserähnliche Wellen abstrahlen können. Das Atom ist ein sich selbst in Dauerbetrieb erhaltender Generator, der die Gravitationskräfte nutzt und in elektromagnetische Kräfte umwandelt.

Die Farbtherapie und die Musiktherapie basieren, meinen Ausführungen zufolge, ebenfalls auf dem gleichen Wirkungsprinzip wie die Homöopathie, wirken jedoch nicht so spezifisch wie diese, sondern beeinflussen, der Bachblütentherapie vergleichbar, mehr allgemeine (sog. archaische) Grundstimmungen. Hier ist wichtig darauf hinzuweisen, dass die Schallwellen über das Ohr in elektromagnetische Schwingungen umgesetzt werden, während

Photonen direkt auf das Auge treffen und die elektromagnetischen Impulse über den Sehnerv zum Gehirn weitergeleitet werden.
Auch an dieser Stelle ist wieder an das Alles oder Nichts Gesetz zu erinnern, das für die „tote Materie" ebenso wie für alle biologischen Systeme gilt. Ob Hertz mit Photonen Elektronen aus Metallplatten „schlagen" konnte oder nicht, hing ebenso von einem Schwellenwert ab, wie die Steigerung von Enzymaktivitäten bei Bestrahlung mit Photonen.
Wie ist so etwas möglich? Zur Erinnerung: Der Atomkern des Wasserstoffs (das Proton) setzt sich aus drei Quark/Antiquarkpaaren, also aus den kleinsten Bausteinen der Materie zusammen. Die Quarkpaare bestehen jeweils aus einem Quark und seinem spiegelbildlichen Gegenstück, dem Antiquark. Die Quarks sind durch ihre enorme Dichte und die dadurch bedingte Anziehungskraft (Gravitationskraft) von einer dichten Wolke aus Urstoffteilchen, den sog. „bags", eingehüllt. Diese Urstoffteilchenwolke ist so dicht, dass es bisher nicht gelungen ist, die Quarks direkt zu „sehen". Alle bisherigen Erkenntnisse über die Quarks stammen aus indirekten Nachweismethoden und Berechnungen. Durch den hohen Drehimpuls der Quarks werden nach meinen früheren Ausführungen die Urstoffteilchen in der Urstoffteilchenwolke extrem verwirbelt und es bildet sich eine Turbulenz, ein Elektron, das wie ein Hurrikan über dem Atomkern steht und dabei einerseits den Atomkern „abtastet", vergleichbar einem Laserstrahl auf einer CD, andererseits aber auch mit der Umwelt in Wechselwirkung steht. Dabei wirkt das Proton nicht nur als Generator (Dynamomaschine), sondern auch als Informationsspeicher, Sender und Empfänger. Der Dauerbetrieb dieses kleinst möglichen Generators wird durch die Schwerkraft garantiert. Werden durch eine zusätzliche Energiezufuhr, z. B. Wärme, gewisse Grenzwerte über- oder unterschritten, so kommt es zu dem berühmten Quantensprung. Die Anhänger der Quantentheorie lehren: Ein genau definiertes Energiepaket (Quant) bewirkt, dass das Elektron ein anderes Energieniveau (Orbit) einnimmt, ohne dabei die räumliche Distanz zu

durchqueren. Ein derartiger Vorgang ist nur nachvollziehbar, wenn das Elektron ein Wirbel und nicht, wie behauptet wird, ein Materieteilchen ist. Es darf als allgemein bekannt vorausgesetzt werden, dass gefährliche, also energiereiche Strudel, z. B. im Wasser, plötzlich verschwinden können, um sich völlig unerwartet an einer ganz anderen Stelle neu zu bilden. Das Elektron verhält sich ähnlich, denn sonst müsste es den Raum zwischen zwei Orbitalen durchqueren. Genau das, so die Physiker, ist aber nicht möglich. Das Elektron kann folglich kein Materieteilchen sein, sondern ist nur ein anderer Aggregatzustand (Phasenzustand) der Urstoffteilchen, der ein Teilchen vortäuscht und in Wirklichkeit ein Wirbel ist. Aus diesem Grunde fällt auch kein Elektron auf ein niedrigeres Energieniveau, sondern es zerfällt bzw. löst sich auf, sobald es ein Photon abstrahlt und baut sich, jetzt allerdings energieärmer, über einem anderen Quarkpaar neu auf.

Durch diesen Sachverhalt lässt sich z.B. auch die vermehrte Lumineszens absterbender Zellen erklären, da sie ja nachweislich Energie verlieren und deshalb vermehrt Photonen abstrahlen müssen. Auch die Lichterscheinungen, von denen Reanimierte (bereits als klinisch tot betrachtete Personen) regelmäßig berichten, lassen sich als Folge eines Energieverlustes durch Störung des dynamischen Energiegefälles in den menschlichen Zellen erklären. Der Organismus schaltet seinen Energiehaushalt in für ihn lebensbedrohenden Situationen grundsätzlich auf absolut lebenserhaltende Systeme zurück, sofern diese Möglichkeit noch besteht. Nervenzellen im Gehirn reagieren besonders empfindlich auf Sauerstoffmangel und setzen deshalb besonders schnell Photonen frei, die von den noch funktionsfähigen Nervenzellen als „strahlendes Licht" registriert und abgespeichert werden. Der Überschuss an Kohlendioxid im Blut als Folge einer Sauerstoffunterversorgung bedingt zusätzlich einen narkoseähnlichen Zustand und leitet den anaeroben Abbau organischer Substanzen ein, um auf diese Weise den Energiehaushalt zu stabilisieren. Aus diesem Grunde können sich Reanimierte auch

an Vorgänge erinnern, die sie während ihrer scheinbaren Bewusstlosigkeit als „neben sich stehend" wahrgenommen haben. Diese Reanimierten kommen also nicht aus dem Jenseits zurück, sondern tauchen aus einer anderen Bewusstseinsebene wieder auf. Sie schildern auch alle vergleichbare Erlebnisse, weil sie alle den gleichen Funktionsmechanismen unterworfen waren.
Der Elektrosmog, obwohl von der Elektroindustrie gezielt heruntergespielt, stellt aus oben dargelegten Gründen eine große Gefährdung für Menschen, Tiere und Pflanzen dar. So schreibt W.-D. Rose (21, S.64,65), dass verschiedene Menschentypen auf technisch erzeugte elektromagnetische Felder unterschiedlich reagieren. Auch hier wieder die Ähnlichkeit zur Homöopathie. Hier besteht eine vergleichbare Situation zu den Probanden in der Arzneimittelprüfung von Hochpotenzen. In allen Fällen sind das Schwingungsmuster und die Stabilität dieses Schwingungsmusters eines jeden Organismus für seine Resonanzfähigkeit und Empfänglichkeit für Störschwingungen entscheidend. Man kann den einzelnen Menschen mit einer Stimmgabel vergleichen. Die beiden Zinken einer Stimmgabel werden immer nur dann durch die verschiedensten Laute oder Geräusche angeregt und in Schwingung geraten, wenn in dem Geräuschpegel ein Ton enthalten ist, der der Tonhöhe entspricht, auf die die Stimmgabel geeicht ist. Die Tonhöhe wird von der Länge und Masse der beiden u-förmigen Zinken bestimmt. Ist die entsprechende Schwingung unter den verschiedenen Tönen nicht vorhanden, so wird die Stimmgabel nicht in Schwingung geraten. Nicht von ungefähr wird in der Umgangssprache von der Ausstrahlung eines Menschen gesprochen oder auf die jeweilige Stimmung des einzelnen Mitbürgers verwiesen. Und Luther bemerkte in seiner deftigen Sprache, dass man dem Volk auf's Maul schauen solle! In unserer Zeit der Worthülsenschwemme sind derartige Hinweise allerdings schwer nachzuvollziehen. Wir hätten schließlich eine völlig andere Politik, wenn die Vertreter des Volkes das tun würden, was sie sagen. Also sagen sie Nichtssagendes und entsprechend erfolgreich ist ihre

Politik. Grundsätzlich ist festzuhalten, dass es bei hoher Intensität der elektromagnetischen Felder zu einer hemmenden Wirkung bis hin zur Blockierung der Reaktionsfähigkeit des Organismus kommen kann, während schwache elektromagnetische Felder zu allmählichen Veränderungen im Organismus führen. Unfälle durch Berühren von elektrischen Leitungen und defekten Elektrogeräten zeigen eindringlich, welche Folgen im Extremfall zu erwarten sind. Man muss also zwischen wie auch immer gearteten Reizen und Störungen unterscheiden. Bei diesen technisch bedingten, also künstlich erzeugten elektromagnetischen Wellen handelt es sich aber nicht um exakte biologische Informationen, wie man sie aus der Homöopathie kennt. Vielmehr haben diese elektromagnetischen Felder Signalcharakter und stören lediglich durch zufällige Interferenzen den „Funkverkehr" in und zwischen den Zellen des gesamten Organismus, sobald sich eine resonanzfähige Situation ergibt. Bei Heringen ist bekannt, dass sie sich über eine ganz bestimmte Frequenz untereinander so erfolgreich „verständigen" können, dass der Schwarm problemlos auch die schnellsten Manöver ausführen kann, ohne dass es zu Zusammenstößen unter den Fischen kommt. Buckelwale haben nun eine Jagdtechnik entwickelt, indem sie auf derselben Frequenz Laute ausstoßen, auf der sich die Heringe verständigen. Das hat zur Folge, dass sich die Heringe nicht mehr untereinander mitteilen können und sich zu unkontrollierten „Heringskollektiven" zusammenballen. Nun setzen der oder die Buckelwale nur noch sicherheitshalber einen ringförmigen Vorhang aus aufsteigenden Luftblasen um den hilflosen Schwarm und schöpfen so beim Auftauchen im wahrsten Sinne des Wortes aus dem Vollen. Die Natur nutzt äußerst erfolgreich die gleichen Methoden auf den verschiedensten Gebieten, indem sie elementare Vorgänge und Wechselwirkungen erfolgreich variiert und perfektioniert. Sie gleicht einem Jazzmusiker, der immer wieder ein Thema aufgreift und es variiert. Man kann das Problem einer Informationsstörung einfach an einem schriftlichen Befehl verdeutlichen. Der Befehlsempfänger wird sich völlig verschieden verhalten, je nachdem ob er ließt: „laufen", „kaufen", „saufen" oder „raufen". So kann ein Druckfehler allein durch das Vertauschen eines einzigen Buchstabens völlig verschiedene Aktivitäten einer Person bewirken. Nicht anders geht es den sich durch Wechselwirkungen steuernden Atomen, Molekülen, Zellen und Organismen. Es besteht also grundsätzlich die Gefahr unkontrollierbarer biologischer Fehlsteuerung. Biologisch wirksame elektromagnetische Felder sind derart schwach, dass thermisch bedingte Reaktionen mit Sicherheit ausgeschlossen werden können. Die Wechselwirkungen der technisch erzeugten elektromagnetischen Felder mit den biologischen Systemen sind nur durch Interferenz zu verstehen. Da diese Felder meistens keine für die biologischen Systeme „verständlichen" Informationen tragen, haben sie überwiegend Signalcharakter. Es ist deshalb zu erwarten, dass sie biologische Vorgänge beschleunigen, verlangsamen oder gar unterbrechen. Rose (21, S.115) führt Forschungsergebnisse des Max-Planck-Institutes in Göttingen an, die zeigen, dass Körperzellen durch feinste Ionenströme miteinander kommunizieren, die in einem Minimalmessbereich von billionstel Ampere festgestellt wurden. Es ist leicht nachzuvollziehen, wie anfällig diese extrem schwachen Bioinformationen gegen technische elektromagnetische Strahlungen sind, die in ähnlichen Frequenzbereichen liegen. Hahnemann lässt grüßen.

Wie aus den bisherigen Ausführungen zu ersehen ist, bin ich der Überzeugung, dass alle dynamischen Vorgänge durch Wellen und Felder gesteuert werden. Dabei spielt es keine Rolle, ob es sich um Schwingungen in sehr großen Sternen handelt, die eines Tages als Supernova explodieren werden oder um den Aufbau aller bekannter Elemente. Art, Aussehen, Eigenschaften und Stabilität der Materie werden im Großen wie im Kleinen durch Schwingungen verschiedenster Art bestimmt. Diese Elementarschwingungen und die Verdoppelung ihrer Frequenz ermöglichen es auch, dass sich die Atome so aufgebaut haben, dass das Periodensystem diesen Sachverhalt widerspiegelt. Folglich bauen sich aus den

Elementarschwingungen durch Verdoppelung der jeweiligen Frequenzen und als Folge von Interferenzen alle strukturbildenden Muster und letztlich unsere Welt und das gesamte Universum auf. Ein Mechanismus, welcher sich hervorragend durch das sog. Feigenbaum Szenario veranschaulichen lässt. Durch eine einfache, nichtlineare Gleichung lässt sich über Computerausdrucke ein „liegender Baum" darstellen, dessen Äste sich in immer kürzeren Abständen verzweigen, bis sich der Baum in einem regellosen Punktemuster, dem Chaos, auflöst. Aus dem Chaos von Punkten entsteht Ordnung, so wie es die Chaosforschung vorhersagt. Es bilden sich selbstähnliche Verzweigungen, der Abstand der Bifurkationen vom Akkumulationspunkt wird sehr schnell immer größer, aber der Quotient zweier aufeinander folgender Abstände bleibt konstant. Bei dieser Gleichung gehen die größeren Formen aus den kleineren selbstähnlich hervor. Wichtig ist dabei festzuhalten, dass senkrecht durch den „liegenden Baum" schmale Streifen der Ordnung ziehen, während die übrige Fläche sich chaotisch darstellt. Wir haben es also in diesem Schwingungsmuster mit Regionen der Stabilität zu tun. Je mehr man sich dem Zentrum derartiger Inseln der Stabilität nähert, um so eher sind Vorhersagen möglich. Je weiter man sich an die Randzonen begibt, um so labiler wird das oszillierende System, bis es schließlich in das Chaos abgleitet. So lässt sich auch erklären, warum das Periodische System so aufgebaut ist, wie man es kennt. Alle anderen Schwingungsmuster waren zu labil und ließen eine dauerhafte Form von Elementen nicht zu. Dies ist auch der Grund, warum bestimmte Elemente einem unterschiedlich schnellen radioaktiven Zerfall unterliegen und andere Elemente stabil sind. Während bei den stabilen Elementen die Synchronisation der Schwingungen von Protonen und Neutronen gewährleistet ist, also die Stabilität der jeweiligen Struktur gegeben ist, bauen sich bei den radioaktiven Elementen unterschiedlich schnell, als Folge unzureichender Synchronisation, unterschiedliche Störschwingungen auf, die die Struktur der betreffenden Atomkerne labil werden lässt und schließlich sprengt. So erklärt sich auch, warum nicht alle radioaktiven Elemente gleichzeitig zerfallen. Mit „zerfallen" hat dieser Vorgang aber wirklich nichts zu tun. Es ist eine Explosion, vergleichbar einer Supernova. Wieder haben wir es mit der Selbstähnlichkeit (wie im Kleinen so im Großen) zu tun. Welche ungeheuren Kräfte bei diesem Geschehen frei werden, zeigen anschaulich die Atomwaffen. Die Protonen und Neutronen sind schließlich in den Atomkernen derart miteinander verbunden, dass man in der Teilchenphysik nicht ohne Grund von der „starken Kraft" spricht und sie als gesonderte Elementarkraft ansieht.

So wird durch die Erkenntnisse der Chaosforschung verständlich, warum sich in der Homöopathie nur ganz bestimmte Potenzen immer wieder bewähren. Die Bachblütentherapie, die Farbtherapie und die Musiktherapie beruhen auf den selben oben geschilderten Wirkungsmechanismen.

Interessanterweise macht man vergleichbare Beobachtungen bei der Oszillation der einzelnen Systeme, welche die Rhythmik bestimmen. So ist allgemein bekannt, dass bestimmte Formen der Musik Aggressionen auslösen, während andere beruhigend wirken. Dazwischen sind alle Übergänge möglich und werden deshalb auch individuell unterschiedlich empfunden. Bleibt noch anzumerken, dass es sich zwar bei Musik um Schallwellen handelt, die aber im Ohr, in elektromagnetische Schwingungen umgewandelt werden. Der energetischen Ebene (dem Reich der Urstoffteilchen, der elektromagnetischen Felder sowie der Gravitationsfelder) stehen auf der materiellen Ebene die Quarks (ein anderer Phasenzustand der Urstoffteilchen) gegenüber. Die Quarks sowie ihre Antiquarks bauen zusammen mit den drei verschiedenen Feldern der energetischen Ebene (elektrisches Feld, Magnetfeld und Gravitationsfeld) die Materie und den gesamten Kosmos auf. Aus welchem Blickwinkel man auch immer die Dinge betrachtet: Immer ist das Ganze im Kleinen und das Kleine im Ganzen wieder zu erkennen. Alles ist selbstähnlich. Goethe erahnte diesen Sachverhalt wohl intuitiv, indem er schrieb: „Alle

Gestalten sind ähnlich und keine gleichet der anderen und so deutet das Chor auf ein geheimes Gesetz!"
Hahnemann hat wohl intuitiv diese elementaren Steuermechanismen in der Natur erfasst, als er lehrte, dass die richtig gewählte Arznei ein „Gegenbild" zu der Krankheit darstellt und dass die „künstliche Arzneikrankheit" nach dem Simileprinzip die „natürliche Krankheit" des Patienten auslöscht. Erst zweihundert Jahre später fangen wir langsam an, die Tiefe der Gedanken dieses richtungsweisenden Therapeuten zu verstehen. Mit diesem Verständnis wird sich auch unser Weltbild grundlegend verändern. Unabhängig ob dies gewünscht wird oder nicht: Schließlich blieb die Erde nicht immer eine Scheibe und schließlich musste man trotz massivster Widerstände einmal zugeben, dass unsere Erde keineswegs den Mittelpunkt des Universums darstellt, um den sich alles dreht.

Nach den oben gemachten Ausführungen müsste, entgegen der Ansicht aller Experten, der direkte Wirkungsnachweis eines homöopathisch aufbereiteten Arzneimittels nicht nur durch die anfangs erwähnten Versuche mit Arnica C30, sondern auch durch die Color-Plate-Methode von Knapp in Verbindung mit den Methoden der Bioresonanztherapie möglich sein. Wichtige Voraussetzung dabei ist, dass beide Methoden standardisiert und weiter technisch verbessert werden. Diese Vorgehensweise wäre nicht nur vielversprechender, effektiver und konstruktiver, sondern auch noch ungleich preiswerter als die destruktiven Crash-Tests in den Teilchenbeschleunigern. Leider gibt es auch hier einen kleinen Schönheitsfehler. Die Bioresonanztherapie, die bei sachgerechter Anwendung gute Heilerfolge erzielen kann, wird ebenso wie die Kirlian-Photographie von selbsternannten Fachkreisen abgelehnt, weil deren Fachleute unter ungeeigneten Versuchsbedingungen unsachgemäß, d.h. nicht der Methode des Heilverfahrens entsprechend, vorgehen. Falsche Versuchsergebnisse sind dann bereits vorprogrammiert. Das weiß eigentlich jeder, der auch nur andeutungsweise experimentell gearbeitet hat. Leider hat sich dies aber noch nicht in besagten Fachkreisen herumgesprochen. Oder sollte man gar annehmen, dass diese Vorgehensweise System hat? Grundsätzlich gilt, das Ganze im Kleinen sehen und nicht das Kleine zertrümmern, um auf das Große rückschließen zu können. Das Bestreben in der Wissenschaft, erst auf Grund der Kenntnis der Teile zur Kenntnis des Ganzen vorzustoßen, hat zwangsläufig zur Aufgliederung in zahlreiche Fachgebiete mit weiteren Unterabteilungen geführt, die ein Spezialistentum hervorgebracht haben, das leider den Blick für größere Zusammenhänge völlig verloren hat. Das macht es eben auch so schwer, einen einmal eingeschlagenen Weg zu korrigieren. Schon Paracelsus (1493 - 1541) warnte vergebens die Mediziner: „Die geteilten Ärzte sind die Zerbrecher der Arznei, einer kann dies, der andere kann das, doch in allem ist kein Wissen, denn wer ein Stück kann, der kann nichts, und er weiß nicht was er kann."

Ich bin mir durchaus darüber im Klaren, dass es unmöglich ist, sich das Fachwissen auf allen Gebieten auch nur annähernd anzueignen, das zur Absicherung der hier angesprochenen Probleme notwendig ist. Es kann und darf aber nicht sein, dass irgendwelche Gurus festlegen, welche biologischen Vorgänge erlaubt sind und welche nicht. Bisher ist es noch keinem Sterblichen gelungen, Naturgesetze aufzuheben, auch wenn sie mit noch so rigorosen Maßnahmen bestritten, bekämpft und geleugnet wurden.

Als Tierarzt nehme ich jedenfalls für mich in Anspruch, den Heilungserfolg bei einem zuvor erkrankten Tier beurteilen zu können, unabhängig davon, ob ihn die Lehrmeinung erlaubt oder nicht. Ich sehe auch nicht ein, warum sich verantwortungsvoll arbeitende Ärzte und Tierärzte widerspruchslos als Scharlatane beschimpfen lassen sollen, nur weil sie Pseudoexperten weniger glauben als ihren eigenen praktischen Erfahrungen. Ich habe deshalb mit meinen Möglichkeiten versucht darauf hinzuweisen, dass es durchaus berechtigte Zweifel an der offiziellen Lehrmeinung gibt und dass durchaus auch andere Denkmodelle möglich sind, die moderne, effektive und preiswerte Heilmethoden nachvollziehbar machen. Ich verstehe meine Ausführungen als Denkanstoß. Es wird die Aufgabe der verschiedensten Fachbereiche sein, diesen Entwurf eines Grundkonzeptes zu überprüfen, zu korrigieren und weiter zu entwickeln.

Für die Richtigkeit des von mir dargelegten Denkmodells sprechen folgende Argumente:

1. Das Denkmodell basiert auf den heutigen naturwissenschaftlichen Erkenntnissen und kommt ohne Zusatzhypothesen aus.
2. Die Forderung nach einfachsten Grundmechanismen und einfachsten Strukturen wird erfüllt.
4. Symmetrie (Parität) und Umkehrbarkeit der einzelnen Vorgänge auf elementarer Ebene bleiben erhalten.
5. Beobachtungen und Funktionsabläufe, die bisher nicht verstanden wurden, lassen sich auf einfache Art erklären.
5. Der sog. Zeitpfeil wird erst bei komplexen oszillierenden Systemen beobachtet, also bei höheren Ordnungsstufen.
6. Die von mir für die Heilung mit Hochpotenzen aufgezeigten Wirkungsmechanismen lassen sich im gesamten Makro- und Mikrokosmos wiederfinden.
7. Das entscheidenden Wissen für das Verständnis dieser Funktionsabläufe liefern die Erkenntnisse der Chaosforschung und die Superstringtheorie, die von unterschiedlichen Voraussetzungen ausgehend zu vergleichbaren Ergebnissen kommen.

Zusammenfassung

Während die Heilung mit allopathischen Arzneimitteln durch biochemische Reaktionen über Regelkreise angestrebt wird, wobei die Arznei als Antidot gegen das jeweilige Leiden gerichtet ist, bedient sich die Homöopathie zur Heilung der Patienten zumeist unterschiedlich hoch potenzierter, nach dem Ähnlichkeitsprinzip verordneter Arzneien, also Arzneien, deren Arzneisymptomatik so weit wie möglich mit der Symptomatik des Patienten übereinstimmt. Im Gegensatz zur Allopathie (Schulmedizin) beruhen die mit homöopathischen Arzneien erzielten Heilerfolge jedoch auf zwei völlig verschiedenen von dem Grad ihrer Potenzierung abhängigen Grundwirkungsmechanismen:

Bei der Therapie mit niederen Potenzen wird die Heilung - wie in der Allopathie - durch biochemische Reaktionen angestrebt, wenn auch mit einer völlig anderen Zielrichtung. So bewirken niedrig potenzierte Arzneien durch ihre stark reduzierte Arzneidosis und durch den homöopathisch gewählten und somit dem Leiden gleichgerichteten chemotherapeutischen Schwellenreiz eine geringfügige Störgrößenaufschaltung im Sinne einer Reiztherapie.

Bei der Therapie mit Hochpotenzen hingegen werden durch Interferenz von elektromagnetischen Wellen vorhandene Störschwingungen (welche in erkrankten Organismen primär zu Fehlinformationen und erst sekundär zu erkennbaren Funktionsstörungen mit all ihren Folgeerscheinungen führen) unmittelbar gelöscht, so dass der erkrankte Organismus in der Tat „schnell, gründlich, sanft und dauerhaft" (wie Hahnemann es formuliert) geheilt wird, indem er wieder zu seinem ihm eigenen harmonischen Schwingungsmuster zurückfinden kann.

Zwischen der Wirkung noch nicht homöopathisch aufbereiteter, bzw. sehr niedrig potenzierter homöopathischer Arzneien und der Wirkung von Hochpotenzen jenseits der D24 gibt es fließende Übergänge.

Literatur

1. Gleick, James: Chaos - die Ordnung des Universums, Droemersche Verlagsanstalt, München 1988

2. Hawking, Stephan: Eine kurze, Geschichte der Zeit, Rowohlt Verlag, 1994

3. GEO Wissen: Chaos und Kreativität, Verlag Gruner und Jahr, 1990

4. Seneca, Lucius Annäus: Von der Seelenruhe, Philosophische Schriften u. Briefe; Weltbildverlag, Augsburg 1997

5. Hawking, Stephan: Eine kurze, Geschichte der Zeit, Rowohlt Verlag, 1998.

6. Schülerduden: Physik, 2. Aufl. 1989

7. Spektrum der Wissenschaft, Akademischer Verlag, Heidelberg, 2/1994

8. Am Fluß des Heraklit, Insel Verlag, 1993

9. Time Life,: Strukturen des Universums, Amsterdam, 1992

10. Fuchs, Walter R.: Knauers Buch der modernen Physik, Droemer Knaur 1971

11. Spektrum der Wissenschaft, Akademischer Verlag Heidelberg, 2/1995

12. GEO: Teilchenphysik, Verlag Gruner und Jahr, Nr.7, 1987

13. Popp, Fritz-A.:Biologie des Lichts, Parey Verlag, 1984, Photonen - Die Sprache der Zellen

14. Montalcini, Rita Levi; Ich bin ein Baum mit vielen Ästen, Piper, München Zürich, 1999

15. Hahnemann, Samuel: Organon der Heilkunst, 6. Aufl., Haug Verlag, Heidelberg, 1988

16. Dorcsi, Mathias: Handbuch der Homöopathie, Orac Verlag, Wien, 1986

17. Pschyrembel, Klinisches Wörterbuch, 256. Auflage, Walter de Gruyter, Berlin . New York 1990

18. Buchmann, Werner; Die Grundlinien des Organon, 2. Aufl., Haug Verlag, 1989

19. Debats, Fernand J. M.: Homöopathie - die Methode für mich, Barthel & Barthel Verlag, Schäftlarn, 1996.

20. Resch, G./Gutmann, V.: Wissenschaftliche Grundlagen der Homöopathie, 2. Aufl., O.- Verlag, Berg am Starnberger See, 1987

21. Rose, Wulf-Dietrich: Elektrosmog, Elektrostreß, Kiepenheuer & Witsch, Köln 1990

22. Spektrum der Wissenschaft, Spezial 3: Leben und Kosmos, Heidelberg, 1994

www.ingramcontent.com/pod-product-compliance
Lightning Source LLC
Chambersburg PA
CBHW050159230526
45470CB00001B/155